朱海风 主编

河南省高校人文社科重点研究基地（培育）

水文化研究中心资助

中外水文化研究

中国水利高等教育发展史

宋孝忠 著

U0238438

中国水利水电出版社

www.waterpub.com.cn

·北京·

内 容 提 要

　　本书为华北水利水电大学水文化研究中心"中外水文化研究"成果之一。本书以中国五千年悠久的治水文化和智水文化为基础，通过翔实的史料、缜密的思维，系统梳理了自晚清到民国，自新中国成立到"文化大革命"，特别是改革开放以来中国水利高等教育快速发展的历史脉络，客观而全面地展示了中国水利高等教育孕育、萌芽、肇始、发展、曲折、跨越、繁荣的漫漫发展历程和阶段性特征，勾画出一幅中国水利高等教育与国家发展同呼吸、共命运的宏伟画卷，展望了新形势下水利高等教育的发展趋势。

　　本书可供水利行业、水利高等院校以及从事水利高等教育研究的读者参考。

图书在版编目（CIP）数据

中国水利高等教育发展史 / 宋孝忠著 ; 朱海风主编
　-- 北京 : 中国水利水电出版社，2017.6
（中外水文化研究）
ISBN 978-7-5170-3278-6

Ⅰ．①中… Ⅱ．①宋… ②朱… Ⅲ．①水利工程－高等教育－教育史－中国 Ⅳ．①TV-4

中国版本图书馆CIP数据核字(2017)第140530号

书　　名	中外水文化研究 **中国水利高等教育发展史** ZHONGWAI SHUIWENHUA YANJIU ZHONGGUO SHUILI GAODENG JIAOYU FAZHAN SHI
作　　者	朱海风　主编　宋孝忠　著
出版发行	中国水利水电出版社 （北京市海淀区玉渊潭南路1号D座　100038） 网址：www.waterpub.com.cn E-mail：sales@waterpub.com.cn 电话：(010) 68367658（营销中心）
经　　售	北京科水图书销售中心（零售） 电话：(010) 88383994、63202643、68545874 全国各地新华书店和相关出版物销售网点
排　　版	中国水利水电出版社微机排版中心
印　　刷	三河市鑫金马印装有限公司
规　　格	170mm×240mm　16开本　15.5印张　295千字
版　　次	2017年6月第1版　2017年6月第1次印刷
印　　数	0001—1500册
定　　价	**55.00元**

水文化研究要有大视野
——代出版总序言

　　实现伟大的中国梦，离不开综合国力的提升，包括国家文化软实力的提升。自不待言，欲提升国家文化软实力，其关键就在于夯实国家文化软实力的根基。早在 2011 年 10 月 18 日党的第十七届六中全会通过的《中共中央关于深化文化体制改革推动社会主义文化大发展大繁荣若干重大问题的决定》中，就明确提出要繁荣发展哲学社会科学，建设优秀传统文化传承体系。水利部《水文化建设规划纲要（2011—2020 年）》也曾明确提出要努力构建符合社会主义先进文化前进方向、具有鲜明时代特征和行业特色的水文化体系；水利部《水文化建设 2013—2015 年行动计划》中也强调要着力加强传统水文化遗产的发掘和保护，不断传承纪实、存史、资治、教化等水文化知识，不断提升人民群众的水文化素养。

　　水历史、水现实也一直昭示我们，水是生命之源、生产之要、生态之基。自古以来，人类傍水而居，依水而存，随水而长。水利是国民经济和社会发展的重要基础设施、基础产业和命脉，在国民经济、国家安全及和谐社会建设中具有重要的作用。"治国先治水，治水即治国"，治水历来被认为是兴国安邦的头等大事。中华民族优秀传统文化源远流长，博大精深，水作为自然的最基本元素，应该说从一开始便与人类生活乃至文化范式形成了一种不解之缘。水、中华之水、中华之水文化，不仅影响着中华文化的产生，而且也伴随着中华文明史的演进。千百年来，中华民族在望水识水、崇水敬水、治水用水、保水护水和思水赏水的过程中，留下了丰富的物质遗产和精神遗产，体悟出了许多充满真善美的伦理思想与和谐辩证的哲思，并由此而奠定了中华水文化的基础。特别值得一提的是，中华民族在长期的治水实践中，形成了独特而丰富的水文化。可以说，自有人类存在就有水文化的光辉，源远流长的中华文化从一开始就孕育着思想内容丰富的水文化，水文化也因此作为中华传统文化的重要部分，成为全人类文化宝库中的瑰宝，犹如灿烂星群拱承明月，相映生辉，耀眼夺目。

水科学、水政治也同时告诉我们，当代的水问题已引起全球的特别关注。特别是随着全球水危机的显现，水治理面对的挑战日趋严峻，水文化也日益成为一个可以为不同国家、不同民族、不同文化背景的人们及不同学科的科学家所共同关注协商对话的领域，越来越多的哲学社会科学、人文学科的工作者加入到了水文化研究的行列中来，使这一研究领域逐渐成为人文社会科学研究的热点。如何破解人与水的矛盾，如何正视和妥善解决人类所面临的水问题，应当说，这个问题比以往任何一个时代都更为突出。相应地，以世界眼光和宽广的视野，全面深入地研究水治理与水文化、发展水科学与水文化、创新水工程技术与水文化已是学界尤其是"华水学人"义不容辞的学术担当。我们也越来越深刻地体会到，实现人与水的和谐相处，在科技手段之外，迫切需要借助水文化的视野来进行新的思考和战略定位。

关于水文化的定义，在学界由于观点不同，说法有异，目前很难确定和统一，但也不是没有基本共识的东西。大多学者倾向认为：广义的水文化是人们在长期的社会实践中，以水为载体，创造的物质与精神财富的总和，是民族文化中以水为载体形成的各种文化现象的统称。狭义的水文化是与水有关的各种社会意识，如与水有关的社会政治、哲学思想、科学教育、文学艺术、理想信念、价值观念、法律法规、道德规范、民风习俗、宗教信仰等意识形态。进而言之，所谓水文化，就是人类创造的与水有关的科学、人文等方面的精神与物质的文化财产。

关于水文化研究和水文化建设，就其存在而言，也是古已有之。中国古代浩如烟海的文化典籍，都蕴涵着丰富的水文化内容。但是，把水文化作为一个科学的概念提出来，把水文化作为一种相对独立的文化领域进行研究，在我国是 20 世纪 80 年代末提出来的。水文化作为一门学科或是作为一个专门的研究领域，在国内外都还很年轻。在中国，近年来才开始将水文化作为一个专门的研究领域。总的来看，水文化研究，无论在国内国外，均尚属曙光初露的"在研阶段"。

华北水利水电大学因水而生，缘水而成，自北京建校以来，南沿太行，历经三次搬迁，四易校址，直到如今定居郑州，与黄河为伴，成为黄河流域最"接地气"的一所以水利水电为办学特色的高等学府，在水研究与水治理方面有着"天然的"的义务与不可替代的社会责任。基于此，学校于 2006 年以来，先后成立了"黄河科学研究院""城市水务研究院"和"水文化研究中心"等研发单位，组织开展了一系列专题及综合研究，并初步形成了一批成果。

这套《中外水文化研究》共有 5 册：《中国水利高等教育发展史》《中原农业水文化研究》《国外水文化动态研究报告》《秦汉水井空间分布与区域差异研究》《宋代山水诗与人水情缘研究》。这是我所在的"水文化研究中心"创新团队继此前完成《水文化研究丛书》、参与撰写《中华水文化书系》部分专著之后的新近成果。

毫无疑问，我们对于中外水文化的研究还远远没有结束，接下来我们将陆续推出拓新性专题研究成果以奉献给大家。

朱海风
2016 年 11 月于华北水利水电大学乐贤园岸舟斋

序

　　呈现在我们眼前的是宋孝忠副教授的《中国水利高等教育发展史》。该书的作者孝忠同志曾在华北水利水电大学学报编辑部长期从事文字编辑工作，后调任学校发展规划处副处长兼高教研究所副所长。在长期的工作实践中，他坚持以水利高等教育的理论与实践为研究对象，取得了许多学术成果。《中国水利高等教育发展史》则是他长期调查考证、深入研究的一本新著。

　　此书以翔实的史料、缜密的思维、精练的文字向我们展示了我国水利教育孕育、萌芽、肇始、发展、曲折、跨越、繁荣的恢弘画卷，记载了自晚清到民国，自新中国成立到"文化大革命"的深厚历史积淀，特别是改革开放以来中国水利教育快速发展的光辉历程，展望了新形势下水利高等教育的发展趋势。作者在书中指出："纵览中国100年历史风云，水利高等教育肇始于国家危难之中，发展于新中国诞生之后，跨越于改革开放的时代大潮，在21世纪初开始走向新的繁荣。"这一观点，我是深表赞同的，但同时也引起了我对问题的再思考。

　　一方面，我们往往引为自豪的是，中华民族具有5000年的治水史。另一方面，我们也可能会注意到，不重视水利人才的培养和教育，实则是我国上溯几千年的历史教训与遗憾。今天，从中国古代的水利人才是如何培养的，治水科技与教育机构是何时才有的追问中，我们知道，原来是如此苍白、滞后！从史料上看，中国古代一直缺少水利人才培养和科学研究的专门组织机构，中国古代的水利人才大都是自学成才的。继大禹之后，历史上记载的水利专家只有孙叔敖、王景、范仲淹、郭守敬、潘季驯等。即使是当时的治水专家或官员，也多是靠个人的力量开展一些治水措施研究，很难不落入认知不深、视野狭隘、难成合力的窘迫境地。不难判断，这与中国漫长的治水历史是极不相称的，与当时统治者把治水提到治国安邦的战略高度也是极不相称的。

直到1915年3月15日，河海工程专门学校举行开学典礼，我国历史上第一所培养水利技术人才的高等学府才宣告成立。尽管100年来特别是新中国成立以来，我国水利高等教育培养了数以万计的水利科技人才与管理精英，他们中不乏有以钱正英、汪恕诚、陈雷、鄂竟平等为代表的治水栋梁之才；也有以汪胡桢、黄文熙、严恺、徐芝纶、张光斗、潘家铮、陆佑楣、王浩、王光谦、王超等60多位院士为代表的水利科技英才；更有一大批矢志于国家水利水电事业，奔赴在祖国大江南北、五湖四海，献身水利一线的水利建设者。但总的来看，由于水利高等教育起步晚且举步维艰，目前我国水利科技、管理等专门人才的培养教育仍滞后于时代的发展。

水是生命之源、生产之要、生态之基。兴水利、除水害，事关人类生存、经济发展、社会进步，历来是治国安邦的大事。治水之要，唯在得人，治水需要人才，更离不开水利教育。党的十八大以来，习近平总书记多次就治水发表重要论述，形成了新时期我国治水兴水的重要战略思想。习近平总书记善于坚持问题导向，善于从自己从政实践中总结经验，从而形成和丰富了自己独特的治水兴水思想理论；从"四水工程"（安全饮水、科学调水、有效节水、治理污水）的提出，到"节水优先、空间均衡、系统治理、两手发力"的部署，体现了深邃的历史眼光、宽广的全球视野和鲜明的时代特征，无不闪耀着历史唯物主义智慧的光芒。

高等教育肩负着人才培养、科学研究、社会服务和文化传承创新的历史使命。促进水利事业永续发展的关键是人才，基础在教育，已经在全社会逐步形成共识。重视和加快水利高等教育事业发展，必将培养更多高素质的水利水电人才，必将不断推进水利科技创新，必将加快水利科技成果转化，必将为水利水电事业发展提供更多的人才保障和智力支持。从这个意义上说，孝忠同志的《中国水利高等教育发展史》，对于探索深化水利高等教育理念、创新水利高等教育培养模式、改革水利高等教育体制机制是大有裨益的。我坚信这本饱含着作者默默耕耘、理性思考和辛勤汗水的著作，一定能够对水利高等教育执业者和水文化学者提供更多启迪和思考。

是所望也，谨为序。

朱海风

2016 年 6 月于华北水利水电大学乐贤园岸舟斋

目　录

第一章 孕育：我国水利教育的
历史溯源

水是生命之源、生产之要、生态之基。治水重要，治教同样重要，治水需要人才，更需要水利教育。自 1915 年张謇创建南京河海工程专门学校起，我国水利高等教育已走过百年发展历程，从无到有、从小到大、从弱到强。水利高等教育经历了漫长的孕育过程，也经历了诸多的曲折和动荡。改革开放后，在国家不断走向伟大复兴的大背景下，我国水利高等教育实现了跨越式发展，不断走向繁荣。基于此，研究水利高等教育百年发展史，可以深入总结我国水利高等教育发展经验和办学规律，有助于我们增强培养高素质水利人才的紧迫感和使命感，对加快推进我国一流水利学科和一流水利大学建设进程具有重要意义。

第一节 水与中华文明

水是一切生命的源泉，无论在生产中还是在生活中，水都成为人类须臾不可缺少的物质。自从人类产生之日就与水休戚与共，并在长期的治水实践过程中创造了灿烂而辉煌的文化，生动地谱写了人类文明的发展史。可以说，人类文明的起源、进步与发展都得益于水的哺育和滋养。

"缘水而居，不耕不稼"，《列子·汤问》中的这句话十分形象地表现了处于蒙昧阶段的人类选择居住场所的场景。为了生存，人类择水而居；为了发展，人类缔造了最早的文明。可以说，水不仅是万物生命的源泉，也是人类文化的源泉。水的属性、水的形态、水的运动以及水的历史无不蕴涵着丰富的文化因子。打开人类文化的发展史册，文化兴水，水兴文化，水与文化密切相关，相辅相成，相互促进。纵观人类几千年的发展历史，从古代的村落到现代的都市，没有源源不断的水的孕育和滋养，最终也只能淹没于历史长河中。因水而生，缘水而长，逐水而变，四大文明古国没有一个不是依傍着河流而发展的。底格里斯河和幼发拉底河流域是古巴比伦文明的发祥地；印度河、恒河流域诞生了古印度文明；肥沃的尼罗河流域孕育了古埃及文明；滚滚黄河与长江则是中华民族繁衍生息的力量之源。正是这些川流不息、流淌不止的大江大河，演绎出一幕幕曲折跌宕的治水传说，汇成了灿烂多姿的人类文化，因而成就了博大精深的人类文明。

生生不息的华夏文明史就是一部源远流长的人水关系史。在远古的神话传说中被推崇为人类始祖的盘古和女娲，一个开天辟地，化血液为江河；一个抟泥为人，炼石补天，堵塞洪流，都与水结下不解之缘，水也因此始终扮演着慎终追远、追根溯源的角色。我国古代劳动人民在与洪水作斗争的漫长历史中积累了丰富的治水经验，形成了流派各异的治水思想，建设了流传至今的水利工程，逐渐形成了富有特色的中国水文化，也创造了独具魅力的中华文明。

一、治水文化与中华文明

我国著名文化学者王岳川在美国大学所做的《中国文化的美丽精神》演讲中说："只有认识了中国文化的几个'关键词'，才能认识中华文化。其中最重要的一个关键词就是水，因为水体现了中华文化精神的几大美德：公正、勇敢、坚韧、洁净；体现出生命时间的观念；'水的哲学、水的精神'是中国人在人与人、人与自然、人与社会的和谐中把握自己本真精神的集中体现。了解了水文化，就了解了中华文明的根本。"

中华文化是从水文明开始的，而中国水文明最初的启蒙，又是以"治水文化"为起点的。可以说，中华文明史从某种意义上说就是一部治水史。在中国历朝历代，水问题都涉及国家的安危和社会的稳定，治国先治水，兴国先兴水，不仅成为治国安邦所必须，也成为历代励精图治的统治者的基本共识和价值取向。如何治水、怎样治水成为为官一任、造福一方的"经世之学"和"治国安邦之学"。

我国远古时期的关于洪水的神话传说非常丰富，从女娲补天到大禹治水，生动地折射了中华民族的先祖在与洪水搏斗中征服洪水、治理洪水的艰难历程和大无畏精神。由于对自然认识的不足，这一时期我们的祖先与洪水的搏斗经历了三个阶段：对洪水及其灾害恐惧，祈望中止降雨（女娲的炼石补天），以减少洪水；企图借助地势，埋堵洪水（鲧的息壤挡水）；依靠人类自身的力量与洪水搏斗的历程（大禹治水）。

女娲是我国流传久远的古老神话中的女神，汉代刘安的《淮南子·览冥训》最早记载了这一神话传说："往古之时，四极废，九州裂，天不兼覆，地不周载，火滥炎而不灭，水浩洋而不息。猛兽食颛民，鸷鸟攫老弱。于是女娲炼五色石以补苍天，断鳌足以立四极，杀黑龙以济冀州，积芦灰以止淫水。苍天补，四极正，淫水涸，冀州平，狡虫死，颛民生。"这则神话记录了母系氏族社会我国先民在大洪水的袭击下求生存的情景，表现出远古先民祈求神灵中止淫雨、消弭洪水的良好愿望。

尧舜时，洪水"泛滥于中国"，水系混乱，中土割裂，各部落自成体系，占据一方，缺乏律度，纲纪不张，禹父鲧"息壤以湮洪水"，九年无绩。而禹"念前之非度，厘改制量，象物天地，比类百则，仪之于民，而度之于群生。"（《国语·周语下》）。他在伯益和后稷的辅佐下开始治水，足迹遍及江、河、淮、海四大流域，采取疏导为主的办法，"导河积石，至于龙门，南至于华阴，东至于砥柱，又东至于孟津。东过洛，至于大，北过降水，至于大陆，又北播为九河，同为逆河，入于海"（《尚书·禹贡》）。鲧用"堵"的刚性方法治水归于失败，而禹主持治水则采取了"疏"的政治方法则最终获得成功。他三过家门而不入，一直为后人所崇敬，形成了传承至今的"大禹精神"。这些已经成为中华文明的重要组成部分。自《史记》以后的各王朝正史，皆有"水利"专篇，这在西方国家史书中是难以想象的。

早在夏商时期，我国黄河流域就出现了"沟洫"，即兼作灌溉排水的渠道，就有了查勘水源、引泉灌田的活动。文献中最早记载有关河灌的是，公元前602年，孙叔敖引期思（今河南淮滨）水灌溉雩娄（今安徽金寨）土地。相传在商朝末年，我国已经凿成一条规模可观的运河，它的名字叫泰伯渎，是周太王的长子泰伯在荆吴（太湖流域）穿凿的。

春秋战国时期，由于铁器工具的发展和推广，为大规模开垦荒地提供可能，大大促进了农业的发展，同时也为大规模的水利工程建设提供了重要的条件。这一时期先后建成一些规模相当大的水利工程，如芍陂蓄水灌溉工程、漳水十二渠、邗沟和鸿沟运河工程等大型水利灌溉系统以及其他多项运河、堤防工程。可以说，春秋战国时水利发展迅速，水利科技在勘测、规划、设计、施工、管理等方面的理论和实践都有一些记载。正是在这一时期问世的《吕氏春秋》中出现了我国最早的"水利"一词。《吕氏春秋·孝行览》中叙及舜的事迹："以其徒属堀地财，取水利，编蒲苇，结罜网，手足胼胝不居，然后免于冻馁之患。"但这里的"取水利"，仅指捕鱼之利。

秦汉时期是中国水利事业发展的一个高峰。这一时期是由奴隶社会到封建社会的大变革时期，秦汉王朝十分重视农业生产，投入巨大的力量推进农田水利建设。同时，在这一时期，铁器工具开始广泛使用，促进了兴修水利的高潮，修建了一系列水利工程。

秦国统一中国后，修建了被誉为秦王朝三大杰出的水利工程，即四川的都江堰、关中的郑国渠和沟通长江与珠江水系的灵渠。

公元前256年，蜀郡太守李冰父子在不断汲取前人治水经验教训的基础上，修建了世人引以为豪的都江堰大型水利工程。这是由岷江鱼嘴分水工程、飞沙堰溢洪排沙工程、宝瓶口引水工程等主体部分组成，集防洪、灌溉、航运为一体的综合性水利工程，2000多年来一直发挥着防洪灌溉的作用，使成都平原从"水旱从人，不知饥馑"，成为富庶美丽的"天府之国"。经过历代修缮，至今仍发挥着巨大的社会效益，不仅是蜚声世界的著名文化遗产，也为后人了解水利施工、水利教育提供了原始的场景。

作为中国第一个知名的水利工程师，郑国修建的郑国渠干渠总长近 150 千米，沿途拦腰截断沿山河流，将冶水、清水、浊水、石川水等收入渠中，以加大水量。郑国渠修成后，大大改变了关中的农业生产面貌，用注填淤之水，溉泽卤之地，就是用含泥沙量较大的泾水进行灌溉，增加土质肥力，农业迅速发展起来，雨量稀少、土地贫瘠的关中，变得富庶甲天下，为秦王朝富强统一奠定了坚实的基础。

灵渠是古代劳动人民创造的又一项伟大工程，有着"世界古代水利建筑明珠"的美誉。灵渠工程设计巧妙，规划了"之"字形的北渠，利用延长渠线来降低底坡，很好地解决了枢纽南、北渠之间的平稳通航问题，充分显示了人民群众的创造才能。灵渠的凿通，为秦王朝统一岭南提供了重要的保证，因为它不仅沟通了湘江、漓江，打通了南北水上通道，而且连接了长江和珠江两大水系，构成了遍布华东华南的水运网。灵渠开通后，经过历代的不断修整，依然发挥着重要作用。

汉武帝认为，农业是天下的根本，水利是农业之本，"泉流灌浸，所以育五谷也。"（《汉书·沟洫志》）明确指出了兴修水利和发展农业之间的密切关系。汉武帝时期，国力强盛，水利政策是漕运与灌溉并重，从内地到边疆，到处是"通沟渠，畜陂泽"，是中国古代兴修水利的高潮时代，兴修了许多水利工程，规模之大，范围之广，在我国历史上是罕见的。公元前 111 年，修建了六辅渠，公元前 95 年，开凿了白渠。此外，除了引泾灌溉工程之外，还修建了许多灌溉渠道，如灵轵渠、成国渠、沛渠、龙首渠等，这些都是汉武帝时期水利建设的代表作。

这一时期出现的我国第一部水利通史是由著名史学家司马迁撰写的《史记·河渠书》。该书比较系统地介绍了我国古代水利及其对国计民生的影响，总结了从大禹治水到汉元封二年（公元前 109 年）的水利史。该书主要记录黄河瓠子堵口，各地区倡兴水利、开渠引灌等史实。全书分 13 段，共 25 事。其中就论及黄河、长江、淮河、济水、漳水、淄水等河流。这些记录揭示了水对农业生产和人民生活利与害两方面的影响，反映出司马迁对水的两面性认识和对水利问题的重视。区别于先秦古籍中所谓利在水或取水利等泛指水产渔捕之利的一般范畴，《史记·河渠书》首次明确赋予水利一词以兴修水利、兴利除害完整概念和专业性质。《史记·河渠书》也因此成为汉武帝以后历代史书撰述水利专篇的典范，它的诞生，为水利史学科奠立了第一块基石。

班固所著的《汉书·沟洫志》是继《史记·河渠书》之后又一部古代水利

通史。全篇共 29 段：1～12 段基本转述《史记·河渠书》的内容；13～28 段系统记述了汉武帝元鼎六年至汉平帝四年（公元前 111—4 年）的水利史实，尤其是治河防洪方面，较详细地记述了《史记·河渠书》以后的黄河洪灾、治理工程、规划方略和治水意见等，是这一时期治水经验的系统记录。作为《汉书》的十"志"之一，《沟洫志》特别详细记载了各家的治黄意见，以贾让治河三策最为详细，对后代治河影响深远。该书继承了《史记·河渠书》对古代河渠水利史实进行通贯古今的叙述传统，由于主要叙述西汉的水利史，又被称为我国第一部水利断代史。

魏晋南北朝时期，除了西晋的短期统一外，国家长期处于分裂割据和战乱状态，水利建设受到一定影响。由于北方战乱较多，人口大量南迁，并带入了比较先进的农业技术，在一定程度上大大促进了江淮之间和长江以南地区水利事业的发展，为唐宋江南经济区的繁荣，奠定了初步的基础。这一时期郦道元写的《水经注》是水利史上值得大书特书的一部水利名著。该书以《水经》为纲，详细记载了我国 1000 多条大小河流及有关的历史遗迹、人物掌故、神话传说等，是中国古代最全面、最系统的综合性地理著作。

隋唐时期是我国封建社会的鼎盛时期，全国的水利事业又有较大的发展，从而推动了农业生产、商业往来以及城市建设的发展。由于隋唐政治统一的时间较长，安定的社会环境得以较长时间地保持，从而促进了当时经济的繁荣和社会的发展，也是中国水利建设发展又一个高峰时期。

隋朝建立后，584 年，修建了自大兴城东至潼关的广通渠；587 年，开挖山阳渎；605 年，开凿通济渠。通济渠、山阳渎修通后，淮河南北的漕运畅通无阻。608 年，开建永济渠；610 年，修江南运河。至此，这一世界水利史上的伟大工程全部完成。大运河解决了中国主要通航河道都是东西流，无南北流的问题，连接海河、黄河、淮河、长江、钱塘江五大水系，形成了一个四通八达的水运网，成为我国沟通天南地北的交通运输大动脉，不仅深刻影响了隋朝的政治、经济、文化，而且对后世都有深远的影响。大运河是中国古代劳动人民创造的一项伟大的水利建筑，为世界上最长的运河，也是世界上开凿最早、规模最大的运河。2014 年，在第 38 届世界遗产大会上大运河获准列入世界遗产名录。

唐代初年，农业生产的恢复和发展，水利灌溉事业的兴修占有重要地位。为了发展生产，复苏经济，巩固其统治，唐政府着力改善生产条件，除了大力维护运河的畅通，保证粮食的顺利北运外，受到破坏的破釜塘和白水塘也得以修复。唐政府中央工部里专门设置"都水监"，任命水部郎中和员外郎各一个，掌天下川渎陂池之政令。据史书记载，在唐朝前期 130 余年间，劳动人民修建的水利工程达 160 多项，分布于全国广大地区。在北方，水利工程以开渠引灌为主，比较著名的就是重修郑国渠和白渠。"安史之乱"后，黄河流域又长期处在藩镇割据的混战之中，但江南地区社会经济未受太多的破坏，仍保持着继续发展的趋势，修建了许多水利工程，如在江苏武进县开凿了孟渎渠，引长江水灌溉农田；成功改造了练湖和将岩湖；修正和兴建了大量的陂塘堤堰。唐代还制定了有关水利的法规，即内容详细而又具体的《水部式》，成为各级水利管理者对水利设施进行管理的法律依据。这一切都为唐代水利事业的发展和经济的繁荣奠定了基础。

宋朝高度重视水利建设促进了宋代农业的大发展。《宋会要辑稿·食货》记载，由于认识到"灌溉之利，农事大本"这一重要意义，宋代经常发布各种事关农田水利的诏令，并且把农田水利建设的成绩作为检验地方官员政绩的一个重要标准。尤其在王安石变法期间，水利建设成就更为突出，从熙宁三年（1070 年）到熙宁九年（1076 年），全国兴修水利共 10793 处。

元代对水利建设十分重视，中央设都水监，地方置河渠司，以兴举水利、修理河堤为要务。整个元代的水患周期比宋代有所缩短，而遏制水患的水利工程却全面跟进，远胜宋代。据王祯《农书》里《灌溉》一章提到"官坡官塘，处处有之，民间所自为溪祸水荡，难以数计，大可灌田数百顷，小可灌田数十亩"。值得一提的是贾鲁治理黄河的空前历史功绩。当时，"黄河决溢，千里蒙害，浸城郭，飘室庐，坏禾稼，百姓已其毒"，贾鲁经过实地考察，采取了疏、浚、塞多措并举的方法，先疏后塞，然后引河东行，使复故道。清人徐乾曾高度评价说："古之善言河者，莫如汉之贾让，元之贾鲁。"❶

明太祖朱元璋视水利为农业根本，在中央专设有营田司，主管全国的屯田水利事宜，命"所在有司，民以水利条上者，即陈奏"。明成祖永乐十三年（1415 年），疏浚开挖了淤塞的会通河。明穆宗至神宗时期（1567—1580 年），张居正任宰相期间，积极主张变法改革，并重用水利科学家潘季驯，重点治理黄河。

康熙高度重视水利建设，他把消除三藩、整治河务、疏通漕运作为自己夙夜忧思的三件大事。在他六次南巡期间，详细视察了黄河下游和江苏境内的运河，提出了具体的治理要求和方案。康熙十六年（1677 年）任命靳辅为河道总督，总管修河事宜。靳辅受命治河，历时 11 载，疏浚黄河故道，开挖黄河引河，修堤筑坝，建设涵洞，终于使黄河复归旧道，决口得到堵塞；还疏通漕运，修筑中运河，保证了运河安全和通畅。

到了清末民国时期，国家备受欧美列强侵略，国家处于风雨飘摇之中，也

---

❶ 秦松龄. 贾鲁治河与元末农民起义［J］. 晋阳学刊，1983（3）：71－76.

没有力量兴修水利，水利陷入衰落时期，具体表现在河防失修、水患频仍、灌区退化、京杭运河中断等诸多方面。在西方列强的步步紧逼下，我国长期坚持的海禁也开始放松，西方一些先进的水利科技传入到中国，最早一批接触西方水利科技的中国人，认识到水利教育的重要性，酝酿并建立了河海工程专门学校等水利院校，开始注重水利技术人才的系统培养。借鉴外国经验，全国各地设立了一些水工试验所、水文站等水利科研机构；针对我国江河实际，早期的水利先哲十分重视研究河流规划，编制了《导淮工程计划》《永定河治本计划》等许多重要规划文本。虽然在这一期间也修建了诸如云南石龙坝水电站、关中八惠灌溉工程、珠江芦苞闸、永定河屈家店闸、苏北运河船闸等一些水利工程。但从全国范围看，由于水利失修，水旱灾害频繁，日益严重影响到人民生命财产安全。

新中国成立后，百废待兴，水利事业终于迎来了良好的发展契机。尽管期间出现这样或那样的波折，但经过几十年的努力，国家倾举国之力对黄河、淮河、海河、辽河等江河开始进行全面的整治，取得了辉煌的水利成就。在兴修水利的过程中，也有力地促进了我国水利科技水平的提高，特别是在农田旱涝盐碱综合治理、多沙河流的整治、高坝大库的修建以及大型灌区和小水电开发等许多方面已接近或达到世界先进水平。

在长期的治水实践中，我国的水利科学技术和水利文化也有了相应的发展，每一个时代都涌现出一些有价值的水利论著。在先秦时期的文献中，以《山海经》《尚书·禹贡》《管子》《尔雅》涉及水利科学技术的内容较多。

《山海经》是先秦一部富于神话传说的最古老的地理书。全书包括 5 卷《山经》和 13 卷《海经》，共计 18 卷。《海经》中的《海内经》对我国地理形势分野、山系、水系、开拓区域分布进行了系统总结，是《山海经》地理状况的总结。在《山经》中，不仅记录了山系的走势，而且有极其丰富的水文记载，许多河流大都记明了源头和流向，还注意到河流支流或流进支流的水系，包括某些水流的伏流和潜流情况。

《尚书·禹贡》是我国最早的古代地理名篇，而且也是最早叙述河流、山川的地理专篇，主要包括九州、导山、导水、水功、五服等几部分。"导水"部分按照先南后北、先上游后下游、先主流后支流的顺序叙述了 9 条河流和水系的名称、源流和分布，如黑水、九江、恒水、汉水、长江等，并最早系统地记录了黄河的原委："导河积石，至于龙门；南至于华阴，东至于底柱，又东至于孟津，东过洛汭，至于大伾；北过降水，至于大陆；又北，播为九河，同为逆河，入于海。"

管子在《管子·水地》篇中写道："故水者何也？万物之本源，诸生之宗室……万物莫不以生。"可见，管子明确地把水看作世界万物的根源。自管子以后，中国古代许多先哲都把水视作十分重要的元素，并以此解释世界的本原，如名噪一时的"五行说"认为，世界是由水、火、木、金、土五种物质构成，水则居五要素之首。《管子·度地》被称为中国"最早的关于水利科学的著作"❶。该篇首先强调提出："善为国者，必先除其五害"，然后可致地利与人治。所谓"五害"，指水、旱、风雾雹霜、厉（瘟疫）和虫五种灾害，其中又以水害最为严重。管子在列举了经水、枝水、川水、谷水、渊水等五种水流以后指出："因其利而往（注）之可也；因（其势）而扼之可也，而不久，常有危殆矣。"《管子·度地》篇在分析水害发生原因时，对水性作了细致探究："水之性，行至曲，必留退，满则后推前。地下则平行，地高即控。"在如何防止水害上，该篇提出三个方面的措施：设置水官，令习水者为吏，负责治水事宜；选好治水工程的施工季节；平时督促水官水吏对各处堤防经常进行检查维修。尤为可贵的是，该篇总结了变水害为水利的经验，提出了发展灌溉的设想："夫水之性，以高走下则疾，至于剽石；而下向高，则留而不行。故高其上，领瓴之；尺有十分之三，里满四十九者，水可走也，乃迁其道而远之，以势行之。"

《尔雅》是中国最早的一部解释词义的书。在《尔雅·释水》篇中，对各种水作了解释和定义，分为水泉、水中、河曲、九河四类，根据河流的流经、深浅等解释各种水名，其中包括一些专有水名。如"水注川曰谿，注谿曰谷，注谷曰沟，注沟曰浍，注浍曰渎。"而且作者首次把江、河、淮、济称为"四渎"。"四渎者，发源注海者也"说明了奉江、河、淮、济为四渎的原因是此四者均流入大海。

唐代制定的《水部式》是现存最早的全国性综合水利法规，涉及灌溉、水力利用、航运、城市水道、渔业、交通等多方面。内容包括农田水利管理，水磨、水碾的设置及用水量的规定；航运船闸、桥梁、津渡的管理和维修及其所用水手、工匠、夫役和物料的来源和分配；渔业管理；城市水道管理等，使得水利从管理、维修到灌溉实施过程都有法可依，为水利事业的顺利开展提供了制度上的保障。此外，《唐律疏议》中也有许多关于水利的条款，王安石在瑾县任知县时就"起堤堰，决陂塘，为水陆之利"。1069 年推行变法后，颁布了"农田水利法"，对水利建设做出了具体的政策规定，取得了很大的成就。1070—1076 年间，除垦荒、疏浚河道、修筑堤防之外，单是兴修农田水利工程就达 1 万多处。

在王安石的大力提倡下，北宋著名水利学家单锷潜心研究水利，不仅创造

---

❶ 卢嘉锡．中国科学技术史：农学卷［M］．北京：科学出版社，2000：68.

了早期的水利规划模型，而且写出了著名的《吴中水利书》。在防洪方面，现存最早的河防法令是金泰和二年（1202 年）颁布的主要针对黄河和海河堤防修守的《河防令》，主要内容包括防洪的管理机构、汛情报告制度、堤防修守等方面，它是在宋代治河法规基础上制定的。宋庆历八年（1048 年），沈立搜集治河史迹，古今利弊，撰写了《河防通议》，是现存第一部全面记述黄河河工技术的专著，其中对黄河的水文特征和治河工程的每一个环节的技术要求和计算方法都有详细记载。这时还出现了特定的水利工程专志，如《李渠志》记载了江西宜春李渠工程；南宋魏岘的《四明它山水利备览》详记始建于唐代，位于浙江鄞县，具有多种功能的坝工枢纽它山堰，其中历代修建和岁修制度、水文测验、泥沙处理以及当时水土流失加剧的分析等，都有重要的历史价值。

元代水利学的发展与进步，还表现在涌现出了一批水利学家及其著作。如郭守敬提出华北水利六议，深受忽必烈赞赏。他深入考察黄河漕运及河套灌区，修复西夏引黄灌渠，对河北、宁夏等地的注水贡献颇巨；他利用自己丰富的水利知识规划治理了至今仍发挥着重要作用的北京水网；他汲取元代以前永定河引水的成败教训，成功完成永定河引水通漕工程，真正实现了京杭运河的全线贯通。其他如赡思及其《重订河防通议》，任仁发的《浙西水利议答录》，欧阳玄的《至正河防记》，王祯的《农书》中关于水利的论述等。一再颁行《农桑辑要》等农业技术书籍，其中也涉及水利灌溉技术。

在明清时期，一大批关于治河防洪和水利工程技术的专著陆续问世。在很多地方水利专业志成为各地方志的重要组成部分，且漕运志又在水利专业志中占了很大的比重。

在明代，隆庆年间总理河道大臣万恭著《治水筌蹄》，对于运河工程技术和管理有精到见解。在治黄思想上，首先提出"束水攻沙"和"以堤治河"的理论认识。潘季驯深化了万恭的治河思想，创造性地提出了比较科学的治河理论，其治河理论和实践经验汇聚成《河防一览》，是我国古代治理黄河的珍贵文献。作为我国引进西方近代科学技术的先驱之一的徐光启，编撰了著名的《农政全书》，不仅形成了自成体系的农田水利理论，提出了量算河工和测量地势法，对开发北方水利以及黄河和海河治理贡献颇多，而且翻译了《泰西水法》，成为我国最早系统地介绍西方近代水利科学技术的专著之一。此外，沈岱的《吴江水考》和姚文灏的《浙西水利书》等也是这一时期代表性的水利著作。

在清代，治河名人靳辅编著了《治河方略》。该书系统介绍了黄河、淮河和运河干支流的水系概况，对黄河的演变及其治理、对历朝历代关于治黄的议论着墨较多，对后世治河产生了深远影响。吴邦庆编撰的研究海河流域的《畿辅河道水利丛书》，徐松撰写的研究新疆水利的《西域水道记》，是这一时期比较著名的地方性农田水利专著。此外，傅泽洪的《行水金鉴》、黎世序的《续行水金鉴》等编年体的资料汇编性著作，辑录了丰富的水利文献资料。

可以说，我国劳动人民在治水实践中建造了许许多多杰出的水利工程、形成了丰富多彩的治水文化，为中国水利高等教育的孕育、萌芽、形成提供了丰厚的文化积淀。

二、智水文化与中华文明

我国江河湖泊众多，水资源丰富，涉水神话传说不胜枚举，不仅孕育和催生了华夏民族，启迪着我国古代的圣贤先哲，引起他们对水的浓厚的哲学兴趣，也进一步激发了他们对水的深刻认知和对水的哲学思考，并把这种认知和思考成果转化为独具特色的哲学智慧，形成了富有特色的"智水文化"，不仅成为中华传统文明的重要组成部分，也是全人类文化的瑰宝之一。

在《道德经》中，"上善若水"是老子人生哲学的总纲。在礼崩乐坏的春秋末世，老子寄情于山水，并以水论"道"。他从水的物性上体悟出柔弱与不争的处世之方："天下莫柔弱于水，而攻坚强者莫之能胜"，"善者，吾善之；不善者，吾亦善之，德善矣！"。他从水性中体会出公平与谦下的治国之道："以其善下之，故能为百谷王。"他从水的形态变化上推测并描述了宇宙万物的生成："天下万物生于有，有生于无。"因此他说："上善若水，水利万物而不争，处众人之所恶，故几于道。"可见，水不仅是老子哲学的重要标识，也是他释道阐道的重要载体。

与老子直抒胸臆的以水论"道"不同，庄子往往通过生动有趣的水寓言和水传说，阐释一些抽象、难以言说的哲学道理。庄子人生哲学的最高境界"逍遥游"是其有别于老子哲学最根本的标志，而构成其想象的物质基础则是水。《逍遥游》开篇"北冥有鱼"的寓言，使庄子从游泳中感悟出了"善游者数能，忘水也"的深刻道理。也就是说，达到熟能生巧、由技入道的自由境界有一个十分重要的前提条件，即"忘水"，只有这样，我们才能习而成性，无所顾忌，从而真正超越现实环境和技术对人的束缚。综观庄子的哲学思想可以发现，他通过对水的深层感悟并表达了深刻的哲理，揭示了"道"与水的密切关系，对于我们认识世界、认识人生有诸多重要的启示。特别是他在《逍遥游》《秋水》等篇展示的那些奇特而有意义的水的寓言故事，启迪着人们思维的视野要不断拓展，心灵的境界要进一步开阔，这样才能从更高的层次上深化对外界事物的认识，提升人生的价值。

儒家思想是中国封建社会的主流意识形态，无论是孔子，还是孟子和荀子，他们对水作出的哲学寓意的解读，多是以水喻德。

孔子博大精深的思想中充满了对水的哲思。为了揭示认识人生、自然和社会的基本规律，他以水为载体，多视角、多角度地阐发了对水的深刻理解。他以水喻德，从德、义、道、勇、法、正、察、志、善化描绘了他理想中的君子形象。正是由于水兼具了君子应有的九种美德，所以孔子内心蕴藏着丰富的水情结，每次看到大河，都要深刻地进行体悟。孔子说："仁者乐山，智者乐水。"在儒家思想者的大力阐释和倡导下，水的品格、水的特性被人格化、社会化为人类道德的属性，成了儒家思想体系中的核心思想，影响极为深远。

孟子的"爱水情结"一脉相承于孔子。他经常对水进行细致的观察和深入思考，并进而与感悟人生、阐发事理密切联系起来。孟子指出："人性之善也，犹水之就下也。人无有不善，水无有不下。"受孔子的影响，他说："观水有术，必观其澜。……流水之为物者，不盈科不行；君子之志于道也，不成章不达。"孟子还从水的形态、性质、功能出发，阐述他的人性善和仁政学说。此外，《孟子》一书记载了不少水利、水名及水的流向的知识，说明孟子对水利、水文地理等方面也有很深刻的认识。

作为儒家思想的重要代表人物，荀子在认知、阐释客观世界的过程中，经常不知不觉地提到水，他或以水阐明人生哲理，或以水阐释国家兴衰，或以水阐述哲学思想，自然之水经过荀子的辩证思考，在"自然的人化"中显现出"水文化"的深邃内涵。他说："冰，水为之，而寒于水。"又说："不积细流，无以成江海。"尽管荀子没有以明确的概念提出"量变质变"的规律，但却深刻地解释了这一自然规律，使人类在感性认识通往理性认识之路上架起了一座桥梁。荀子说："君子者，治之原也。官人守数，君子养原，原清则流清，原浊则流浊。"他以水源的清浊对支流的影响为喻，告诫君主心中时刻要有爱民之心、爱民之德。他特别指出："传曰：'君者，舟也；庶人者，水也。水则载舟，水则覆舟。'此之谓也。"荀子对君民关系的理性而哲学的思考，对后世产生了积极的影响。唐太宗李世民在与魏征、房玄龄等大臣研讨政务时，就论证过民水君舟，水可载舟亦可覆舟的道理，一再强调"载舟亦覆舟，所宜深慎"（《贞观政要·论君道》）。

中华民族在长期的治水实践和智水思维中，不仅孕育了朴素的水利思想和水利精神，而且留下了诸多富有特色的水利著作，形成了符合自身需要的水利技术和水利理论，这些为中国水利高等教育的产生提供了丰厚的土壤。

第二节 水 与 传 统 教 育

在日常生活中，水往往与教育紧密地联系在一起，最出名的就是"春风化雨"；说到教师的学问，我们常以"一杯水""一桶水""一溪水"比喻之；有人还会引朱熹的诗"问渠哪得清如许，为有源头活水来？"以江河的发源与汇通大海，引申到教育的功效，我们会说："其始也细，其至也巨。"

在我国古代，许多圣贤先哲经常以水喻教，希望给求教的学生以启示。"在先秦诸子思想中，水不仅占有极其重要的地位，而且是思想家论道阐思的重要思维凭借。尤其在春秋战国之时，针对礼崩乐坏、王纲解钮的社会境况，诸子常常以水论道体、谈为政，形成了一个'尊水崇水'的思想景观。尊水崇水、以水喻教，可视为诸子教育思想的一大特色；藉物阐理、以简御繁，则是诸子教育智慧的突出表现。"❶

人性论不仅是一个重要的哲学命题，也是教育必须探讨的重要论题。因为明晰了基本的人性，才能真正解释人是否能教、何以能教这一根本的教育理论问题。综观先秦诸子的思想可以看出，他们常常以水喻性。人性论不仅是他们教育思想的理论基石，也是其教育思想的重要组成部分。

孔子没有明确阐述人性的善与恶，但认为"性相近，习相远"。孟子持"性善论"，他认为人性之于善，如水之趋下，乃是人的自然本性。因此他说："人性之善也，犹水之就下也。人无有不善，水无有不下。今夫水，搏而跃之，可使过颡；激而行之，可使在山，是岂水之性哉？其势则然也。人之可使为不善，其性亦犹是也"❷。告子认为，人的善恶之行犹如东流水或西流水，善恶的产生在于"决"，"决诸东方则东流，决诸西方则西流"。这就告诉我们，人心善恶是后天的环境（教育）和主体自主选择、学习的结果，每个人在发展的过程中都应理性地选择环境，进而决定自己的行为。荀子持性恶论，他在《荀子·解蔽》篇中认为："人心譬如槃水，正错而勿动，则湛浊在下，而清明在上，则足以见须眉而察理矣。微风过之，湛浊动乎下，清明乱于上，则不可以得大形之正也。心亦如是矣。"可见，荀子借用盘子中的清水与浊水比喻人性的善与恶，进而主张用礼义之道引导、教育人的先天之性，因为人性的善恶不是天生的，而是后天从社会获得的，因而教育可以使人避恶趋善。

从前面看，人性是教育的起点，人性观可以为教育提供了基本的价值指导，而何以能智、何以为学则是先秦诸子聚焦的又一教育问题。孔子借流水"逝者如斯夫，不舍昼夜"告诫自己和学生要珍惜时间，勤于学习。孟子以水喻学，说明了知识积累、循序渐进的重要性。他强调"观水有术，必观其澜""流水之为物也，不盈科不行""原泉混混，不舍昼夜，盈科而后进，放乎四海"。荀子也是借水教育人们要注重知识积累，最终实现由量变到质变。所以他在《劝学》篇中说："故不积跬步，无以至千里；不积小流，无以成江海。"

❶ 广少奎．先秦水论：中国古代思想家教育智慧论析［J］．教育研究，2012（4）：128－133.
❷ 孟子，等．四书五经［M］．北京：中华书局，2009：103.

其实，先秦诸子在以水阐性、以水喻德、以水论学的过程中，告诫我们教育应具有水的向善的品格，教育的对象要形成水的美德，教育的方法也应如水般灵活、坚韧与宽容。

就教育理念来说，一是似水般"上善"的培养目标。老子之所以认为水具有世间最高尚的品德，就是因为"水善利万物而不争"。教育的最高目标是培养学生具有水一样的善行，教育者必须以深厚的德泽化物育人，教育学生勇于且乐于追求向善的一种境界，养成"上善"的一种素质。这样，教育才能达成自己应肩负的社会使命。《大学》开篇道："大学之道，在明明德，在亲民，在止于至善。"所以教育应像涓涓细流一样，不断浸润学生的身心，融入他们生命的每一个罅隙，通过教师情感的真挚投入、潜移默化的濡染，滋养和提升学生的内涵，最终使他们达至善的境界。二是似水般公平的教育理念。水不平则鸣，不鸣则已，水无形无色，随物赋形，"君者槃也，槃圆而水圆；君者盂也，盂方而水方"。教师和学生也正如水和容器，教师就是那一泓清泉水，学生就是那载水的器皿，器不同，水随之而成型。作为教育工作者，必须顺应时势，至智至理，全面地了解学生，客观公正地对待学生，让学生在公平的环境中不断追求新知，完善自我，教育才能达到真水无香、教育无痕的境界。三是似水般博大的教育情怀。世界上没有相同的两片叶子，也没有完全相同的两个学生，也就是说，我们的教育对象千差万别，各具特点，我们必须具有博大的教育情怀。首先要有似水柔情的爱心。爱是教育的真谛，教育需要教师无私的付出，有了爱，发自内心地尊重学生，才能更多地关心和理解学生、才能更多地肯定和赞赏学生，进而才能发现学生的闪光点，因材施教，激励学生成才。其次要有水滴石穿的耐心。学生的成长是一个漫长的过程，期间可能出现这样或那样的问题，这就要求教师必须具有滴水穿石的耐心。再次要有海纳百川的宽容。这是教育工作者应有的气度。"海纳百川，有容乃大"，教师只有具备了包容的心胸、诲人不倦的精神，不戴着有色眼镜看人，才能"为了一切学生，为了学生的一切"。

就教育方法而言，水无定形，教无定法。水能动能静，动则如江如海，静则如湖如潭；水灵活机动，可寒可暑，寒则成冰成霜成雪，暑则成液成气成云。可见，水能因时而变，因势而变，不僵化，不机械，不呆板，不千篇一律。教育方法也应该这样，要能够根据教育的对象、教育的环境，适时地、灵活地选择教育内容，灵活地采用教育方式，灵活地把握教育时机，做到不拘俗，不偏执，真正能够因材施教。"天下莫柔弱于水，而攻坚强者莫之能胜，以其无以易之。"在老子看来，水性至柔，却无坚不摧，世界上最柔弱的是水，最坚强的也是水，正所谓"天下至柔驰至坚，江流浩荡万山穿"。我们的教育就需要水滴石穿的执着信念和百折不挠、赴千仞万壑而不畏的坚强意志。此外，选择什么样的教育方法决定了教育的效果。《大禹治水》的故事告诉我们：治理洪水必须了解水性、了解地形地貌，然后选择具体的治理方法，不能一味地堵，必须疏浚河道，使洪水能够快速入海。教育面对的是一个个鲜活的个体，面对问题总体上还是宜疏不宜堵，也要深入了解学生，根据学生个性心理特点，注意什么时候选择惩罚，什么时候选择疏导。

总之，我们的教育不仅要有"上善"的培养目标、公平的教育理念、博大的教育情怀，也要有灵活的教育方法、润物无声的教育智慧。只有这样，才能真正育人如水，至纯至善。

第三节　我国水利教育的历史溯源

一、我国古代的科技教育

作为世界文明发展最早的国家之一，我国不仅创造了引以为傲的四大发明，在15世纪以前，科学技术也一直居于世界领先地位，培养造就了一大批灿若群星的科学家和发明家，同时也相应地发展了科技教育事业。

远古时代，由于生产力低下和生存生活的需要，"教民以猎""教民以渔"的狩猎技术教育十分活跃。《淮南子·修务训》记载，神农氏"乃始教民播种五谷，相土地……尝百草之滋味，水泉之甘苦，令民知所避就"。这勾画出了远古时期教民农作和生活的具体情况。

夏商周时期，以"六艺"为主要内容的教育占据主导地位，其中的数教和书教就属于科技教育，为培养治术人才奠定了重要基础。《礼记内则》记载了西周贵族子弟就要开始学习四则运算等计算方法。夏禹治水堪称古代宏伟的水利工程，这一史实表明当时的数学教学还有几何学的内容。这一时期产生了职官世袭的科技教育，又称为"畴人之学"，主要传授天文历法、农业科技、地学、医学等方面的科技知识，像地形测量学知识的传授，国家可以利用这种知识技能修建城池，兴修水利。

《考工记》也是这一时期出现的我国最早的手工业专门著作，记述了中国先秦时期的科学技术知识和手工业技术水平，涉及木工、金工、制造、冶炼等30个工种，可称为"百工之事"，特别是在堤防、水利修建的记载中，涉及了水力学。

战国时期墨家的科技教育堪称我国古代私学科技教育的典范。墨家学派注重培养能够直接解决人民生活苦难的实际技术人才，并要求他们具备"兼利天下"的品质。集中其科技思想的《墨经》涉及数学、几何学、力学、光学以及机械学、时空理论等诸多领域。

此外，先秦儒家编写的《地理志》《河渠志》，保存了历代地理、水利等多方面科技知识，为后世学习相关科学知识提供了重要资料。《管子》的《幼官》篇是当时传授天文历法知识的教本；《地员》篇主要介绍了农业土壤知识；《度地》篇总结了春秋战国时期水利工程的经验，并上升为理论，从水的特性出发，阐述了有关开渠、筑堤的工程技术。

秦汉开创了统一集权的封建帝国，这一时期的科技教育继续得以发展。到两汉时，我国传统的农、医、天、算四大学科均已形成独特的体系。秦汉时期是我国历史上"兴修水利工程最多和扩大灌溉面积最广的朝代"❶，有关水利知识的传授，便成为当时官学教育的重要内容，大司农主管此事，并招收学事兼而习之。东汉时的《九章算术》中"商功"一章就涉及关于筑城、开渠、开运河、修堤坝等的计算问题以及多种立体体积的计算。

隋唐时期，随着城市规模的扩大和建设的需要，兼之开凿大运河的需求，对相关科技人才需求极大，加上雕版印刷术的应用和推广，进一步推动了科技教育的快速发展。这一时期建立了许多医学、算学、天文历法等专科学校，打破了"各以所长收门徒"的私学模式，对于提倡科学，培养和造就科学技术人才，起到了直接的推动作用。

汉唐以后，虽官学制度逐渐完备并占主导地位，但始终无法否定私学对于科技人才培养的作用。特别是私学的教育形式灵活多样，讲学、研究、实践相辅相成，把科技教育的实用性凸现出来。如明清时期的陆世仪，在讲学、著述的过程中，"尤关怀乡邦利弊、救荒、治水"。地方的知州、巡抚等在治理河道时，都采用陆世仪的水利建设规划。

宋元时期是我国封建社会政治、经济继续发展并日臻成熟的时期，也是"我国古代科技文明的顶峰时期"❷。宋代曾多次奖励重大科技成就，两任宰相范仲淹、王安石都提倡经世致用。元朝重视兴学设教和科学技术交流，科学技术取得了辉煌的成就，我国四大发明中的火药、指南针和活字印刷术，都是在这一时期出现的。在这一背景下，专业学校的科技教育比前代又有了新发展，并不断完善。具体表现在：规模扩大，管理完善；课程设置增多，科技教材丰富；非常注重实用技能和科学思维方法的培养；广泛采用实验、演示、观测的方法；注重严格的业务考核和科技道德教育。

明清时期，由于文化专制主义的加强和闭关自守政策的推行，科技专科教育由发展缓慢，到停滞不前，然后走向衰落，最终被新式教育所取代。

---

❶ 梅汝莉，李生荣．中国科技教育史［M］．长沙：湖南教育出版社，1992：150．
❷ 曲铁华，李娟．中国近代科学教育史［M］．北京：人民教育出版社，2010：36．

二、我国水利教育的历史溯源

纵览我国几千年水利发展史，中国历代统治者大都高度重视治水，并且设置了较为完善的治水机构和相应的官员，明确规定了水官的具体职责，但对治水人才的培养并没有引起统治阶层足够的重视，也因此长期缺乏专门的水利人才培养机构，更谈不上有专业的水利教师，人们只能从书本中学习水利知识，或通过父子相传和师徒相传在实践中掌握水利技术。

众所周知，我国历史上主要是一个农业大国，自给自足的农业经济一直占据主导地位，因此，与农业关系密切的学科发展的都比较快。同样，农业灌溉的多少、水患灾害的防范等都要求加强水利工程的建设，推进水利科技的进步。正因为这样，许多杰出的水利工程不仅反映了古代劳动人民的智慧，更集中体现出当时水利工程施工技术与水利知识的掌握水平。可以说，在我国几千年文明史上，有多少水利工程建设，就有多少驯水治水的动人故事，就积累了多少丰富的治水经验，并进而升华为专门的水利知识和水利技术。客观上，这些水利知识和水利技术必然存在传习、继承、发展、提高的过程，也就必然有水利科技教育，只不过这时的水利科技教育既不正常，也不正规，流传下来的具体史料也少之又少。

在古代，作为专门手工艺技能的传授和训练，起初人们在兴水利、除水害的过程中所创造出的工程技术、总结出的水利知识都在通过父子相传或私塾教育的方式得到传递。例如，公元前256年，秦昭王任命李冰为蜀郡守。到任后，他带着儿子李二郎沿岷江两岸进行实地考察，了解水情、地势等情况，不仅制定了治理岷江的规划方案，而且耳濡目染，使儿子掌握了系统的治水技术。

随着生产的不断发展，水利的重要性日益凸显，开始出现由官府组织的教育教授水利技能。我国古代的文献典籍中关于水利专业技术培训的记载始于春秋战国时期。《管子·度地》篇明确记载："除五害之说，以水为始。请为置水官，令习水者为吏。"这就是说，消除五害要从治水开始，而治水就需要设置专门的水官，水官必须由学习或掌握水利工程的专业人员出任。这从一个侧面反映了战国时期水利教育初见端倪的状况。

商周时期出现的《考工记》涉及先秦时期的水利、兵器、礼器、制车、建筑等手工业技术，包含地理学、冶金学、力学、建筑学等多学科知识和经验总结。《考工记》开宗明义提到："国有六职，百工与居一焉。"这里的"百工"属于官府手工业。"在官之工"一般具有专业技术，技能高超者还可以被提拔为工师，也就是现代意义的教师，专门负责组织生产，传授技能。官府作坊是教育和培养技术工人的场所，也就是学校。

治水是百千万人的实践，真正身处水利一线，并不断创造、创新水利技术的，是广大劳动人民。我国最早在战国就有了"水工"这样专门的水利工程技术人才。例如，郑国渠就是由韩国水工郑国主持修建的。《史记·河渠书》记载，汉武帝下令开凿关中漕渠时，就命令水工徐伯负责施工测量，即"令齐人水工徐伯表"。《汉书·沟洫志》记载，西汉齐人延年提出黄河改道北流方案时，明确指出方案的实施必须由水工来负责，即"可案图书，观地形，令水工准高下"。由此可见，此时的"水工"已成为水利工程建设的技术骨干，以后历代也都有"水工"这一专门职业。

西汉末年的水文地理学家张戎对水利颇有研究，提出了治河理论上的"水利冲刷说"，富有创建性地提出了水流速度和河流冲淤之间关系这一概念。东汉的桓谭曾说："张戎，字仲功，习灌溉事。"❶ 也就是说，张戎之所以具有丰富的水利知识，可能专门学习过水利技术或者具有相当技术培训的经历。

西汉武帝时，越人擅长水利技术已经很有名声。当时汉武帝听从他人修建河东水利设施建议，但由于黄河改道，引水失败，于是就把此地渠田以较低的田税租给越人。唐代司马贞在《索隐》中对这一史实进行解释时说："其田既薄，越人徙居者习水利，故与之。"可以想象，越地百姓之所以如此精熟于水利，一定是他们世代重视水利教育并相传承袭的结果。

东汉时，《九章算术》已经成书，并作为数学教育的教材，虽然它是以算数、代数为主，但也重视应用，其编写就是采用按类分章的数学问题集的形式，其中第五章《商功》主要是关于筑城、开渠、开运河、修堤坝等的计算问题，也进一步佐证了数学教育中所蕴含的水利教育内容。

到了宋代，由于现实的需要，培养更多"实用人才"已为当时的统治者所认知。因此，这时的学校教育既要学习传统的经学，又要学习水利、农田、算数等各种实际的专门技能。

有记载的正规水利技术教育最早开始于北宋中期，泰州人胡瑗是著名学者，被范仲淹推崇，后任湖州府学教授。他在学校中设学习研究经学基本理论的"经义斋"和以学习农田、水利、军事、天文、历算等实学知识为主的"治事斋"，前者属于"明体"之学；后者则属于"达用"之学。让学生主修一科、兼修一科，重在培养具有经学理论造诣和治国实际才干的实用人才。《宋元学案·安定学案》载："治事则一人各治一事，又兼摄一事。如治民以安其生，讲武以御其寇，堰水以利田，算历以明数"，也就是把治事分为治民、讲武、堰水（水利）和历算等科，这不仅开创了我国分科教学之先河，也开创了水利

❶ 转引自：周魁一．中国科学技术史（水利卷）［M］．北京：科学出版社，2012：441.

教育的先河，对后世产生了深远影响❶。1044 年，他大力提倡的分科教学得到宋仁宗的嘉许，宋仁宗"诏下苏湖取其法，著为令"，其中特设堰水利田的水利科，这是比较早的关于正规水利技术教育的正式记载。范仲淹庆历兴学的一项重要措施就是把苏湖教法立为太学法度，以期改进太学的教学及其制度。"苏湖教法"成为"太学法"在全国推广，培养了一大批经世致用的人才。北宋以后历代的太学大都采用过分斋教学的方法。

庆历兴学失败后，但要求兴学、革除时弊的努力始终没有停止。熙宁、元丰年间，当政的王安石对北宋的教育方针进行了大胆改革。他强调"通经致用"的观点，要求学校教育不仅要通经，而且要致用，以通经达致用。他说："苟不可以为天下国家之用，则不教也。苟可以为天下国家之用者，无不在于学。"❷ 至此，"明体达用""强本节用"和"通经致用"这一实学教育思想渗入到北宋的教育之中，使传统的教育目的增加了新的内涵，也为明清时期"经世致用"的教育思想开了先声。为了顺利实施农田水利法，在王安石变法过程中，对各地积极开垦荒地、建立堤防、兴修水利等举措予以奖励。同时，他对太学进行了大力整顿，不仅改革了太学体制，实行三舍法，而且设专门学校培养人才并曾在太学中介绍水利工程知识，但这一举措随着王安石变法的失败而灰飞烟灭。

元初大科学家郭守敬擅长天文历算和水利，他曾修邢台水利、宁夏水利，勘测过会通河，主持修建通惠河等，并曾任都水监。郭守敬的祖父郭荣不仅熟读五经，而且擅长算数和水利。郭守敬长大后，郭荣安排郭守敬就学于著名学者刘秉忠，跟随他学习数学和水利。《元史·郭守敬传》记载，郭守敬学成后，1262 年，张文谦把他推荐给元世祖忽必烈并强调："守敬习知水利，且巧思绝人。"在受到忽必烈召见时，郭守敬当面陈述水利六事，受到元世祖的称赞。可见，郭守敬习水利一事不仅证明当时紫金山学派中也设有水利和数学专科，而且旁证了家庭水利教育在郭守敬成长中的重要作用。其实，我国古代水利科技教育除了存在于官办学校、私学以外，子承父业、家学相传也是一大极具特色的现象。

到了明代，水利工程内部已出现更为细密的专业分工，例如万历三年（1575 年）在进行京杭运河的泇河改线规划时，主管官吏傅希挚曾"遣锥手、步弓、水平、画匠人等，于三难去处逐一踏勘"❸，具体来说，地质勘探由锥手负责，丈量由步弓完成，高程水准测量是水平的任务，绘图的职责当然属于

❶ 宋孝忠. 我国水利高等教育百年发展史初探［J］. 华北水利水电学院学报，2013（4）：1 - 5.
❷ 王安石. 上仁宗皇帝言事书［C］// 王安石全集. 上海：上海古籍出版社，1999：3.
❸ 转引自：周魁一. 中国科学技术史（水利卷）［M］. 北京：科学出版社，2012：441.

画匠。这仅仅是水利规划专业人员的分工，水利工程施工的工种可能要远比规划多很多，如此细致的专业分工，如果专业人员没有经过一定程度的培训或教育是难以想象的，这也在一定程度上揭示出当时水利科技教育的真实情况。

作为我国比较早学习并系统地引进西方科学技术的科学家，徐光启曾师从利玛窦和熊三拔等人学习西方天文、水利、数学等方面的科学技术。16世纪初叶，徐光启翻译了大量的西方自然科学著作，主要有《几何原本》《勾股义》《同文算指》《泰西水法》《测量法义》等。他所著的《农政全书》分为12篇，包括农本、田制、水利、农器、农事、开垦、栽培、蚕桑、牧养、制造等日用技术以及备荒救荒等方面。其中重点在开垦、水利等几个方面，这些在以前的农书中都没有记载过，因而成为这部书的显著特点。他在该书凡例中说："水利，农之本也，无水则无田矣。"该书"水利"篇共9卷，既有徐光启关于农田水利理论的系统总结，也有前人关于全国各地水利问题的具体论述，其中尤以他提出的用水五法最为重要。其中还有合译的《泰西水法》，主要是介绍欧洲的水利学原理和水利工程方面的知识，这是我国最早系统地介绍西方近代水利科学技术的专著之一。从中可以看出，徐光启正是通过自学和向西人系统地学习，才拥有如此丰富的水利知识，进而才能完成这么多水利史上备受赞誉的名著。

在清代，国子监主要分经义科和治事科。其中治事科主要教授河渠、兵刑、天官、乐律。《清史稿·选举制·学校一》称："其治事者，如历代典礼、赋役、律令、边防、水利、天官、河渠、算法之类，或专治一事，或兼治数事务穷究其源流利弊。"

明末清初著名思想家黄宗羲在为未来市民社会设计学制体系时，除了设置传统的经学和医学、历算等自然科学外，还大力提倡所谓"绝学"，如水科、测望、火器等科学技术，就相当于现在的水利学、测量学、铸造学。他不仅详细刊校了《水经注》并著《今水经》一书，而且在海昌讲学时就涉及水利、数学、地理等。他的学生陈言扬就在这些方面取得了许多成就，著有《太湖水利考》《勾股述》《地理迩言》等有关水利、几何、地理方面的书籍。

清初教育思想家颜元认为："学校，人才之本也。"针对学校理学教育的虚浮空疏，他提出了"真学""实学"的主张，强调学校应培养"实才实德之士"，即是品德高尚，有真才实学的经世致用人才。清康熙三十五年（1696年），他主持的漳南书院设置六斋，采用"分斋制"教学，并规定了各斋的具体教育内容，也是对他"真学"，"实学"内容的最明确、也是最有力的说明。漳南书院的六斋及各斋教育内容为：一是文事斋：课礼、乐、书、数、天文、地理等科；二是武备斋：课黄帝、太公及孙、吴五子兵法，并攻守、营阵、陆水诸战法，射御、技击等科；三是经史斋：课《十三经》、历代史、诰制、章奏、诗文等科；四是艺能斋：课水学、火学、工学、象数等科；五是理学斋：课静坐、编著、程、朱、陆、王之学；六是帖括斋：课八股举业。其中设"艺能课"专授水学、工学、建筑、农艺等。他重视水利尤其是水利人才培养。他说："如天下废予，将以七字富天下：垦荒，均田，兴水利。"❶ 在他亲自制定的"习斋教条"中，规定学生必须学习农学、谷粮、水利等知识，"凡为吾徒者，当立志学礼、乐、射、御、书、数及兵、农、钱、谷、水、火、工、虞"❷。可以看出，颜元漳南书院的前四斋主要实施实学教育，其中"艺能斋"传授兵农、钱谷、水火、工虞之事。其实用教学内容包括经史、天文、地理、水学、火学、工学、农学等。沈百先评论这一点认为，"其水学一科，乃水利教育之创始"❸。

与颜元同时的关学学派的代表人物李二曲十分重视实学，提倡"明体适用"。据《二曲集》记载，他给学生开出的"适用类"书单就包括《农政全书》《水利全书》《泰西水法》等，并认为学校有了这种学科，学生掌握了这方面的知识，才能称得上是理论与应用相结合的"全学"。

汉唐以后，私学突出专业技术教育实用性的特点鲜明，教育形式灵活。许多私学的主持人，如明末清初的学者陆世仪，存经世之志，拥天文、地理、河渠、井田等广博学识。他在《思辨录辑要》中强调："学校之制，其在乡学不过读书识字、歌诗习礼而已。至于国学，决当仿安定湖学教法而更损益之。"为此，他对"苏湖教法"进行了局部的改革，特别增加了不少新的学习内容。他认为，"六艺"很重要，但有些知识，如河渠、兵法、天文、地理等类，都是治国安邦必不可少的。因此他说："今人所当学者，正不止六艺，如天文、地理、河渠、兵法之类，皆切于用世，不可不讲。"

尽管我国古代并没有产生真正的水利学校，也缺乏专门的水利教育进行水利人才培养，但历经斗转星移、朝代更替，水利教育以其自身的逻辑在水利实践和教育实践中不断孕育着，正是这种长时期丰厚的历史文化积淀，为我国水利高等教育的萌芽与产生奠定了坚实的基础。

---

❶ 颜元．颜元集［M］．中华书局，1987：763.

❷ 同上，743.

❸ 沈百先，章光彩．中华水利史［M］．台北：台湾商务印书馆有限股份公司，1979：371.

第二章　萌芽：晚清时期的
水利高等教育

晚清时期，特别是鸦片战争以后，我国逐渐沦为半封建半殖民地国家。由于国破民弱，一批先进的中国人开始睁开眼睛，他们希望学习西方先进的科学技术，以图富国强兵。洋务运动的产生、维新运动的爆发，有力地促进了西学东渐的出现，在这一时代背景下，我国绵延数千年的科举制度受到前所未有的挑战，在近代教育体制改革的呼声中，我国水利高等教育也开始真正萌芽了。

第一节　晚清时期的水利高等教育概况

晚清时期，政治日益腐败，水利事业不断废弛，再加上西方列强的入侵与西方科技文化的输入，加速了满清王朝的崩溃，在这一时代大背景下，洋务运动如火如荼，废科举、建学堂、学科技成为时代的发展趋势，不仅一些学堂开始增设水利类课程，建立水利科研机构，而且晚清学制改革中也出现一系列与水利教育相关的积极因素，预示着我国水利高等教育已处于萌芽状态，就要破茧而出。

一、晚清时期的水利概况

清代自乾隆以后水利事业江河日下，繁荣不再。这一时期，河道日趋阻塞，河政日益腐败，河防日渐松弛。黄河连年决口，河水泛滥，百姓流离失所。具体表现在：首先，河道淤积严重，决溢灾害频繁。由于河道主槽严重淤积，泄洪能力不断降低，黄河决口泛溢更加频繁。据《清史稿·河渠志》记载，从嘉庆元年到咸丰五年，黄河下游主要决溢达 22 次。其次，河政日益腐败。晚清时期频繁更换河督，就嘉庆时期，南河总督换了 12 任，东河总督换了 18 任，为历史所罕见，不仅导致黄河整治缺乏整体规划，而且统一治理能力严重削弱，河官贪污成风，虚报冒领治河经费者有之，中饱私囊者有之。黄河决口越大，堵口工程所需费用就越多，河官贪污的机会和数量就越多。所谓"黄河决口，黄金万斗"就是这一时期黄河治理乱象生动的写照。同时，河官肆无忌惮地弄虚作假，河防受到严重损坏，治河经费却不断激增，居高不下。再次，河防日渐松弛。由于河政的腐败，河防机构不断膨胀，河官役吏不断增多，虽然河工经费不断增加，河防却日渐松弛，河道形势日益严重。

晚清虽然河政腐败，治河混乱，但由于长期治河经验的积累，河工技术仍有一定程度的改进和提高，对黄河河床演变规律也有了一些科学认识。同时，这一时期治河官员中的一些有识之士更加重视治河经验的总结和河工资料的积累。当然，这一时期河工技术的进步只是局部的，都还没有脱离传统河工技术的范畴。

现实的水利问题、西方列强的入侵、社会变革呼声的高涨，一方面要求国家官僚机构自身不得不被动地应对这些问题，部分开明的官员士绅则积极应对水利问题，以林则徐、张謇为代表的近代治水治教英才积极兴修水利、创办水利学校，推进了近代水利事业不断向前发展；另一方面，许多学有所成的归国留学生不断地把西方水利科学知识和先进的水利技术引入中国，并试图使之与我国传统的水利技术和水利理论有机结合起来，揭开了我国近代水利改革的大幕，开辟了一条促进近代水利发展的新路。

二、专门学堂设置水利类课程

经历了两次鸦片战争的失败，中国社会出现了"数千年未有之变局"[1]，以曾国藩、左宗棠、李鸿章等为代表的具有强烈忧患意识的封建地主阶级高举"自强求富"的口号，开办了我国第一批近代化的军事工业和民用工业。在这一过程中，为了培养新式的军事人才、外交人才和科技人才，洋务派先后在各地创办了 30 多所新式学堂。它们大致可分为三类：一为方言（外国语）学堂，除京师同文馆外，还有上海广方言馆、广州同文馆等；二为武备（军事）学堂，知名的如福州船政学堂、江南水师学堂、湖北武备学堂等；三为技术学堂，如福州电气学堂、南京铁路学堂等。这些新式学堂的陆续建立，是中国近代教育的开端，是新型教育模式在中国开始萌芽的重要标志。可以说，中国近代工程教育始于晚清洋务派兴办的各种西式学堂，中国水利高等教育就在这些专门学堂得到了孕育和发展。

作为洋务运动实业派的代表，盛宣怀在洋务运动的实践中深刻认识到"自强首在储才，储才必先兴学"[2]。1895 年 9 月，他通过新任直隶总督兼北洋大臣王文昭上奏光绪皇帝《拟设天津中西学堂章程禀》。1895 年 10 月，光绪皇帝御笔朱批，正式建立北洋中西学堂，并于 1902 年更名为北洋大学堂，这是我国近代第一所工科大学，也是中国近代高等教育分级设学的开端。头等学堂

　　[1] 李鸿章．筹议制造轮船未可裁撤折［C］//李文忠公全集·奏稿（第 16 卷）．北京：商务印书馆，1921.

　　[2] 盛宣怀．南洋商务学堂移交商部接管折［C］//张凤来，王杰．北洋大学—天津大学校史资料选编（第一卷）．天津：天津大学出版社，1991：45.

设有工程学、电学、矿务学、机器学、律例学五个专门学，其中工程学科开设的课程与水利有关的就包括测量地学、汽水学、水利机器学等。1903年，北洋大学堂在本科中开设工科土木工程、采矿冶金两学门，其中土木工程学门的12门专业课中就包括水力学、自来水工、沟渠等水利类课程，但缺少癸卯学制中规定的河海工学等。1908年，在学部的督办下，学校重新厘定课程，补足了相关课程。此时，山西大学堂、京师大学堂也都设置了土木工程学门，课程设置与北洋大学堂基本一致。

1874年，傅兰雅、徐寿等人建立上海格致书院，希望"中国便于考究西国格致之学、工艺之法、制造之理"❶。1895年，傅兰雅在《格致书院会讲西学章程》中把课程分为六类："一、矿物，二、电务，三、测绘，四、工程，五、汽机，六、制造。"❷特别值得一提的是，在规定的电务全课目录中，第五课就是"水重学"，包括了静水学课和与动水学课。

自从北洋中西学堂和上海格致书院这两所学堂开设水利类课程后，越来越多的人开始关注水利教育，其他一些学堂也开始在相关专业中设置水利类课程，也在一定程度上说明了当时在学校的正规教育中，水利教育已经有了一席之地。

清末名臣张之洞十分重视新式人才的培养，他在署理两江总督时，就在南京建立了江南储材学堂、南京陆军学堂、南京铁路学堂等新式学堂。1896年，他撰写了《创设江南储材学堂折》的奏折并呈送给光绪皇帝，很快获得光绪皇帝的御批。张之洞创办的江南储才学堂，是一所培养实政人才的综合性学堂，课程设置较为广泛，大体上"分立交涉、农政、工艺、商务四大纲。交涉之学，分子目四：曰律例，曰赋税，曰舆图，曰翻书。农政之学，分子目四：曰种植，曰水利，曰畜牧，曰农器。工艺之学，分子目四：曰化学，曰汽机，曰矿务，曰工程。商务之学，分子目四：曰各国好尚，曰中国土货，曰钱币轻重，曰各国货物衰胜"。❸而水利课程就设置在农政门。

1896年，刑部侍郎李端棻首次建议光绪帝设置"京师大学堂"。"学问宜分科"是清末名臣孙家鼐在《议覆开办京师大学堂折》中所着力强调的。为此，他详细规划了"十科分学"的具体方案，即"一曰天学科，算学附焉；二曰地学科，矿学附焉；三曰道学科，各教源流附焉；四曰政学科，西国政治及

❶　钱锺书主编，朱维铮执行主编，李天纲编校 . 万国公报文选［M］. 上海：中西书局，2012：396.

❷　傅兰雅 . 格致书院会讲西学章程［C］// 陈学恂 . 中国近代教育史教学参考资料 . 北京：人民教育出版社，1986：234 - 235.

❸　张之洞 . 创设江南储材学堂折［C］// 苑书义，孙华峰，李秉新 . 张之洞全集（第二册）. 石家庄：河北人民出版社，1998：1081 - 1083.

律例附焉；五曰文学科，各国语言文字附焉；六曰武学科，水师附焉；七曰农学科，种植水利附焉；八曰工学科，制造格致各学附焉；九曰商学科，轮舟铁路电报附焉；十曰医学科，地产植物各化学附焉"。❶ 其中明确提出在农学中开设水利学科。1898 年，光绪帝在《明定国是诏》中同意兴办京师大学堂，并批准了由梁启超代拟的《奏拟京师大学堂章程》。京师大学堂的这种分科教学与现代的学科教学非常类似。

为了满足晚清治水的现实需要，1900 年，京师大学堂在工学科的土木学门开设了河海工学等课程。1905 年，清政府在京师大学堂设立了农学科大学，下设农学、农艺、森林等门类，并设置有农业土木工程、森林理水与沙防工程等专业，开设了灌溉排水工程、水利土壤改良、水土保持、堤防水利工程、沙漠化防治等课程，为我国水利高等人才培养积累了一定的经验。

1901 年，袁世凯在《奏办山东大学堂折》中对学堂课程进行了明确划分，大学堂课程分政学、艺学两门，艺学一门分为算学、天文学、地质学、测量学、格物学、化学、生物学、译学八科，其中格物学内分水学、力学、气学、热学、声学、光学、磁学、电学八目❷。可见水学当时已明确成为大学堂的一门正规课程。

1911 年，邮传部在上海正式建立高等实业学堂，这就是上海交通大学的前身，在其办学章程中明确规定设 4 门实业之科：铁路科、电机科、航海科、邮政科。其中铁路科每周需要修习 4 学时"水力学"；航海科则每周学习"水面测量学"和"水力学"各 3 学时。其后，铁路科更名为土木科，设有"水力学"和"河海工学"。

可以看出，晚清时期的各种学堂深受西方科学技术的影响，在课程设置上，越来越多的工程类课程成为教学的主要内容，打破了过去以儒家经典为主的传统教育一统天下的局面，特别是一些学堂开设各种水利学课程，为以后水利高等教育的产生打下坚实的专业基础。

三、河工研究所的设立

大江大河治理不仅复杂多变而且具有较强的实践性，主持或参与江河治理胜任这项重要工作，就必须具备一定的专业素质。众所周知，我国长期以来没有专门从事水利人才培养的教育机构，传统的治水技术人才主要是靠长期积累的丰富经验。晚清时期，域外各种新思想、新技术纷纷传入中国，我国几千年的传统文化和思想也受到强烈的影响和冲击。具体到水利事业发展上，作为传

---

❶ 北京大学史料（第一卷：1898—1911）[M]. 北京：北京大学出版社，1993：24.
❷ 陈学恂. 中国近代教育史教学参考资料（上册）[M]. 北京：人民教育出版社，1986：625.

统治理水患或建设水利工程的河工学出现了变革的趋向，主要表现就是出现了兼具研究与教育培训双重功能的"河工研究所"的机构。

晚清时期，传统的河工开始走向衰落，与西方相比，近代河工技术陈旧，已远远落后于社会需要。1908 年，吕佩芬就任永定河道，主持永定河的治理工作。但在河工实践中，他发现"素称熟悉工程员，但能举其大略，均少确实见地"，"欲求其措置咸宜，胜任愉快，甚属不易"❶。治河实践中遇到的这样或那样的问题，让吕佩芬深感困惑，也进一步认识到培养专业治河人才以及对治河工程开展研究的重要性。他就任永定河道不久就上书时任直隶总督杨士镶，拟请建立"河工研究所"，地址设在永定河南四工防汛公所。

河工研究所成立初期，重点是是对当时的河工职员进行轮训，并在培训的过程中集思广益，一起研究如何改进河工技术。为了取得切实成效，根据实际做出若干规定：永定河道所属河工候补人员，"除 40 岁以上并对河务较熟悉外，一律分期分批进入河工研究所学习、研究"；"每期讲习时间为一年，每届一班，每班定额三十员"；"凡是星期天以及凌汛、伏秋大汛期间，研究所全体人员均须到防汛现场实习，以便锻炼处理险情的能力"❷。因此，该所学员"每遇星期及凌、伏、秋三汛，均会临工实地练习"。❸ 可见，河工研究所不仅重视河工的专业学习，更重视通过现场的实践实习达到学以致用。

就任山东巡抚期间，孙宝琦十分重视黄河水利治理工作。为了培养治河人才，他大力倡办专门的水利研究机构。他认为，应该把河工视为"非细心讲求，非久于阅历，不能得其奥窍"的"专门之学"加以研习和探究。1910 年，他主持成立了山东河工研究所，孙宝琦称其办学目的就是"招集学员，讲求河务，原为养成治河人才，如设立厅汛，则此项人员有毕业资格即可分别试用，于工程大有裨益"❹。可以看出，河工研究所不仅讲求河务，而且重视水利人才培养，实质上就是集科研、办学为一体的近代水利科研教学机构。

近代河工研究所虽然仅仅具有河工培训的性质，且与正规的水利教育相比仍有不尽如人意的地方，但也堪称我国近代水利、水政具有创举意义的事件。因为河工研究所的设立与运行实践已清楚地表明我国水利高等教育已处于萌芽状态。特别是它把河工当作一门学问看待，开了培养水利人才、厉行治水研究的先风，为日后我国专门水利教育机构的建立和水利研究事业的开展奠定了良好的基础。

❶ 中国水利学会水利史研究会. 再续行水金鉴·永定河篇［M］. 北京：中国书店，1991：389.
❷ 赵尔巽. 清史稿·河渠志一［C］//周魁一. 二十五史河渠志注释. 北京：中国书店，1990：557.
❸ 中国水利学会水利史研究会. 再续行水金鉴·永定河篇［M］. 北京：中国书店，1991：389.
❹ 中国水利学会水利史研究会. 再续行水金鉴·河水［M］. 北京：中国书店，1991：133.

四、晚清学制中的水利教育[❶]

学制是学校教育制度的简称。中国近代学制始于晚清时期，1902 年，清政府颁布了由张百熙主持拟定的《钦定学堂章程》，这是中国近代首次颁布的全国性学校教育制度，即"壬寅学制"，但这一学制并未真正推行。1904 年，清政府颁布了由张百熙、荣庆、张之洞等主持修订的《奏定学堂章程》，即"癸卯学制"。这是中国近代由中央政府颁布并正式在全国实行的第一个完整的学校教育制度。

癸卯学制的主要框架是一个主体和两个辅助体系。主体包括初等教育、中学教育和高等教育三段七级。其中高等教育分为高等学堂、分科大学堂和通儒院三级。两个辅助体系便是实业教育和师范教育。水利等工程人才培养则与高等教育和实业教育密切相关。

（一）高等教育中水利类课程的设置

《奏定学堂章程》除了规定我国的学制系统外，还包括《学务纲要》《高等学堂章程》《大学堂章程》《各学堂奖励章程》《实业教员讲习所章程》等。

在《奏定大学堂章程》中，大学堂下设八科，称分科大学堂，包括经学科大学、政法科大学、文学科大学、医科大学、格致科大学、农科大学、工科大学、商科大学等八科。其中工科大学设八门：土木工学、机器工学、造船学、电气学、建筑学、应用化学、火药学、采矿及冶金学。

从《奏定大学堂章程》的具体内容中可以看到，这一章程并没有关于水利学专业的划分，近代水利课程就开设在工科大学中土木工学一门类。土木工学就是关于建造各类工程设施的科学技术，其中便包括了道路、桥梁、运河、堤坝、给水排水以及防护工程等与水利相关的工程技术。在课程设置上也包括了相关水利学知识。

根据《奏定大学堂章程》的相关规定，工科大学的土木工学门需要设置水学科目。土木工学门在第二年开设 4 学时的河海工学和 1 学时的水力学；第三年开设了 1 学时的河海工学和 1 学时的水力机。这可以说是关于近代高等水利教育课程的最早设置。除土木工学门外，其他几门都学习水力学、水力机等科目，其中电气工学门、造船学门、机器工学门、建筑学门、造兵器学门将其作为主课，火药学门、应用化学门、采矿及冶金学门将其作为补助课。

虽然工科大学各学门专业不同，培养方向迥异，但水力学、水力机等课程在各门类都普遍设置，不仅说明癸卯学制设置了比较合理的课程结构，也从一个侧面说明培养各类工程技术人才所需要开设的课程在教学计划中都有适宜的

❶ 袁博. 近代中国水文化的历史考察 ［D］. 济南：山东师范大学，2014.

体现。特别是，作为工程学基础课程的水力学、水力机课程，在工学各门类中都占有较重要的位置。虽然这一时期仍然没有专门设置水利学专业，但河海工程、水力学、水力机等课程的开设，客观上对水利科学技术的传播及相关人才的培养起到了非常重要的作用。

（二）实业教育中水利类课程的设置

晚清时期，我国一直面临着内忧外患的严重局面，许多有志之士为积极学习西学，提出各种救亡图存的方案。其中改革教育制度，发展实业教育就是重要途径之一。

作为癸卯学制辅助体系之一的实业教育，在《钦定学堂章程》颁布以后正式建立并自成系统。在此学制中，实业教育分为正式实业学堂、补习实业学堂和实业师范三类，其中正式实业学堂分为初、中、高三等。

商部在《奏请拟办实业学堂大概情形折》中建议将实学分为 10 大门类："曰算学，曰化学，曰机器学，曰汽机学，曰电学，曰气学，曰水学，曰光学，曰地学，曰矿学。"❶ 但在各级实业学堂的分科设置中仍然没有水学或水利学专业的踪影。

仔细研究发现，在癸卯学制实业教育中，与水利教育相关的是中等工业学堂中的土木科、高等农业学堂中的土木工学科以及高等工业学堂中的土木科。中等工业学堂土木科规定的 8 个实习科目就包括学习测量学、河海工学、桥梁学等。高等农业学堂的土木工学科所学科目共 21 种，包括了测量法、微分积分大意、物理学、化学、制图及建筑材料、应用重学、道路修造法、桥梁建造法、铁路建造法、石工造屋法、农业工学等，其中首次出现了"水利工学"科目，这是专门针对农业水利建设所设，说明晚清已逐渐认识到水利教育在农业发展中的重要意义。高等工业学堂土木科中，仍旧以测量学、河海工学、桥梁、制图等科目为主。

至此，在晚清高等教育和实业教育中都没有出现水利学专业，只有在相关专业中设置了一些水利学课程。这说明晚清教育体系仍不完善，分科设置也不全面，没有认识到水利教育在教育体系中的重要位置，以及水利在实业建设中的重要作用。可见，癸卯学制时期我国工程教育尚处于起步阶段，规模较小，学科单一，其中水学、水利学相关课程设置则更为单一。尽管如此，它们的出现标志着水利高等教育已经萌芽，有助于促进水利教育朝着专业化、规范化方向发展。

---

❶ 璩鑫圭，童富勇，张守智．中国近代教育史资料汇编·实业教育、师范教育［M］．上海：上海教育出版社，2007：66.

第二节　西学东渐与水利高等教育

在"西学东渐"这一时代背景下，我国高等工程教育开始兴起并不断成长，水利高等教育就萌芽于近代高等工程教育之中。所以，要阐述中国近代水利教育兴起的缘由，必须深入认知这一时代背景，进而揭示中国近代工程教育兴起的基本概况和西学东渐对中国水利高等教育产生的深刻影响和积极的促进作用。

一、西学东渐与中国近代高等工程教育

"西学东渐"一词源于晚清教育者容闳的《西学东渐记》一书。所谓西学东渐，就是泛指西方的宗教学说、自然科学和人文科学等在中国传播的过程。它一方面表现为西方的科学技术、政治思想等向中国不断渗透的过程；另一方面，表现为中国从被动接受到主动学习和消化西方的先进技术和先进思想的过程。慢慢的西学东渐不仅有力地传播了西方先进的科学技术，拓宽了中国思想界陈旧的视野，也促进了一代代中国人行动起来，他们著书立学、兴办新式学堂、开启新式教育，不仅催生了我国近代高等工程教育，还在西学东渐的历史进程中引领水利高等教育逐渐萌芽并发展起来。

（一）西学东渐的基本概况

在 15 世纪和 16 世纪，欧洲大地波澜壮阔，经济社会的产业革命、思想文化领域的文艺复兴和思想启蒙运动，为科学技术发展提供了必要和可能的条件。特别是在自然科学方面，哥白尼提出的"天体运行论"，牛顿发现的"万有引力定律"，达尔文研究并揭示的"进化论"等，这些卓越的科学成就不仅引起经济、科学、文化等领域的深刻变化，深深影响了整个欧洲，也给整个世界带来巨大的冲击。此时的中国在政治上坚持闭关锁国政策，在思想上坚持封建的文化专制，导致近代科学技术远远落后于西方。国际国内整体力量对比的巨大落差客观上使西学东渐成为一种历史的必然。

近代西学大体上通过传教、办学、派遣留学生、创办报刊、翻译西书等途径传入中国，因此早期的传教士在西学的介绍与传播过程中起到了特别重要的作用。他们以传教为目的，以介绍西学为手段，开启了我国近代西学东渐的历史进程。

在一直持续到 18 世纪中叶的第一次西学东渐中，西方传教士在天文、数学、地理以及医学、建筑等诸多方面，翻译介绍了西方在这些方面的成就，如利玛窦分别与徐光启、李之藻合译的《几何原本》和《同文算指》，汤若望编写的《几何要法》、艾儒略的《职方外纪》等。这些西方先进的科学技术知识，

引起了最早一批睁眼看世界的中国人的高度重视。以徐光启、李之藻等人为代表的中国先进知识分子以极大的热情去学习、吸纳、传播西方科学技术，不仅开中国风气之先，更重要的是有力地推动了我国在这些领域科学技术的发展。

第二次西学东渐是在鸦片战争以后，中华民族遭受西方列强的殖民和奴役，一批先进的中国人为了救亡图存，不屈不挠，积极探索实现民族独立和国家富强之路。由于中国正处于鸦片战争后到五四运动前这一特殊历史时期，西学东渐在更深程度、更广领域对中国的政治、经济、军事、文化思想各个方面产生巨大的冲击，引发了著名的洋务运动和维新变法运动，不仅导致巨大的社会变革，也深远地影响了我国的未来。

在这一时期，开明的地方官僚阶层和具有强烈责任感的士大夫为了维护清王朝的封建统治，他们从提出"师夷长技以制夷"期盼世人能够睁眼看世界，到以"中体西用"为指导思想开展洋务运动以期富国强兵。一方面中国人自己兴办学堂，派遣留学生；另一方面依据不平等条约，西方传教士取得了在华自由传教的特权，他们大量地涌入中国，除了积极从事宗教活动外，也设立学校、创办报刊杂志，翻译出版书籍，进一步地传播西学。所以，洋务运动时期，中国人对西方的了解，开始由感性认识向理性认识飞跃，对西学的认识逐渐突破"船坚炮利"的概念，有了较广泛的内涵。

在近代西学东渐的初始阶段，开展留学教育，派学生出国学习，是引进和传播西学最直接、最有效的途径之一。1846年，容闳赴美留学，成为中国民间留学第一人。1872年，他率领30名幼童赴美留学，开启了中国官办留学的新篇章。中国近代留学生身临其境地接受完全的西学教育，学习并带回了西方先进的科学技术和实际技能。

综观洋务运动时期，国人对西学内容的认识，已超出了"船坚炮利"等军事技术的范畴。就行业而言，有政教刑法事务、商业事务、兵法事务、制器事务和农林渔矿诸务；就学科而言，则为西政、西艺、西史和西语，这里西政还没有涉及国家的政治制度问题。所以，洋务运动的推行，仅仅在"西文"和"西艺"方面初见成效。

19世纪90年代和20世纪最初10年期间，中国人拓宽向西方学习的视野，对西学概念内涵的认识有了质的飞跃。维新运动和五四新文化运动之后，由于中外交流日益频繁，西学传入更加广泛，国人对西学接受和肯定的成分愈来愈多，客观上促进了我国科技文化和教育不可逆地走向近代化的历史进程。

近代西学是以资本主义文明为先导的，具有这种显著优势的西学东渐成为近代中国发展的一股主流趋势，也从多个方面深刻影响着中国社会。一是经济上的影响。积极进取的洋务运动仿照西方国家的办法，举办了我国以"强兵"为目的的近代军事工业和以"富国"为目的的民用企业，他们筑铁路、开矿山、建学校，掀起了一股系统学习西方的潮流；到19世纪90年代，维新运动如火如荼地开展，我国对西方科学技术的认识更加深刻，开始全面学习西方发展资本主义的成功经验，中国近代民族工业有了长足的发展。二是制度上的影响。西学东渐不仅传入西方先进的科学知识和科技文化、政治学说和政治制度，还包括新式的教育思想和教育制度等，对中国制度文化的近代化起到了重要的推动作用。三是观念上的影响。伴随着近代西学东渐的历史进程，中国在向世界靠近，人们的观念也得到不断地更新，开始反思中国传统思想文化的地位，重估科学技术的价值。四是教育上的影响。从洋务教育、维新教育到新文化运动，中国近代每一次教育思潮的发端，其背后必然有西学东渐的影响，特别是把西方大学的办学理念和办学精神传入中国，客观上促进了中国近代高等教育的产生和发展。

（二）西方高等教育的导入

在西学东渐的过程中，不仅是西方的科学技术和人文科学逐渐为我国先进的知识分子所认知，西方高等教育理念和近代大学精神也被慢慢导入中国，为我国一代代辛苦求索的先贤所接受，成为中国高等教育近代化的重要推动力量。

近代西方高等教育理念是随着第一轮的西学东渐的潮流而传入中国的。当时的西方传教士在宣传教义、传播西方科学文化知识的同时，也零星地传入一些关于近代西方大学的设置、教育理论和教育思想方面的知识。如艾儒略所著的《职方外纪》和《西学凡》，花之安所著的《德国学校论略》，林乐知所著的《论西学设科》，丁韪良所著的《西学考略》等，对西方大学的学科设置、课程设置、教学内容、教学方式、考试制度等进行了较为详细的介绍，为晚清中国高等教育的产生提供了理论上的指导。

在实践上，西方传教士在我国创办的教会学校采用了与我国传统教育迥异的新式教育方法，为我国兴办新式学校提供了最直观的借鉴范例。教会学校的课程设置、教学管理、学术氛围和校园规划等，都成为中国各公立和私立学校积极借鉴和学习的样板。

19世纪60年代开始的洋务运动，开始把西方的高等教育理念付诸实践。他们完全仿照西方国家的学校模式创办了中国近代各类新式学堂，促进了我国近代高等教育的发展，教学内容也以西学为主。如1862年创办的京师同文馆是官方最早创办的西学堂，目的是为清政府培养翻译人员，主要课程是西文，后来才逐渐开办实用技术学堂，设置西艺课程，培养掌握科学技术知识和军事技术知识的专业人才。之后，一批著名的新式学堂如雨后春笋般地出现并茁壮成长。如福州船政学堂、天津水师学堂、广州同文馆等。

甲午战争后，民族矛盾和阶级矛盾进一步激化，为了挽救国家危亡，在维新运动的大力推动下，一批有眼光的高层官僚和社会名人也积极推动创办新式学堂，如天津中西学堂、上海南洋公学、京师大学堂等，大都是效仿西方大学而兴建的新式高等学府，这是中国近代高等教育的肇始时期。

到 19 世纪末 20 世纪初期，新式学堂才有较快的发展，而且学堂的类型与级别逐步多样化，尤其是课程设置不仅仅是西文和西艺，社会学科方面的课程也开始进入学堂，这就客观上为建立新学制做好了实践性的准备，也为废除科举制度创造了必要的条件。进入 20 世纪初，1902 年清政府正式终止八股文，1904 年颁布并真正实行了中国第一个学制，1905 年废止了已存在 1000 多年的科举制度，确立了近代高等教育体制，推动了我国近代高等教育的进一步发展。

（三）中国近代高等工程教育的建立

中国近代工程教育始于晚清洋务运动兴办的各种西式学堂，迄今已走过近两个世纪的风雨历程。其发展逻辑基于"富国强兵—实业发展—人才培养—实业教育"这一主线。

近代工程教育在中国的出现，是伴随着 19 世纪 60 年代兴起的洋务运动，通过移植西方工业化社会的教育模式而开始的。为了实现富国强兵的梦想，由统治阶级的官僚主导，通过创办军用工业、建立新式军队，随之创办民用工业企业，建立起相应的培养机构，培养新型人才，这是中国工程教育的开端。

洋务运动早期主要目的是"富国强兵"，因此运动的重点依次在于军事、外交、经济和文化教育等领域，因而早期建立的新型技术学校主要是为制造轮船、枪炮等培养人才。从 19 世纪 60 年代起到 90 年代中日甲午战争，洋务派先后创办各类洋务学堂约 30 余所，主要有外国语言学堂、军事技术学堂、电报学堂、医学堂、矿物工程实业学堂等类型。

具有工程教育性质的主要集中在船政学堂、军事技术学堂和矿务工程学堂。但是，其他军事学校诸如水师学堂、武备学堂等军事学校的授课内容，大都与科学技术和工程学方面的内容有关。而且有些军事学堂也有直接设置工程类专业的，如天津武备学堂曾于 1890 年增设铁道工程科，培养相关工程技术人才。

工程类学堂比较典型的学堂，一类是为造船厂和兵工厂培养工程师和技术工人的船政学堂和其他军事技术学堂；另一类是铁路及矿务工程学堂、电报等专业技术学堂、实业学堂等。例如，福州船政局于 1867 年建立的福建船政学堂，江南制造局于 1874 年设立的操炮学堂、1898 年设立的工艺学堂。创办最早的铁路学堂是 1895 年由津渝铁路公司设立的山海关铁路学堂，开设铁路工程、桥梁等专业。电报学堂是洋务运动时期开办比较多的一类。其中福州电报学堂是最早设立的电报学堂，其目标就是培养电报工程师。1880 年，李鸿章创办的天津电报学堂是规模较大的一所，其课程体系基本仿照西方工程教育。

甲午战争后，在洋务运动中萌芽的中国工程教育，随着资本主义经济的发展，呈现出新的发展趋势，开始由以培养军事工业技术人才为主，转向主要为民用工业培养普通工程技术人才的现代工程教育的转变。北洋大学堂、南洋公学的创办，进一步推动了中国高等工程教育向制度化迈进。

1904 年，《奏定学堂章程》第一次针对实业教育，从学制的层面对培养工程技术人才做出了明确规定，系统设计了实业教育的三个层次，对实业教育的各个学堂的教育对象、教育内容、修业年限、课程设置等相应地进行科学安排。在高等教育阶段的分科大学中，明确规定由工科大学承担本科层次的工程人才，并为工科大学的每"学门（系）"设计了一套分学年的详细的课程安排，初步建立起较为完整的工程教育制度。近代学制开始建立，中国教育的发展得到了制度上的保障，工程教育的发展进入新的时期。

在中国工程教育萌芽成长时期，天津中西学堂的创办是中国大学工程教育发展的标志性成果。近代工程教育的发展开始进入系统、全面学习西方办学模式，走向制度建构阶段。

在兴办洋务运动的过程中，盛宣怀深刻认识到，自强之计在兴工商实业、练兵、理财，落脚点在于育人，培养掌握新式工商企业所需的工程技术和管理人才需要开办新式学堂。1895 年，他上奏《拟设天津中西学堂章程禀》，倡议建立天津中西学堂，以期培养通晓西语、掌握西方先进科学技术的各类专门人才。从学制上看，学堂设头等、二等两级学堂。头等学堂与欧美高等教育体系中的大学相似，二等学堂则与欧美大学的预科相当，学制都是四年。二等学堂毕业后，可以升入头等学堂。在专业设置方面，按照西方现代大学的专业设置模式，头等学堂设专门学（即科系）四门：工程学、矿务学、机器学、律例学。1897 年增设铁路专科。1899 年头等学堂第一班各科学生共 18 人毕业，这是我国最早的一批工科大学毕业生。"就中国工程教育发展史而言，天津中西学堂（北洋大学）开创新式中国工程教育的先河，提供了中国工程教育办学的摹本。"❶

这一时期创建的工科高校除了京师大学堂工科外，山西大学堂工科、北洋大学堂工科以及各种高等学堂、高等实业学堂也渐次成立。据统计，到 1909

---

❶ 王孙禺，刘继青. 中国工程教育：国家现代化进程中印发展史［M］. 北京：社会科学文献出版社，2013：52.

32

年，全国共有 24 所高等学堂，13 所高等实业学堂。尽管如此，这些高等学校的专业设置仍然较少，人才培养的数量和质量都有一定差距，从这个角度看，这一时期高等工程教育仍旧处于初创时期，尚需进一步提高。

二、西学东渐与中国近代水利高等教育

(一) 中国近代水利高等教育的萌芽

作为近代高等工程教育一个重要组成部分，中国近代水利高等教育萌芽于近代高等工程教育中并在西学东渐的伟大进程中不断发展。前面论及的专门学堂设置水利类课程、设置水利培训机构其实都是在这一背景下发生的。

早在明末清初，也就是西学东渐的第一阶段，西方传教士就已经把西方的水利学知识和科学技术零星地传入中国。据不完全统计，在 17 世纪和 18 世纪，西方传教士在中国编写或与中国学者合作翻译的西方科技书籍就有 100 多种，内容涉及数学几何、天文历法，也涉及水利学、机械制造等诸多方面。有西学东渐第一师之称的利玛窦来到中国，著名学者徐光启向他"学天文、历算、火器，尽其术，逐遍习兵机、屯田、盐策、水利诸书"[1]。其后，他们合译了《测量法》一书，把几何原理应用到测量学中，运用到水利工程上。

值得一提的是，1612 年，由熊三拔所著，徐光启笔述的 6 卷本《泰西水法》正式出版，这是我国首部比较全面而系统地介绍西方水利机械等科技的专著。徐光启《农政全书》水利部分全录此书。该书卷一"用江河之水，为器一种"，即龙尾车记；卷二"用井泉之水，为器二种"，即玉衡车记和恒升车记；卷三"用雨雪之水，为法一种"，即水库记；卷四"水法附余"，分为高地作井、凿井之法、试水美恶、以水疗病等四项；卷五"水法或问"，主要论述水的特性；卷六"图示取水用器"主要载有龙尾车、玉衡车、恒升车等设计图。该书堪称西学东渐第一部引入西方水利工程技术的专著，有力地促进了我国农田水利事业的发展。

鸦片战争后进入西学东渐的第二阶段，从西方传入中国的西学中西方先进的科学技术占有相当大的比重，作为其中一部分的西方近代水利技术也随之大量传入进来。这一显著的变化有力地推动了中国水利的近代化历程，西方近代水利科学的先进理念、先进的水利科技及时地应用到治水实践中。虽然新的水利理念、水利制度和水利科技对中国近代水利建设起到了有力的促进作用，但由于高素质水利人才的奇缺，水利建设事业乏力，这一需求呼唤着中国水利高等教育萌芽与产生。

---

❶ 徐光启. 徐光启集（下册）[M]. 北京：中华书局，1963：454.

陆宏生认为，"我国近代水利高等教育至少在 1895 年就已初露端倪，原因是这一年盛宣怀在天津创办中西学堂，开设工程学、电学等五个专门学，工程学修习《水利机器学》，而英人傅兰雅为上海格致书院拟写《格致书院会讲西学章程》中明确书院开设水学课目《水重学》，分为静水学与动水学课，并制定课程大纲"。● 毋庸讳言，天津中西学堂和上海格致书院开设的一些与水利相关的课程，大都附属于工程学门类中，更不是我们今天所说的严格意义上的水利专业教育。继天津中西学堂和上海格致书院之后，还有一些学堂也先后设置了水学课程。例如，1896 年，京师大学堂农学科附设种植水利；1901 年，山东大学在艺学门类中设置制定了水学，并把它作为植物学内容的一部分；1911 年，上海高等实业学堂对航海专科、铁路专科的课程设置做出明确规定，"水力学"与"水面测量学"为航海专科学生所修习，铁路专科开设"水力学"和"河海工学"。可以看出，这些开设的水利课程有一个共同之处，就是水利课程仅仅是其他专科的附属课程，没有专门的水利专业，也不可能有单独的水利专科课程体系。这一特点表明近代水利高等教育仍然处于萌芽状态之中。

北洋大学是近代中国第一所真正意义上的高等工程学校，不仅开启了高等工程教育的先河，也为水利高等教育的产生提供了建设的范例。1913 年，为了逐步调整、充实、完善课程设置，北洋大学颁布了《大学规则》，明确规定土木科、矿冶科必须修习"水力学""测量学"等课程，要求土木学门开设"水利工程学"和"水力机械学及实验"等专业课程。"作为当时中国最好的工科大学，北洋大学与国外一些综合性工科大学一样，其土木工程专业所涉及的水利内容，为水利教育走向专门化奠定了基础。"●

（二）西学东渐在近代水利高等教育萌芽中的作用

首先，西学东渐为近代水利高等教育萌芽奠定了思想基础。晚清时期，西方自然科学在大量传入中国的同时，人文社会科学也被大量翻译介绍到中国，成为我国启蒙思想的源泉。在西学东渐过程中翻译过来的高等教育理论书籍，如《职方外纪》《德国学校论略》《西学考略》等，带来了近代西方高等教育思想，不仅涉及大学的设置、学科的设置和课程的设置，也涉及大学的理念和大学的精神，这些教育思想、教育制度和教育内容为近代高等教育包括水利高等教育萌芽奠定了坚实基础。同时，在这一过程中，西方近代水

● 陆宏生. 近代水利高等教育的兴起与早期发展初探［J］. 山西大学学报（哲学社会科学版），2001（6）：104 - 106.

● 潜伟. 北洋大学在中国近代工程教育史的地位［J］. 哈尔滨工业大学学报（社会科学版），2002（1）：21.

利知识和水利技术也通过多种途径传入中国，先进的水利科技和水利高等教育思想也深深影响着世人，促进了水利高等教育在这一大潮中不断萌芽、生长。

其次，西学东渐为近代水利高等教育萌芽提供了现实摹本。明末清初时期，西方传教士首创了中国近代化的新式学校。他们通过编撰数学、地理等教科书把自然科学内容引入教材体系；通过培养人才为我国传统教育向近代教育转变提供了社会所需的精通西学的新式教师，不仅为中国近代教育改革注入了可贵的文化基因，也把西方先进的办学模式带到中国，对中国教育改革产生了深刻的影响。其后，无论是洋务运动还是维新变法运动，一批先进的中国人以教会学校为蓝本，建立了我国早期的学堂，大大推进了我国高等教育的近代化、正规化和制度化建设。

再次，西学东渐为近代水利高等教育萌芽提供了师资条件。在西学东渐过程中，一批批留学生留学西方，他们学成归国，不仅仅带来了西方先进的水利科技，而且他们在西方大学的耳濡目染，对西方大学精神的实质认识更为透彻，为我国水利高等教育产生准备了高水平的管理者和高质量的师资。1905年，为了学习"科学救国"的真正本领，19岁的许肇南东渡日本，此后又转赴美国伊利诺斯大学和威斯康星大学攻读，获得电气工程学士学位，回国后成为河海工程专门学校的首任校长。1909年，李仪祉赴德国皇家工程大学攻读土木工程，归国后不久再次留学德国，师从著名水利科学家恩格尔斯，在丹泽工科大学攻读水利专业，从此一生致力于水利教育和水利工程技术，成为发展我国近代水利事业的先驱者。他不仅主持或参与创办了河海工程专门学校、陕西水利专修班等多所水利类学校，还在河海工程专门学校、陕西水利专修班、同济大学、交通大学等多所高校执教，培养了大批高素质的水利人才。在他创办的陕西水利专修班中，许多教员不仅毕业于国内著名大学，且大都有留学欧美著名大学的经历。国内其他大学水利学科的教师也大抵如是。可以说，以许肇南、李仪祉等为代表的一批留学西方精通西方水利科技的学者，不仅带来了西方先进的水利科学与技术，为水利高等学校的萌芽提供了高水平的师资条件，而且广泛传播了西方水利高等教育的新思想、新理念，从而揭开了我国近代水利高等教育的发展大幕。

第三节　张謇的水利高等教育思想

作为中国近代极具影响的实业家，张謇在践行"实业救国"理念的同时，用超越的眼光和智慧实践了他"教育救国"的伟大思想，推动了我国教育的近代化。他30年倾情倾心倾力致力于兴办教育，"办学之多、种类之广、时间之长、影响之深远，在我国教育史上均属罕见"❶。他在师范教育、学前教育、普通教育、实业教育、高等教育以及特殊教育等方面都作出了开拓性的贡献，堪称孔子之后我国教育领域的又一座丰碑。他一生情系水利，倡议并创办了河海工程专门学校，首开水利高等教育的先河，其丰富的水利实践使其对水利人才培养有了自己的深刻认知，也使他的水利教育理念富有自身的思考和时代的特色，成为我国水利高等教育宝贵的思想财富。

一、生平及其教育思想形成的背景

张謇（1853—1926 年），江苏南通人，字季直，号啬庵。他 16 岁考中秀才，

此后屡试不第。1876 年，23 岁的张謇成为淮军统领吴长庆的幕府之宾，开始长达近 20 载的幕僚生涯。1894 年，因慈禧太后 60 大寿而破例举行的科学考试，张謇一举高中状元，被授清廷翰林院编撰。甲午战败后，他毅然决然告别官场。1895 年大生纱厂的创办，1902 年通州师范学校的创建，开启了张謇"实业救国" "教育救国"之路。1911 年，清政府建立了学部政策咨询机构中央教育会，任命张謇为会长。1912 年中华民国成立后，他担任第一任实业总长。1917 年，他与黄炎培、蔡元培、梁启超等人组建了中华职业教育社。

张謇生活在清末民初，这是内忧外患并存、新旧思想交错的一个大变革的时代，他的教育思想的孕育和形成，不是无源之水，而是有其深刻的历史文化背景。首先，我国传统优秀文化奠定了张謇教育思想的坚实基础。4 岁时，父亲开始教张謇识读《千字文》。5 岁时因背诵《千字文》无讹，父亲让他和伯、仲、叔三兄一起入邻近的私塾，跟从海门邱大璋先生读书。其后热衷于学习桐城派古文和宋儒学说，在南京的几大书院，他经常向人请教"治经读史为诗文之法"。可以说，经过我国传统优秀文化的浸润，赋予了张謇强烈的家国意识

---

❶ 崔薇圃. 张謇与中国教育的近代化 [J]. 齐鲁学刊，1996（5）：103－108.

和社会责任感，也奠定了他教育思想的坚实根基。其次，甲午战败坚定了张謇"教育救国"思想的形成。张謇生活的晚清时代，国家屡受列强入侵，内忧外患，积贫积弱，他目睹吏治的腐败和国事的日非，特别是甲午战败深深刺激了张謇的内心，他深刻地认识到"今求国强，当先教育"❶的重要意义，强调"忧国者以为救国之策，莫急于教育"。基于此，更加坚定了他弃官从商、发展教育的宏伟理想。再次，科举制度的腐朽和西学东渐的不断深入，使他认识到改革旧教育的必要性，拓展了他的教育视野，丰富了他的教育思想。张謇一生多次参加各级科举考试，洞悉科举制度的种种弊端，对科举制度的日益腐朽有着深刻的认识。晚清时期，在西学东渐的影响下，洋务运动、维新运动无不把办学堂、兴学校作为一项重要任务。在这一时代背景下，废科举、兴学堂的思想也时刻萦绕在张謇内心，他在兴办学校的过程中积极汲取西学的精华所在，特别是1903年他对日本进行了70天的考察，是他教育思想深化的关键一环。通过这次长时间的考察，对西方教育的成功之处有了更进一步的认识，从而解放了思想，开始博采西学之长，这对他兴办实业、兴办学校无疑产生了积极的影响。

二、张謇与中国教育的近代化

纵观张謇的一生，不仅是励志创办实业的一生，也是轰轰烈烈办教育的一生。他的"父教育母实业"的理念在实践中妥善处理了教育与经济的关系，客观上遵循了教育的发展规律；他构建了比较完备的近代化教育体系，并且在实践中建立了从低到高、从基础到实业的各种学校，为我国教育的近代化树立了鲜明的标杆；他首创师范院校，重视教育"母机"的建设，抓住了兴办教育的关键一环；他在办学实践中丰富了教育的内容、转变了教育的方式、拓宽了教育的领域，是中国教育史里程碑式的人物，无愧于中国教育近代化的开拓者。

（一）践行"父教育母实业"的办学理念，科学处理教育与经济的辩证关系

教育与经济的关系是教育的基本关系之一。教育学原理告诉我们：经济可以为教育的运行与发展提供必要的物质条件，是影响和制约教育发展的最主要因素；教育通过人才培养，可以为社会经济发展提供必要的人才支撑，对经济发展具有重要的推动作用。

张謇视实业和教育如鸟之两翼、车之两轮。他在兴办实业和教育的过程中，旗帜鲜明地提出了"教育为实业之父，实业为教育之母"这一重要观点。他的"父教育母实业"教育思想包含以下三个层次：其一，实业为教育提供物

❶ 宋希尚．张謇的生平［M］．台北：中华丛书编审委员会，1963：356－507.

37

质基础。张謇认为，兴办教育必须要有雄厚的物质基础，实业发展了就可以为教育提供必要的资金保障，"教育必资于经费，经费惟取诸实业"❶。因此他在分析实业与教育的关系时强调："有实业而无教育，则业不昌；不广实业，则学又不昌。"❷ 其二，教育为实业提供人才基础。他在创办实业的过程中，对人才培养有颇深的感触，因此强调教育要为实业服务，为促进实业发展提供所需的各类人才，正所谓"实业所至即教育所至"❸。其三，实业教育是实业与教育相结合的理想办学模式。在兴办专门教育的过程中，张謇对其重要性的认识日益深化，他认为实业教育是实业与教育相结合的理想办学模式，是国家富强的根本，并因而得出了"求治之法，惟在实业教育"❹ 这一结论。

正是秉持这种"实业与教育迭相为用"的思想，张謇首先创办了南通大生纱厂，然后又创办了涉及纺织、面粉、铁冶、印刷、电话、盐业等20多个实业公司，涵盖了轻重工业、银行金融、运输通讯、贸易服务等诸多门类。当大生纱厂等企业有了盈利后，他规定每年提取利润的十分之一作为兴办学校的资金来源。据1925年统计，张謇及其兄花在办学和其他文化事业上的费用高达350多万银元，占他所办企业资产的七分之一。❺ 终其一生所建学校之多，也可以从一个侧面看出他的实业对教育的巨大投入和贡献。

（二）构建比较完备的近代化教育体系

张謇是我国近代教育体系的重要奠基者之一，无论是早期为翁同龢拟定《钦定京师大学堂章程》，还是后期制定《钦定学堂章程》《奏定学堂章程》的过程中，这些事关近代新教育蓝图绘制的背后也凝聚着张謇的智慧和心血。

在长达30多年的办学实践中，张謇对各级各类学校和各层次教育的作用及其内在关系有了更深层次、更完整的认识，并具体构建了独具特色的近代化教育体系。他以大河的"源"与"流"类比教育，客观而形象地论述了这一教育体系中各类型教育的地位与作用，也充分说明他对办学规律的深刻把握。他说："师范启其塞，小学导其源，中学正其流，专门别其派，大学会其归。"❻正是基于这种认识，他科学拟定了自己兴办教育的优先次序：首先创办师范，培养好师资；然后普及小学，这是整个教育体现的基础工程；接着逐步推广中等教育；最后兴办专门学校和大学，从而建立起完整的多层次的相互衔接的教育体系。

❶ 曹丛坡，杨桐. 张謇全集（第1卷）[M]. 南京：江苏古籍出版社，1994：106.
❷ 曹丛坡，杨桐. 张謇全集（第4卷）[M]. 南京：江苏古籍出版社，1994：214.
❸ 曹丛坡，杨桐. 张謇全集（第4卷）[M]. 南京：江苏古籍出版社，1994：552.
❹ 张孝若. 南通张季直先生传记 [M]. 上海：上海书店，1991：506.
❺ 中国博物馆学会. 回顾与展望：中国博物馆发展百年 [M]. 北京：紫禁城出版社，2005：19.
❻ 曹丛坡，杨桐. 张謇全集（第4集）[M]. 南京：江苏古籍出版社，1994：211.

张謇十分重视小学教育，在实践中他深刻地体会到"自治之本在兴学，而兴学之本在普及，办学应从小学入手"。[1] 1907 年 3 月，他在师范学校的开学演说中强调："开民智，惟有力行普及教育，广设初等小学。"[2] 他认为小学教育的好坏直接影响到中等乃至高等教育的质量，强调改良小学课程。据统计，截至 1922 年，仅仅在南通，张謇就兴建了 60 多所高等小学和 350 所初等小学。

在兴办实业的过程中，适用人才的匮乏常常困惑着张謇，也促使他思考更多，并有针对性地提出了"学必期于用，用必适于地"的办学思想，强调办学要因地制宜，灵活办学，注重地方社会经济发展和广大民众的实际需求。他重视师范教育和基础教育，但又不局限于此，根据地方社会经济发展和广大民众的实际需求，也十分重视实业教育和其他专门教育。在办学种类上，他除了兴办师范教育和基础教育外，创办了纺织专门学校、农业专门学校、商业专门学校、医学专门学校、水利专门学校等各种专门学校；创建了有关女子职业教育的女工传习所、桑蚕讲习所，有关交通管理职业教育的交通警察养成所、巡警教练所，有关戏剧职业教育的伶工学社，有关社会公益职业教育济良所、栖流所等。在办学形式上，既有各种正规的、长期的、独立设置的师范学校、中等学校、专门学校、高等学校和特殊学校，又有各种非正规的、短期的、附设的各种职业培训机构或养成所，构成了正规教育和非正规教育相辅相成、地方发展需要和实业发展需要相互促进的独具时代特色的教育体系。

经过多年持续不断地建设，张謇终于建立起从低级的学前教育、基础教育到高级的专门教育、高等教育，从一般的师范教育、普通教育到特殊的实业教育、职业教育、残疾人教育，进而到如博物院、图书馆等社会教育在内的较为完整的近代化教育体系。这是在那个特殊时代所取得的堪称近代中国教育发展史上的伟大成就，也奠定了张謇在中国教育史上的重要地位。

（三）首创师范院校，重视教育"母机"的建设

洋务运动失败后，梁启超在总结其失败教训时说："其受病之根有三：一曰科举制度不改，就学乏才也。二曰师范学堂不立，教习非人也。三曰专门之业不分，致精无自也。"[3] 可见，兴办师范教育不仅成为维新派教育改革的当

---

❶ 张謇. 论通州乡镇初等小学事寄劝学所教育会函 [C] //张謇全集（第 4 卷）. 南京：江苏古籍出版社，1994：60.

❷ 张季子九录·教育录（卷 2）[M]. 北平：中华书局，1932：29.

❸ 梁启超. 变法通议论 [C] //陈学恂. 中国近代教育文选. 北京：人民教育出版社，1983：143.

务之急，也成为当时社会的基本共识。

张謇认为，"兴学之本，惟有师范"❶。1902年，他自筹资金创办了通州师范学校，这是我国师范教育的发端。1903年，他在师范学校开学的演说中强调指出："欲求学问而不求普及国民教育则无与；欲普及教育国民而不求无师则导。故立学校须从小学始，尤须先从师范始。"❷ 正是有了这种思想认识，他对师范学校的建设尤为重视。建校伊始，张謇不仅亲自选择校址、设计建筑、拟定办学章程，而且亲自为校歌填词并为学校题写了"艰苦自立、忠实不欺"的校训。

在具体的办学实践中，在办学目标上，他强调把师范生培养成德智体全面发展的合格人才。在课程设置上，他参照日本的办学经验，制订了师范学校应开设的课程，不仅有历史、文法、修身等中国传统课程，还设置有地理、理化、测绘、体育、教育学、心理学等新科目。特别值得一提的是，为了开阔学生视野，张謇还设置了具有现代选修课性质的随意科，为学生提供英文、农艺化学、政治经济学三门课程供学生选修。在师资配备上，他不仅延请了王国维、陈师曾、罗振玉、欧阳予倩等国内一流名师，也大胆聘请了许多日本籍教师教授理化、教学法等课程。

1905年，他创立了通州女子师范学校；1919年，张謇创办了东台母里师范学校并兼任校长。此外，他还设立了龙门师范学校、淮属师范学校，参与兴建了三江高等师范学校。这些成功的做法，为其后中国师范学校的开设创造了可资借鉴的范例。

（四）改革传统教育，明确教育目的，重视实践教学

多次参加科举考试的经历，亲眼目睹甲午战争的失败，张謇深刻认识到传统科举教育的空疏和无用，加上晚清时期西学东渐的影响，他对学习西学、兴办近代新式教育的重要性也了解更深。正是基于对传统教育和新式教育的深刻认识，他极力提倡改革传统教育，兴办培养掌握近代科学技术的新型人才的新式学校，并大声疾呼："然则罢科举而兴学校，置经义而事士、农、工、商、兵各专科之学，为中国今日计，圣人复起，无以易之。"❸

张謇在创建通州师范学校之初就明确提出"国家思想、实业知识、武备精神三者，为教育之大纲"❹。在1904年创办扶海宅家塾时，他进一步明确了"谋体育、德育、智育之本于蒙养"的教育思想。在1914年建立河海工程测绘

❶ 张謇．南通师范学校议［C］//张謇全集（第4卷）．南京：江苏古籍出版社，1994：11.

❷ 张謇．师范学校开校演说［C］//张謇全集（第4卷）．南京：江苏古籍出版社，1994：28.

❸ 曹丛坡、杨桐．张謇全集（第5卷）［M］．南京：江苏古籍出版社，1994：215.

❹ 同上书第4卷：17页。

养成所和 1915 年创建河海工程专门学校时又有了进一步的阐释。这是中国教育史上比较系统地对培养学生德智体全面发展进行阐述的一次尝试。

为了能够践行这一培养方针，实现既定的培养目标，张謇摒弃了传统教育的封闭性和保守性，在他创办的许多学校中课程设置坚持中西结合、古今结合，构建了一个开放性、前瞻性的课程体系。

为了克服传统教育空疏、无用的弊端，张謇极端重视实践的教育作用，并明确提出"专门教育，以实践为主要"的思想。在兴办师范学校的过程中，为了培养师范生的实际教学技能，他十分重视师范学生的教学见习和教育实习工作，他强调每建一所师范学校，"必立一小学校，为师范生实践教授之地"。让他们在最后一个学期能够到附属小学开展实习教育。他在通州师范学校和女子师范学校都建立起附属小学，并提供师范学生教学实习的机会。在他创办的纺织专门学校，为了学生能够开出相关实验，张謇在校内添置了诸如木织机、铁织机等各种纺织实验教学设备，并把自己的纺织厂作为学生的实习基地。在农业专门学校，为了让学生能够真正理论联系实际，他建立了许多与之相关的实习场所，如农田试验场、森林事务所、家畜试验场等。此外，他还在医校附设医院，作为学生实验的基地。这些附属设施的设立，让学生直接接触生产第一线，真正培养他们的实践技能，达到学以致用，可以为地方社会发展和实业发展提供所需要的各种应用型人才，对我们今天的职业教育也具有相当大的借鉴价值。

在教育的范围上，张謇在兴办各级各类学校，发展学校教育的同时，十分重视社会教育的作用，为此，他创建了一系列的社会教育机构，既有提高文化知识的图书馆、博物馆，也有能够锻炼身体、愉悦身心的体育场、公园，甚至更俗剧场等，其初衷就是为普通大众创造一个良好的社会教育环境，使他们能够在潜移默化中受到熏陶，进而提高民众素质。由此可见，张謇已把教育由学校拓展到社会，形成了自身的大教育思想，这种大教育观克服了传统思想中学习就是囿于学校中的陈腐思想，进一步丰富了我国教育近代化的内涵。

总之，开阔的教育视野、宏大的教育理想、多彩的教育实践、完整的教育体系、切实的教育措施，汇成了张謇丰富的教育思想。这一教育思想不仅具有显著的时代特征，而且彰显了他对国家、对社会的一种强烈的责任感。他把培养人才和国家救亡图存、富强自立有机结合起来，把兴办教育同地方经济社会发展的实际需要有机结合起来，凸显了一位开拓者在中国教育走向近代化的过程中的前瞻眼光。从规划教育蓝图、构建教育体系、拟定教育大纲充分体现了他在推进中国教育近代化过程中的积极作用。

三、张謇的水利高等教育思想

张謇不仅是清末民初著名的实业家和颇有建树的教育家，也是一名悉心治水的水利大家，他曾担任全国水利局总裁、导淮局督办、江苏新运河督办等职，在丰富的水利实践的基础上，他开创了我国近代水利高等教育之先河，形成了丰富的水利高等教育思想，是我国近代治水当之无愧的开拓者和水利教育的先驱者。

（一）张謇与中国水利事业

1894 年，张謇在殿试时所做的《殿试策》中，以古论今，详细阐述了治水兴水的重要性，提出了"夫天下之水，随在有利害，必害去而利乃兴"❶的重要思想。他的治水足迹涉及治黄、治淮、治江等诸多河流，取得了令人瞩目的成绩。

1. 张謇与黄河治理

清末之际，河事靡烂，水患频仍。1887 年黄河决口后，他应开封府尹孙云锦之邀，担任黄河河工，深入黄河实地进行调查研究，探寻黄河河患的真正原因。他多次致函河南巡抚倪文蔚，不仅系统地提出了堵塞并举、分流入海的系统治理黄河方案，也积极倡议以工代赈的治河之术，对后世有较大影响。

2. 张謇与淮河治理

出生于南通的张謇，对黄河夺淮以后给江苏、安徽造成的严重灾害有着切身感受。在 20 年的导淮过程中，张謇建立了淮阴、六闸、正阳关等很多水文站和测量站等基础设施，成立江淮水利公司、测量局等水利部门，累计测成导淮图表 1238 册、图 25 卷 2328 幅。利用这些测量成果，加上自己亲临淮北和蚌埠一带查勘的实践，张謇撰写了《导淮设计宣告书》《江淮水利计划书》《淮沭沂治标商榷书》《两淮串场大河计划书》等治淮的光辉著作。在这些著作中，他广采历代水利专家的治淮之道，同时综合外国水利专家的观点，融汇古今，贯通中西，最终成一家之言，形成了自己的治淮思想，主张淮水"七分入江，三分入海"，勾画出"统筹全局、蓄泄兼施"上下游兼顾的治淮思想。

3. 张謇与长江治理

在 1894 年的殿试中，张謇就提出了他"治水先从下处入手"的治江思想，在此基础上发展为他著名的"治江三说"。为了科学整治长江，他还倡导建立了长江水利委员会的前身"长江委员讨论会"。

纵观张謇的一生，不仅是致力于实业和教育的一生，也是致力于治水的一生。从治理黄河、治理淮河到关注长江，保圩护乡，40 多年的治水实践铸就了科学的水利思想，书写了我国水利事业的新篇章。由于张謇在治水事业中的巨大成就，宋希尚在《近代两位水利导师合传》一书中把张謇与李仪祉先生并

---

❶ 曹丛坡，杨桐. 张謇全集（第 4 卷）［M］. 南京：江苏古籍出版社，1994：240.

称为我国两大"近代水利导师"。

（二）张謇与中国水利教育

在治黄、治淮、治江等治水实践中，张謇认识到治水必须依靠有一定专长的水利人才，他首创水利高等学校，开水利高等教育培养专业人才之滥觞，形成了自身的水利教育思想。

1. 创建水利人才培养机构

在长期的水利研究和治淮、治黄过程中，张謇深深认识到水利人才对于治水的重要性，于是根据实践需要，他开始有目的、有计划地建立专门的水利类学校，在大力培养水利专业人才的同时，也形成了自己鲜明的水利教育思想。"作为当时唯一研究水利的学者，从开始研究水利到提出治理黄河、长江的主张以及开近代水利教育之先河"，❶ 张謇都做出了杰出的贡献。

1887年黄河决口酿成苏皖灾害后，张謇强烈地认识到，如果要治理水患灾害，就要深入实地调查地形、水准、流量等，这需要大量专门从事水利测量的测绘人才。他建立的通海牧垦公司承揽建筑开河、筑堤、修闸等工程需要大量水利工程人员，此时，清政府预备实行地方自治，张謇认为，"实行地方自治，必先测绘各区舆图，乃就师范附设测绘专科"。❷ 其后，他开始着手规划导淮工作，也急需培养测绘人才。1906年，张謇在通州师范学校首设测绘科，专门聘请日本河海工程专家，分科教授。后来毕业的40人，就成为中国第一批本土毕业的水利测绘人才，这是我国自己培养河海工程人才的开端。张謇出任全国水利局总裁后，这些人才跟随他参与规划全国水利工作，第一时间投入到淮河流域测量工作中。

但是，一个测绘班远远不能满足当时全国水利建设的需要，于是张謇开始酝酿建立一所专门培养水利人才的学校。张謇建议"宜于南北适中之地，建设高等土木工程学校，先开河海工科专班"。❸ 接着，美国工程师提出要勘测淮河，要求提供相关学科专业人员，张謇在送袁世凯政府《请设高等土木工科学校先开河海工程专班具办法呈》中再次呼吁："建设高等土木工程学校，先开河海工科专业班，刻不容缓。"❹ 终于在1915年建立了河海工程专门学校。这是我国第一所专门培养高素质水利人才的学校，标志着我国水利高等教育正式建立。

与此同时，张謇在《拟请申令各省速设河海工程测绘养成所呈》中要求各

---

❶ 时德清，孔玲.清末唯一研究水利的学者——张謇 [J].治淮，2000（7）：46-47.

❷ 张孝若.张季子九录（卷3）[M].台北：文海出版社，1965：20.

❸ 张謇.条议全国水利约举四端宜导淮兼治沂泗，一宜穿辽以达松嫩，一宜速设河海工程学校，一宜并立农业地产银行呈见 [C] //张孝岩.张季子九录.台北：文海出版社，1965：584-594.

❹ 张謇.请设高等土木工科学校先开河海工程专班具办法呈 [C] //张孝若.张季子九录.台北：文海出版社，1965：606.

省"急设河海工程测绘养成所,以储治水第一步之人才",拟定并公布施行《河海工程测绘养成所章程》。该养成所主要是为导淮培养水利测量人才,分为二年制本科和一年制速成两类。

为了能够培养更多优秀的水利人才,张謇在亲自东渡日本考察教育归国后,着手从国内选拔优秀学生到国外深造水利专业,例如从河海毕业的宋希尚就是他亲自资助其前往欧美留学学习水利。

2. 丰富的水利高等教育思想

张謇的水利教育思想是他教育思想宝库的有机组成部分,他的水利教育思想体现了他一生坚定的"实业救国"和"教育救国"思想,国家本位、全面发展、服务水利、注重实践构成了张謇水利教育思想的主要内容。

第一,国家本位的思想。张謇无论是兴办其他教育还是水利教育,"救亡图存"是首要原因。他在《东游日记》中写道:"图存救亡,舍教育无由。"兴修水利需要大量水利专业人才,张謇在治黄和导淮过程中体会深刻。他认为,发展水利事业,不仅需要水利教育,更需要优先谋划水利教育,培养国家需要的水利人才。他说:"吾国人才,异常缺乏,本应在工程未发生之先从事培养,庶不至临事而叹才难,自毋须借欧美之才供吾使用。"[1]

第二,全面发展的思想。1902年,张謇在《师范章程改订例言》中首次提出"国家思想、实业知识、武备精神三者,为教育之大纲"[2]。其内涵也基本涵盖了德智体三育的内容;1904年,他在拟定的《扶海宅家塾章程》中所强调的"谋体育、德育、智育之本于蒙养",实际上已明确形成德智体三育的概念。在1914年的《河海工程测绘养成所章程》和1915年的《河海工程专门学校章程》中,张謇进一步阐述了他的水利人才培养的全面发展思想:"一要注重学生道德思想,以养成高尚之人格;二要注重学生身体之健康,以养成勤勉耐劳之习惯;三要学习河海工程上必需之学理技术,注重实地练习,以养成切实实用之知识。"[3]

第三,服务水利的思想。张謇认为,兴办实业需要人才,而人才出于学校。因此,学校必须为实业服务、为经济服务。因此,在兴办水利教育的过程中,他强调水利教育必须因地制宜、学以致用、配合当地经济发展的服务方向。1908年,在通州师范学校测绘科毕业的43人,其中9人进入土木工科进一步学习诸如河工学、河海测量、三角测量等课程。他们毕业后直接进入导淮工

---

❶ 曹丛坡,杨桐.张謇全集(第4集)[M].南京:江苏古籍出版社,1994:182.

❷ 同上书:17页。

❸ 朱有瓛.中国近代学制史料(第三辑)(上册)[M].上海:华东师范大学出版社,1990:687-688.

程一线从事淮河水道地形图绘制等工作。河海工程测绘养成所一共办了 3 期本科班，2 期速成班，毕业学生 126 名。他们毕业后大都从事运河和淮河的水利测量工作。1917—1927 年，河海工程专门学校一共培养了 233 名水利和土木工程类学生。这些毕业生大部分参加了当时的导淮工作，还有一部分被派往海河、长江从事河道整治工程，他们在大江大河一线为水利建设做出了重大贡献。

第四，重视实践的思想。张謇一生重视实业与教育的有机结合，必然重视学生的实践能力培养。他在就职运河工程局时曾说："将欲行之，必先习之，有课本之学习，必应有实地之经验。"❶ 张謇在论及学问时认为，真正的学问是理论与阅历、研究与实践的结合。他说："学问兼理论与阅历乃成，一面研究，一面践履，正求学问补不足之法。"❷ 他在《河海工程专门学校旨趣书》中强调指出："实学而不求实施，犹之空言无裨耳。"并要求河海工程专门学校从几个方面加强学生实践能力培养：一是教师务必富有工程实践经验；二是学校要广储仪器，以供学生亲身实践获得实际经验；三是教师教学时务必使学生能够活学活用理论，而不仅仅是记忆背诵；四是可以安排学生"参观工程，以资感发；派遣实习，以增阅历"。这种重视水利实践的具体举措对于水利人才的培养无疑大有裨益。

总之，作为中国水利高等教育的开拓者和奠基人，张謇关于水利高等教育的一系列思想和观点，对于我们当前建设特色鲜明的水利院校，提高水利人才培养质量，仍有极强的借鉴价值和重要的现实意义。

---

❶ 曹丛坡，杨桐. 张謇全集（第 2 卷）[M]. 南京：江苏古籍出版社，1994：454.
❷ 同上书第 4 卷：101 页。

第三章 肇始：民国时期的水利 高等教育（1912—1949 年）

1911 年，轰轰烈烈的辛亥革命推翻了腐朽的满清王朝，也结束了中国长达 2000 年之久的君主专制制度。1912 年 1 月 1 日，中华民国正式成立，直到 1949 年被中华人民共和国所取代。这一时期主要包括临时政府时期、南京国民政府时期、抗日战争时期和解放战争时期几个阶段。在每一个历史阶段，高等教育发展的背景不同，高等教育的政策取向、发展态势和发展特点都有所不同。在这一背景下，1915 年河海工程专门学校正式建立，标志着我国水利高等教育的正式创建。但是这一时期的水利高等教育随着形势的稳定而发展、时局的动荡而曲折。即便如此，水利教育还是在晚清的基础上有了长足的进步，水利高等教育层次、教育结构、教育规模、科学研究，都有了进一步的发展，初步建立起一支具有强烈爱国精神和奉献精神的高素质水利师资队伍，有力地支撑了民国时期的水利事业。

第一节 民国时期水利高等教育概况

民国时期是我国高等教育在困境中不断发展的一个时期，水利高等学校在民国初期正式诞生，初步形成独立的水利高等教育教学体系；在民国中期，随着中国高等教育体制的逐步完善，水利高等教育的层次、结构、质量也不断得以提高和完善；在民国末期，高等教育随着抗日战争的爆发而动荡发展，抗战结束后战前内迁的高校纷纷回迁与复建，但解放战争一爆发，我国高等教育包括水利高等教育再次受到严重的冲击。

一、民国时期高等教育概况

中华民国建立后，在时任教育总长蔡元培的领导下，及时废止了晚清时期"忠君、尊孔、尚公、尚武、尚实"的教育宗旨，颁布了"注重道德教育，以实利教育、军国教育辅之，更以美感教育完成其道德"❶ 的民国时期的教育宗

---

❶ 教育部公布教育宗旨令［C］//璩鑫圭，唐良炎．中国近代教育史资料汇编·学制演变．上海：上海教育出版社，1991：651.

旨。在这一教育宗旨的引领下，颁布并推行了"壬子癸丑学制"，形成了一个完整的学制系统。随后，又相继出台了《大学令》《大学规程令》《专门学校令》等一系列发展高等教育的法规。《大学令》对教育宗旨、学生入学资格和修业年限、大学审议会和教授会等作了明确规定；《大学规程令》对大学的学科门类及其课程设置作了详细规定，为民国高等教育学科建设奠定了坚实的基础；《专门学校令》明确了专门学校的人才培养目标、学校种类、学生入学资格等，对促进各专门学校良性发展贡献巨大。这一系列法规的颁布有力地推动了我国近代高等教育的规范化和体制化。

北洋军阀统治时期，在新文化运动的影响下，在科学、民主的旗帜下，我国高等教育在积极借鉴西方办学经验的基础上，不断推进本土化进程。1922年，《学校系统改革案》正式颁布，标志着"壬戌学制"正式诞生。这一学制既有我国近代以来教育改革的成功经验，也借鉴了德国、美国学制的框架和特色，例如职业教育取代了实业教育，职业教育的名称一直沿用至今。1924年公布的《国立大学校条例》，在国立大学的管理体制、系科设置等诸多方面，借鉴了美国大学的办学模式，近代高等教育开始走向多样化和制度化。

南京国民政府成立后直到抗日战争爆发，这一时期政治环境相对较为稳定，政府出台了一系列高等教育法令，高等教育进入了一个稳步发展阶段。1927年起，《大学区组织条例》颁布并实施，高等教育开始试行大学区制。其后又颁布并实施了《大学组织法》《大学规程》《专科学校组织法》《学位授予法》等法律法规。《大学组织法》着眼于大学的科学管理，明确了大学、独立学院和专科学校的设置条件和层级关系。《大学规程》具体规定了大学系科的分布和课程的设置。《专科学校组织法》对专科学校的管理体制、培养目标、入学资格等作了更为具体的规定。《学位授予法》以及一系列实施细则清晰地拟定了学士、硕士、博士的授予条件，在中国教育发展史上第一次建立起高等教育的学位制度和体系。这些法律法规基本确立了近代高等教育体制，高等教育规模和质量稳步提升，研究生教育开始萌芽。这是民国时期高等教育难得的一个稳定发展时期。

随着抗日战争和全面内战的相继爆发，长时间大规模的战乱，使这一时期的高等教育面临巨大的生存与发展危机，但在艰难的时局环境下，我国高等教育在夹缝中生存下来并取得一定的发展。

二、民国时期水利高等教育

（一）民国初期的水利教育（1912—1927年）

这一时期主要是从1912年中华民国建立到1927年南京国民政府建立这一

段时间。在民国初期，兴修水利，预防和治理水旱灾害迫切需要水利专业技术人才。同时，大量向西方学习并掌握先进水利科技的留学生不断回国，新文化运动倡导的民主和科学精神，客观上助推了水利科技的发展，也为水利高等教育的产生准备了必备的条件。专门培养水利人才的高等院校正式出现，不仅有利于水利人才培养更加专业，也能够推动我国水利科技和水利建设的进一步发展。这一时期，水利教育主要开设在实业教育体系中的工业学校以及专门学校和大学中。

1. 实业教育体系中的水利教育

根据实业教育的相关法令，实业学校有甲乙两种，涉及农业、商业、工业多个部门，其中水利教育就蕴含在甲种工业学校中。在甲种工业学校的土木科，开设的很多课程与水利有关，如河海工学、测量学、应用力学、施工法等。

2. 专门学校中的水利教育

根据《专门学校令》，与实业学校相比，专门学校无疑是更高一级实业教育的范畴。专门学校主要培养专门人才，更具专业性，大致有法政、农学、工学、商学、商船、医学、美术、音乐、外国语等10种。水利教育主要与农业和工业专门学校有关。

《农业专门学校规程》规定："如在殖民垦荒之地，得兼设土木工学科。"土木工科需要开设水力学、河海工学、测量学等25门课程，这比晚清学制中的课程设置更为专业，也更加细致。遗憾的是，在具体实施过程中，兼设土木工学学科或水利学专业的农业专门学校没有一所。

根据《工业专门学校章程》，工业专门学校分为土木科等13科，开设河海工学等25门课程。与晚清高等工业学堂土木工科只有7门课程相比，无疑更为全面，在水利教育的课程设置上是一大进步。但在民国初年全国近20所工业专门学校中，除了安徽公立工业专门学校、福建公立工业专门学校、上海工业专门学校、唐山工业专门学校外，设置土木工科的寥寥。

值得一提的是，这一时期我国第一所真正意义上的水利高等学府河海工程专门学校正式成立。此后李仪祉创建了陕西水利道路工程专门学校。1917年，《修正大学令》规定："设二科以上者得称大学。其但设一科者称为某科大学。"❶ 根据这一规定，1924年，河海工程专门学校改名为河海工科大学，后面将专节论述。

1922年，李仪祉回陕西筹划兴修关中水利，在着手测量引泾灌溉工程时，

❶ 修正大学令［C］//璩鑫圭，唐良炎. 中国近代教育史资料汇编·学制演变. 上海：上海教育出版社，1991：815.

他深感西北水利专业人才稀少，积极倡议把陕西水利局所属的"水利道路工程技术传习所"改建为"水利道路工程专门学校"，并亲自拟定了宣言书和学校办学章程。李仪祉为学生制定了每一学年的学习科目，并聘请了赵宝珊、顾子廉、张含侣等人任教。1924年，水利道路工程专门学校被并入西北大学，改设工科，李仪祉被聘为主任，教师除原有人员外，又聘请了须恺、胡步川、蔡亮功、陆克铭等人前来任教，此时的西北大学工科已形成一套较为全面的水工学科体系。

3. 大学教育中的水利教育

民国建立后，水利学科在大学继续受到重视。1911年，上海交通大学的前身上海高等实业学堂根据章程的规定，在航海专科开设有"水面测量学"和"水力学"，铁路专科（后改为土木科）先后开设了"水力学"和"河海工学"。

1913年，北洋大学颁布《大学规则》，对各学门的课程进行调整和充实，规定矿冶、土木等学门开设"测量学"和"水力学"等课程，土木学门还要另外开设"水力机械学及实验"和"水利工程学"课程❶。

河海工程专门学校成立后，一些公立、私立大学及独立学院相继在其土木、机械及电机等工程学系中特列若干水学科目。同济大学的前身同济医工学堂所开相关科目较为全面。1916年，在工科开设了"河海工学""城市灌水学""抽水机械学"等课程；1917年开设了"引水学""水利学"和"城市泄洪学"；1922年开设了"河渠学""隧道学""河海工程""城市地下工程""城市工程学"等❷。

1923年，东南大学聘茅以升为工科首任主任，在他的倡导下，开设了"水力学""给水工程""下水道工程"和"高等给水工程"等水学课程❸。

此外，在张謇等有识之士的推动下，创建了一批河海工程养成所。1915年，江北水利工程讲习所在江苏高邮正式建立，1916年更名为江苏省河海工程测绘养成所，设立了二年制本科和一年制速成科。到1919年筹浚期满，该所开办了3期本科和2期速成科，共毕业学生126名。1915年，山东省测绘工程学校在济宁成立，后改名为山东省河海工程测绘养成所，也开设二年制本科和一年制速成科，两班共招生100名。1922年，冯玉祥在河南创办了"河南省水利工程测绘养成所"，仅仅一年时间，就为河南培养出59名水利工程测

❶ 陆宏生，近代水利高等教育的兴起与早期发展初探［J］．山西大学学报（哲学社会科学版），2001（6）：104-106．

❷ 翁智远．同济大学校史［M］．上海：同济大学出版社，1991．

❸ 朱斐．东南大学校史［M］．南京：东南大学出版社，1991：147-148．

量专业人才。

（二）民国中期的水利教育（1927—1937 年）

南京国民政府建立后，由于社会形势较为安定，我国水利教育得到稳定发展，趋于定型的时期。在这一时期，独立的水利高等教育体系尚不稳定；水利人才培养开始从单科性大学向综合性大学扩展，并依附于大学的土木工程专业；水利研究生教育开始出现；水利高等教育呈现出公办和私立并举、本科和专科教育并重的良好格局。

1. 水利系（组）设置进一步增多

虽然这一时期南京国民政府出台了许多关于大学、专科学校设立的法律法规，但仍然没有关于水利科或水利系的专门条款。尽管如此，水利系（组）设置进一步增多。据统计，1936 年，全国共有 78 所大学及专门学院，30 所专科学校，其中有 25 所大学及专门学院设有土木或水利系，有 3 所专科学校设有土木或水利系，这些学校既有国立、省立的公办大学，也有私立大学，呈现出公办和私立水利高等教育并举的局面。

在国立大学设立土木工程或水利专业的有：中央大学、清华大学、武汉大学、中山大学、山东大学、同济大学、浙江大学、交通大学；省立大学有：山西大学、湖南大学、广西大学、云南大学、东北大学、重庆大学、勷勤大学；私立大学有：复旦大学、大夏大学、震旦大学、岭南大学、广东国民大学。

在国立专门学院设立土木或水利专业的有：中法国立工学院、北洋工学院。省立专门学院仅有河北工业学院；私立学院有：之江文理学院、焦作工学院。

在国立专科学校设立土木或水利专业的有：西北农林专科学校；省立专科学校有：河南水利工程专科学校、江西工业专科学校。

1927 年，河海工科大学与其他 8 校合并，被编入第四中山大学工学院土木系。1928 年，国立中央大学成立，工学院下设包括土木工程在内的五科，后科改系。1931 年，中央大学土木系分为水利组和结构路工组。1937 年，河海工科大学并入，相关水利专业独立设置为水利系，这是近代综合大学的第一个独立的水利系。中央大学在这一时期培养的杰出水利人才有：邢丕绪、黄文熙、沙玉清、张书农、王鹤亭等。

1928 年，武汉大学工学院在土木工程系成立水利组，正式招收水利专业学生。1935 年，水利工程门首招 2 名研究生，开启了武汉大学水利研究生教育的华彩篇章，在中国水利高等人才培养上具有里程碑意义。

1929 年，《中华民国教育宗旨及其实施方针》明确规定："大学及专门教育，必须注重实用科学，充实科学内容，养成专门知识技能，并切实陶融为国家社会服务之健全品格。"❶ 这一教育方针推动了一些学校积极建设水利组（系）。

1928 年，清华学校更名为国立清华大学，原市政工程系改为土木工程系。1929 年，土木工程系下设水利组。到 1937 年，国立清华大学土木工程系在校生 150 多名。这一时期培养了覃修典、谢家泽、杨绩昭、季津身等优秀水利人才。

水利水电工程系是天津大学建立最早的系科。其前身国立北洋大学建校之初就设有土木工程系，1929 年，国立北洋大学更名为国立北洋工学院。1933 年，国立北洋工学院将其土木工程系四年级分成普通土木工程组和水利卫生工程组❷。1936 年，国立北洋工学院出版了由张含英编写的第一部《水力学》教材。接着，日本帝国主义者侵入我国，华北沦陷，北洋大学由天津迁往陕西，与北平大学、北平师范大学等联合组成国立西安临时大学。这一时期国立北洋工学院培养出了张含英、赵今声、刘德润、杜镇福、张子林等一大批水利精英。

1929 年，河北工业学院设立了水利工程系，是"中国近代高等教育院系设置中首次出现'水利工程系'"❸，将水利工程系从土木工程系中独立出来，是水利教育独立与成熟的重要标志。

1929 年，知名人士张钫创办了河南省建设厅水利工程学校，陈泮岭为首任校长。这是继河海工程专门学校之后，又一所专门水利人才的高等学校。1929 年，该校改称为河南省水利工程专门学校。1931 年，河南省水利工程专门学校改名为河南省立水利工程专科学校。1942 年，学校升格为国立黄河流域水利工程专科学校，培养了一批学业有成的治黄人才。

在兴修渭惠渠、洛惠渠时，李仪祉深感水利人才的缺乏，于 1932 年呈准陕西省政府，设立了陕西水利专修班。1934 年，西北农林专科学校建立后，在李仪祉的倡议下，水利专修班并入西北农林专科学校，成立水利组，李仪祉担任水利组主任。李仪祉为水利组拟定了课程设置，制订了水利组的学程总则。该学程总则规定："以造就农业上应用之高级水利人才为主旨，课程先授以基本科学及农业需要知识，次及工程原理，渐注重水利专门问题。教授方法平时注重校课，多作习题，假期中必事工程练习，或分散农村服务，以获得实地之经验。"❹ 此外，在李仪祉的影响下，许多留学归来的水利学者，如沙玉

❶ 教育部．第一次中国教育年鉴（甲编）[Z]．开明书店，1934：16 - 17.

❷ 北洋大学—天津大学学校史编辑室．北洋大学—天津大学校史 [M]．天津：天津大学出版社，1990.

❸ 袁博．近代中国水文化的历史考察 [D]．山东师范大学，2011：284 - 285.

❹ 尹北直，王思明．中国近代人才危机应对与专门教育的起步 [C] //王思明，沈志忠．中国农业文化遗产保护研究．北京：中国农业科学技术出版社，2012：280.

清、余立基、何正森、徐百川等汇聚于此，在水利人才培养和水利科学研究上成就斐然。

与高等教育的发展同步，多层次的水利专科、中等和初等职业教育开始进行。至1943年为止设有黄河、长江、珠江流域水利专科学校和中国乡村建设育才院四所专科；在工业职业学校一类大、中专学校中凡设有土木科者自1943年起增加水利班，一些大学亦附设了中等水利专业科，如复旦大学；此外，各流域机构与各大学合作在川、滇、黔、桂、陕、甘开办"水利低级职业训练班"，开设科目有水文测量、监工，培训水文站测验员及施工管理人员。这一类的训练班，地方水利局也时有开办，学制几个月至一年不等。

2. 水利课程设置进一步完善

这一时期各高校课程的设置，基本是根据教育部1929年颁布的《大学规程》的统一要求而确定，相对较为完善。分别以国立中央大学、国立北洋工学院、国立西北农林专科学校同一时期的课程为例，每个学校的课程设置都较为完善，又具有自身特色。

国立中央大学工学院水利组一年级和二年级的课程主要以基础课为主，一年级和二年级下学期都相应增加了一些手工课和实验课，如机械画、木工、锻工、材料试验和电工实验。二年级开始开设水利类课程，如二年级下学期有水力学，三年级开设有水文学、水利试验、河工学，四年级集中开设水利专业必修课和选修课，如都市给水、水工计划、海港工学、渠工学、灌溉工学、污水工程、水力工学等。在课时安排上，一年级上下学期每周都是36学时，二年级上下学期每周分别为25学时和29学时，三年级上下学期每周分别为26学时和32学时，四年级上下学期每周分别为31学时和21学时。在修业学分要求上，一至四年级分别为49学分、43学分、42学分、37学分，并且规定必须修满才能毕业（见表3-1）。

表3-1　　国立中央大学工学院水利组课程设置（1934年5月修订）

年级及说明	课　目	上学期		下学期	
		每周时数	学分	每周时数	学分
一年级 （每学期必修24.5学分，其中，全校共同必修9.5学分，本系必修15学分）	国文	3	3	3	3
	英文	3	3	3	3
	微积分	4	3	4	3
	普通物理	7	4	7	4
	普通化学	7	4	7	4
	投影几何	8	3		
	机械画			8	3

年级及说明	课　目	上学期		下学期	
		每周时数	学分	每周时数	学分
一年级 （每学期必修24.5学分，其中，全校共同必修9.5学分，本系必修15学分）	木工			3	1
	锻工	3	1		
	普通体育		1		1
	军事训练		1.5		1.5
	党义	1	1	1	1
	总计	36	24.5	36	24.5
二年级 （上学期必修21学分，下学期必修22学分，其中，全校共同必修均为1学分）	普通体育		1		1
	平面测量（甲）	9	5		
	应用力学	4	4		
	工程材料	3	3		
	电工学	3	3		
	最小二乘方	2	2		
	地质学	4	3		
	平面测量（乙）			9	5
	材料力学			5	5
	材料试验			3	1
	电工实验			3	1
	水力学			3	3
	热工学			3	3
	经济原理			3	3
	总计	25	21	29	22
三年级 （每学期必修21学分，其中，全校共同必修1学分，本系必修20学分）	大地测量	6	4		
	结构学	4	4		
	钢筋混凝土	6	4		
	道路工学	4	4		
	水文学	3	3		
	水利实验	3	1		
	铁道测量及木工			5	3
	结构计画			8	3
	钢筋混凝土计划			8	3
	土木结构及基础			4	4

年级及说明	课　　目	上学期		下学期	
		每周时数	学分	每周时数	学分
三年级 （每学期必修 21 学分，其中，全校 共同必修 1 学分， 本系必修 20 学分)）	河工学			4	4
	铁道建筑			3	3
	普通体育		1		1
	总计	26	21	32	21
四年级 （上学期必修 11 学分，选修 8 学分； 下学期必修 6 学分， 选修 12 学分）	都市给水	3	3		
	水工计划（甲）	8	3		
	钢桥计划（甲）	8	3		
	道路计划	4	1		
	普通体育		1		1
	海港工学	3	3		
	渠工学	2	2		
	灌溉工学	3	3		
	污水工程			3	3
	契约及规范			2	2
	水工计划（乙）			8	3
	水力工学			3	3
	防潦工学			2	2
	高等结构原理			3	3
	总计	31	19	21	17

资料来源：姚纬明《中国水利高等教育 100 年》，中国水利水电出版社，2015。

国立北洋工学院各系一年级课程及每周授课时数、学分都相同，二、三、四年级则按照学系（组）分别授课（见表 3-2）。在水利卫生工程组，一、二年级课程均以基础课程为主。与国立中央大学一样，二年级下学期开水力学，三年级上学期开水力实验。不同的是，国立北洋工学院一、二年级开设的操作类或实验类的课程明显较多；在水利学科设置上有许多不同，很多课程，如水象学及河道流量学、给水工程计划及制图、污渠工程计划及制图、水利工程计划及制图、防洪工程计划及制图、筑港工学等都是中央大学所没有的；在所修学分要求上，国立北洋工学院四年共需修满 207.5 学分，而中央大学只需 171 学分。

表 3 - 2　国立北洋工学院水利卫生工程组课程设置（1934—1935 学年）

年级	课目	上学期		下学期	
		每周时数	学分	每周时数	学分
一年级	英文	5	5	5	5
	微积分	5	5	5	5
	高等物理	4	4	4	4
	物理实验	3	1.5	3	1.5
	高等化学	3	3	3	3
	化学实验	2	1.5	3	1.5
	平面测量学	2	2	2	2
	平面测量实习	3	1.5	3	1.5
	工程画图	3	1.5	3	1.5
	军事训练	3	2	3	2
	党义	1	1	1	1
	总计	35	28	35	28
二年级	英文选读及作文	2	2	2	2
	微分方程	2	2		
	最小自乘法			2	2
	定性化学分析	1	1		
	定性化学分析实验	3	1.5		
	画法几何及制图	3	3	3	1.5
	房屋构造学	3	3		
	建筑计划及制图			3	1.5
	应用力学	6	6		
	机构力学			5	5
	水力学			3	3
	建筑材料学	3	3		
	工程地质			3	3
	石工及基础学			3	3
	高等测量实习	3	1.5		
	地形制图			3	1.5
	工厂实习	3	1.5	3	1.5
	军事学	1	1	1	1
	军事训练	2	1	2	1
	党义	1	1	1	1
	总计	36	27.5	34	27

年 级	课 目	上学期		下学期	
		每周时数	学分	每周时数	学分
三年级	电机工学	4	4		
	电机试验			2	1
	水力学实验	3	1.5		
	建筑材料试验	3	1.5		
	大地测量学	2	2	2	2
	铁道曲线及土方学	3	3	3	3
	铁道测量实习及轨道制图	3	1.5	3	1.5
	铁道工学	3	3		
	构造理论	5	5		
	桥梁设计学			3	3
	钢筋混凝土学			3	3
	木工结构学	1	1		
	木工构造计划及制图	3	1.5		
	钢建筑计划及制图			6	3
	水象学及河道流量学			3	3
	给水工学			4	4
	党义	1	1	1	1
	总计	31	25	30	24.5
四年级	工业经济学			3	3
	铁道路线设计学	3	3		
	铁路道路工程计划及制图	6	3		
	钢筋混凝土房屋计划及制图	3	1.5		
	给水工学	4	4		
	污渠工程	3	3		
	给水工程计划及制图			3	1.5
	污渠工程计划及制图			4	2
	河道流量测验学及灌溉工学	4	4		
	河工学			4	4
	水利工程计划及制图			3	1.5
	防洪工程计划及制图			4	2
	筑港工学	3	3		

年 级	课　　　目	上学期		下学期	
		每周时数	学分	每周时数	学分
四年级	水力工学			3	3
	党义	1	1	1	1
	自著论文			4	4
	总计	33	25.5	29	22

资料来源：《北洋大学—天津大学校史》（第一卷），天津大学出版社，1990。

　　国立西北农林专科学校水利组在课程设置上与国立中央大学和国立北洋工学院有相似之处，也有不同的地方。相似之处在于一年级都是安排基础课程，水力学和水力实验都是分别安排在二年级下学期和三年级上学期；不同之处在于结合学校自身办学特色，开设了诸如普通作物、土壤学、农学概论、麦作学、农业经济、造林学等课程，并且在课表中明确规定了实验的时数，一至四年级的实验时数的要求分别为21学时、18学时、21学时、30学时。这对于培养水利工程类学生的动手能力和实践能力无疑十分重要（见表3-3）。

表3-3　　国立西北农林专科学校水利组课程设置（1936学年）

年级	课　　　目	第一学期			第二学期		
		讲演时数	实验时数	学分	讲演时数	实验时数	学分
一年级	党义	1			1		
	国文	2		2	2		2
	英文	3		3	3		3
	微积分	4		4	4		4
	物理学	4	3	4	4	3	4
	化学	3	3	3	3	3	3
	图形几何		6	2			
	农学概论	2		2			
	工程作图					6	2
	林学概论				2		2
	总计	19	12	20	19	9	20
二年级	德文	3		3	3		3
	工程力学	4		4			
	平面测量学	4	6	4			
	工程材料	3		3			
	热工学	3		3			

年级	课　目	第一学期			第二学期		
		讲演时数	实验时数	学分	讲演时数	实验时数	学分
二年级	地质学	3		3			
	普通作物	2		2			
	农场实习		3	1		3	1
	材料力学				5		4
	高等测量学				3	3	4
	水力学				3		3
	电工学				3		3
	土壤学				3		3
	材料试验					3	1
	总计	22	9	23	20	9	22
三年级	德文	3		3	3		3
	结构学	3		3			
	钢筋混凝土	3		3			
	河工学	3		3			
	水文学	2		2			
	曲线及木工	2	3	3			
	道路工学	2		2			
	水工设计（甲）		3	1			
	水力实验		3	1			
	农业经济	2		2			
	麦作学	2		2			
	结构学				3		3
	灌溉原理				3		3
	给水工学				3		3
	坊工及基础				3		3
	铁道工学				2		2
	结构设计					6	2
	钢筋混凝土设计（甲）					6	2
	棉作学				2		2
	总计	20	9	25	19	12	23

年级	课　目	第一学期			第二学期		
		讲演时数	实验时数	学分	讲演时数	实验时数	学分
四年级	灌溉工学	3		3			
	渠工学	3		3			
	污水工学	2		2			
	农村卫生学	2		2			
	结构设计（乙）		6	2			
	钢筋混凝土设计（乙）		6	2			
	水工设计		3	1			
	选课						
	土力学	2		2			
	防空工学	2		2			
	造林学	2		2			
	港工学	2		2			
	水力机械	2		2			
	灌溉管理				2		2
	水力工学				3		3
	排水工学				2		2
	防洪工学				2		2
	农村建筑				2	3	3
	水工设计（丙）					6	2
	灌溉实验					3	1
	契约及规范				1		1
	水工试验				1	3	2
	防砂工学				2		2
	农垦学				2		2
	论文						2
	总计	20	15	28	17	15	24

资料来源：国立西北农学院农业水利学系编《李仪祉先生逝世周年纪念刊》（油印本），1939。

3. 水利人才培养进展明显

这一时期高素质水利人才培养大多仍然依附于土木工程专业，所招收的学生以专科为主，本科为辅。据统计，1931—1937 年间，全国共培养水利工程专业学生 379 名，而本科生只有 27 名。

特别值得一提的是，随着《学位授予法》及其一系列细则的颁布，以国立武汉大学和国立北洋工学院为代表的高等学校开始着手培养水利研究生。1935年，武汉大学设立工科研究所，并招收了方宗岱、邓先仁为土木工程学部水利工程门研究生，这是中国水利研究生培养的肇始。同年，李书田在北洋工学院建立了水利工程研究所，于1937年培养出近代中国第一批工学硕士。

4.水利科学研究开始起步

在南京国民政府的积极推动下，这一时期水利科学研究开始起步，具体表现在以下几个方面：

一是建设了以第一水工试验所和中央水工试验所为代表的全国性和区域性的水工试验所。1929年，李仪祉、李书田等首先提出建立水工试验所的倡议，1930年获得中央财政委员会批准。由于经费不兑现，直到1933年，华北水利委员会、黄河水利委员会、导淮委员会、扬子江水利委员会、建设委员会模范灌溉局、陕西水利局、国立北平研究院、国立北洋工学院、省立河北工业学院等9家单位在天津联合筹建"第一水工试验所"董事会。1935年建成后，配合永定河治本计划，开展了官厅水库大坝消力模型、黄河河流模型、卢沟桥溢流坝消力实验、透水坝试验、玻璃槽试验等5项水力学实验。1935年，中央水工试验所在南京成立后，在1936—1937年间，为导淮工程进行了多项河工和水工模型实验。在它们的示范下，1936年，湖北省政府和国立武汉大学联合建立了华中水工试验所。

二是成立了中国水利工程学会，有力地推动了水利科研的进行。1931年，以李仪祉、李书田为首的一批归国留学生，以"集合全国水利人才之精力，求解中国今日之水利问题"为号召，以"联络水利工程同志、研究水利学术、促进水利建设"为宗旨，在南京发起成立了我国历史上第一个水利学术团体——中国水利工程学会。该学会出版《水利》月刊，在推动水利科学研究方面贡献巨大。

三是一些大学、专门学院等开始重视实验室建设。在兴办水利高等教育的过程中，高等学校逐渐认识到水利科学研究对水利教学和水利人才培养的重要促进作用，开始致力于建设相关实验机构。早在1925年，国立北洋工学院就建立了水力机试验室，后又建立水力学实验室。国立中央大学建立了水力实验室和临时水工实验室。同济大学则建成了独具特色的水利馆。国立清华大学建成包括水力实验室、卫生工程实验室在内共四个实验室，并编写了《水力学实验》等一系列中文教材。作为当时一所规模大、设备好的水力实验室，开展了一系列研究工作，如精确流量测量方法研究；各式水输及抽水机特性试验；河工、港工及灌溉工程相关问题研究等。

（三）民国后期的水利教育（1937—1949 年）

这一时期主要包括八年抗日战争和四年解放战争两个阶段。

1937 年，抗日战争爆发，受到战争的严重影响，水利教育事业遭受了巨大的破坏，许多学校被迫转移重新办学。国民政府为了促进战时高等教育的发展而颁布了一系列政策，以应对战时的水利建设。经过师生们的不懈努力，水利教育从东部迁到了西部，在新的大地上重新发芽，也带动了西部水利教育事业的起步。这一阶段水利高等教育在抗日的战火中艰难的生存和发展。

一是高校内迁。据统计，八年抗战间，100 多所高校进行了搬迁，很多高校根据形势要求或单独办学、或合并办学、或改组办学。1937 年 11 月，国立中央大学内迁到重庆办学，并正式建立了水利工程学系，与中央水工实验所合作建立了磐溪水工实验室、石门水工实验室，作为水利工程系学生实验实习所用，原素欣任系主任，汇聚了黄文熙、严恺、谢家泽、李士豪等一批知名水利学者。1937 年，国立北京大学、国立清华大学和私立南开大学搬迁到长沙，成立长沙联合大学。1938 年，再次内迁至云南，组建了著名的国立西南联合大学。西南联合大学土木学系下设水力工程组，1940 年，与中央水工实验所合作建立了昆明水工实验室，从事水利灌溉和水利工程理论研究。1938 年，西安临大迁往汉中，改为西北联大。1939 年西北联大工学院、东北大学工学院和焦作工学院合并改组为西北工学院。此时，土木系内的水利工程组扩充为水利工程系。

二是一些高校新设了与水利相关的系科。1939 年，教育部颁行《大学及独立学院各学系名称令》，"水利工程"作为一个学系的名称第一次出现在政府的法规中，在水利高等教育发展史上具有重要的意义，也对一些高等院校系科设置产生重要影响。1943 年，教育部明确要求已设土木工程系的高校一律增设水利组。如国立湖南大学、国立四川大学、国立北洋工学院西京分院相继成立了水利工程系，天津工商学院和私立大同大学也开设了水利系科。

三是新建一批设有水利相关学科的高校。这一阶段新设有水利学科的高校有：1937 年建立的国立中央工业专科学校，1939 年建立的国立西北技艺专科学校和国立西康技艺专科学校，1944 年建立的广东省立工业专科学校等。

经过内迁、新建、改组，抗战末期我国的水利高等教育也取得了一定的发展，到 1944 年，我国设有水利相关专业的大学、专门学院、专科学校已达 36 所（见表 3-4）。

抗日战争结束后，时局渐趋稳定，在各方的努力和精心筹备下，各高校纷纷返回原地，恢复办学。但接着就爆发了国共内战，直到 1949 年国民党政权败退到台湾。在这一大背景下，民国时期的高等教育在困顿中走向没落。自河海工程大学并入南京大学后，全国没有一所成建制的本科水利高校，到 1949

年，全国高等学校设立水利系（组）有22所。

表 3-4　　　　　设置水利相关专业高等学校一览表（1944 年）

学校类型	国　立	省立	私　立
大学	中央大学、西南联合大学、湖南大学、交通大学、重庆大学、交通大学贵州分校、同济大学、武汉大学、浙江大学、中山大学、厦门大学、广西大学、云南大学、中正大学、贵州大学、复旦大学、山西大学、四川大学、河南大学		大同大学、大夏大学、广州国民大学、岭南大学、广州大学、震旦大学
专门学院	北洋工学院、北洋工学院西京分院、西北工学院、西北农学院	湖南工业专科学校	天津工商学院
专科学校	中央工业专科学校、西北技艺专科学校、西康技艺专科学校、黄河流域水利工程专科学校	广东工业专科学校	

在这一阶段，一些因抗日战争爆发而停办的涉水高校开始复校，如1945年复校的河北省立工学院、1946年复校的河北省立农学院、1947年复校的山东省立农学院。一些设有水利相关专业的高校根据需要更改了校名，如国立西北技艺专科学校更名为国立西北农业专科学校，私立天津工商学院更名为私立塘沽大学。一些设有水利相关专业的院校获得了升格，如私立乡村建设育才院升格为私立乡村建设学院，私立信江农业职业学校升格为私立信江农业专科学校，江西省立南昌高级水利职业学校升格为江西省立水利专科学校。一些涉水高校进行了合并，如1946年国立黄河流域水利工程专科学校并入国立河南大学，组建了国立河南大学水利工程系；1947年湖南省立工、农、医专科学校合并成立湖南省立克强学院。此外，这一阶段还新设立了一些涉水高校，如1946年新建的私立川北大学，1948年新建的黑龙江省立农业专科学校。1948年，全国设水利相关专业的各类高等院校达44所（见表3-5）。

表 3-5　　　　　设置水利相关专业高等学校一览表（1948 年）

学校类型	国　立	省　立	私　立
大学	中央大学、清华大学、北京大学、北洋大学、湖南大学、交通大学、重庆大学、同济大学、武汉大学、浙江大学、中山大学、厦门大学、广西大学、云南大学、中正大学、贵州大学、复旦大学、山西大学、四川大学、河南大学		大同大学、大夏大学、广州国民大学、岭南大学、广州大学、震旦大学、川北大学、塘沽大学

学校类型	国　　立	省　　立	私　　立
专门学院	西北工学院、西北农学院、唐山工学院	河北农学院、河北工学院、山东农学院、湖南克强学院	乡村建设学院
专科学校	中央工业专科学校、西北农业专科学校、西康技艺专科学校	广东工业专科学校、江西水利专科学校、黑龙江农业专科学校、湖北农业专科学校	信江农业专科学校

其他综合性大学在战后积极地重新复校，但内战爆发后，再次打乱了水利高等教育的发展态势。

中央大学回迁南京后，工学院设土木、机械、电机、化工、建筑、航空和水利工程7个系，重点是恢复和扩建实验室。中央大学水利系第一任主任为原素欣教授，1941—1942年系主任为黄文熙教授，1942—1944年为顾兆勋教授，1944—1946年为许心武教授，1946—1948年为须恺教授，1949年起为张书农教授，这一阶段在此任教的教师有：张含英、严恺、谢家泽、刘文光、徐介城、李士豪、沈百先、沙玉清、武同举等。水利系的学制为4年制本科，所开课程主要有：水力学、渠工学、给水排水工程学、水文学、灌溉工学、水工计画、海港工程学、测量学、土力学、防洪工程学、水力发电工程等。1947年，水利工程系配合淮河水利工程总局所需，合作培训混凝土技术人才，与中央水利实验处合作，建立水工实验室。

1946年，国民政府决定恢复国立北洋大学，设理、工两院，茅以升任校长，李书田任工学院院长。工学院内设有水利工程系，成为工学院的8个系之一，常锡厚任系主任。由于时局不稳，1946—1949年，水利工程系仅毕业36人❶。

1946年，国立交通大学将土木系中的水利门扩建为水利工程系，隶属于工学院，由徐芝纶任系主任。1946—1949年，每年招收新生30余人，学制4年，专业课程从二年级开始设置，主要有水力学、水力试验、应用分析、水文学、河工学、高等水力学；比较专门的课程在四年级讲授，主要有河工设计、

---

❶ 李义丹．天津大学（北洋大学）校史简编［M］．天津：天津大学出版社，2002：53.

农田水利工程、水工机构设计、水工实验原理、运河工程及设计、港工及设计、水电工程设计、水工模型试验等。

1945年底，国立河南大学迁回开封，随后国立黄河流域水利工程专科学校并入，组建了国立河南大学水利工程系，设有水利实验室、实习工厂等教学场地，赵敬生担任系主任。

由于一直处于战争时期，中国共产党领导的解放区水利教育很少提到议事日程，但抗日战争胜利后，由于建设的需要，解放区的水利教育开始受到重视。1946年，晋察冀边区政府在张家口市铁路学院内设水利工程班，培养水利技术管理人才，分甲（一班）、乙（二班）、丙（三班）3个教学班，约150多人。1948年，华北水利委员会成立后，水利班归华北水利委员会领导，有教职工130人。接着，经华北人民政府批准，在原水利班的基础上成立华北水利专门学校。在山东解放区，1948年，在惠民建立了渤海水利学校，渤海行署水利局长马巨涛兼任校长。同年，在济南附近建立了黄河水利专科学校，设本科班、速成班和初级班三种，山东河务局副局长钱正英兼任校长。济南解放后，山东农学院成立水利系，宋文田任主任。其后，黄河水利专科学校、山东农林专科学校并入山东农学院，组建了水文、测绘两个专修科。所有这一切，都为新中国建立初期山东省的水利专门人才培养发挥了很大的作用。

第二节　河海工程专门学校的创建

中国近代水利高等教育的产生有着复杂的历史背景。中国古代悠久的传统水利教育的历史为它提供了深厚的历史渊源，西方近代水利教育的发展为它提供了先进的经验，西学在中国的传播又使得先进的西方水利教育被中国学习、引进成为可能。最根本的是，近代中国水利的现状和发展迫切需要一定数量的高素质的水利专门人才，这直接孕育并催生了我国水利高等教育，自此，专门水利高等学校的诞生已是水到渠成。

一、河海工程专门学校成立的历史背景

一所高等学校的建立不是一蹴而就的，需要一系列的社会条件、教育条件、师资条件等，经过五千年特别是近百年的历史积淀，再加上导淮对人才的急需，河海工程专门学校的创建就提到了议事日程。它一经成立，开启了我国专业高等院校培养水利人才的先河，使我国水利高等教育从此成为高等教育大家庭不可或缺的一员，为我国水利事业发展提供了大量高素质的人力资源和智力支持。

（一）河海工程专门学校创建的治水文化积淀

在我国五千年文明史上，劳动人民在长期的治水实践中不仅建造了众多举世瞩目的水利工程，形成了丰富多彩的水利文化和水利思想，而且留下了诸多富有特色的水利著作，形成了符合自身需要的水利技术和水利理论。同时，中国历代统治者大都高度重视治水，并且设置了较为完善的治水机构，数不胜数的水利工程背后蕴含了诸多驯水治水的动人故事，所积累的丰富的治水经验，升华为专门的水利知识和水利技术。客观上，这些水利知识和水利技术必然存在传习、继承、发展、提高的过程，也就必然有水利科技教育，虽然这种水利科技教育既不正常，也不正规，但它们却为中国水利高等教育的孕育、萌芽、形成提供了丰厚的文化积淀。

（二）河海工程专门学校创建的专业教育条件

晚清时期，特别是鸦片战争以后，一批先进的中国人开始思考国贫民穷而屡遭外侮的深层次原因，他们希望学习西方先进的科学技术，以图富国强兵。洋务运动的产生、维新运动的爆发，西学东渐成为一股时代洪流。在这一时代背景下，废科举、建学堂、学科技成为救亡图存、富国强兵所必须；在课程设置上，越来越多的工程类课程成为教学的主要内容，打破了过去以儒家经典为主的传统教育一统天下的局面；一些学堂开始增设水利类课程，建立水利科研机构；晚清学制改革中也出现一系列与水利教育相关的积极因素，这些为以后水利高等学校的产生打下坚实的专业基础。

（三）河海工程专门学校创建的师资条件

鸦片战争以后，1846年，容闳等赴美留学，开启了我国留学教育的先声。作为清末新政教育改革的重要内容，清政府开始有目的、有计划地选派优秀学子前往美国、欧洲、日本等西方国家学习。此外，这一时期还有大量自费留学人员。民国初年，许多学有所成的水利留学生相继归来，带来的不仅仅是西方先进的水利科技，更有先进的水利思想和科学的办学理念，为中国水利高等教育提供了大量高素质师资，为水利专门学校的创建打下了良好的基础。以河海工程专门学校和西北农林专科学校水利组初创时的师资为例，1915年，河海工程专门学校初创时的校长许肇南、教务长李仪祉以及沈祖伟、伏金门、刘梦锡、杨孝述等教师都曾留学欧美。西北农林专科学校水利组初创时，除李仪祉外，沙玉清、余立基、何正森、徐百川、张德新、程楚润、祁开智等也都是留学归国人员。

（四）河海工程专门学校创建的直接动因

鸦片战争之后，我国内忧外患交相危害，逐步沦为半殖民地半封建国家，国贫民穷，江河失修，洪旱灾害十分严重。清末民初，社会各界治水的呼声日益高涨,以导淮为中心的水利建设问题被提上了当局的议事日程。民国建立后,张謇被任命为导淮督办,后兼任全国水利局总裁。他在为河海工程学校致熊秉三的函中说:"自有导淮之计划,即欲养成工程学之人才,以期应用,遂于通校设土木工科。"❶ 但仅仅这一点人才远远不能满足导淮工程,更不能满足全国水利建设的需要。1914年,荷兰、美国来华工程师相继要去勘测淮河,要求提供水利测绘人员,但水利专业人才奇缺,难以配备他们所需要的人才。于是,张謇致函当局:"揆时度势,则建设高等土木工科学校,先开河海工程专业班,刻不容缓。"❷

1922年,他在河海工程专门学校第四届毕业演说中详尽地介绍了他创办这所学校的初衷。首先,创建这所学校是为了实现治水的理想。他认为,"世界文化进行,工程事业日益发展,工程之门类,多矣,河海工程尤为切近民生之事业"。但现在"河海工程乃萌芽中尤为幼稚者。因其萌芽而欲生存之,因其幼稚而欲助长之"。其次,创建这所学校是为了储备人才。他说:"吾国人才异常缺乏,本应在工程未发生之先从事培养,庶不至临事而叹才难,自毋须借欧美之才供吾使用。"❸

二、河海工程专门学校成立的经过

在张謇创办"河海工程测绘养成所"之后,刚刚留学归国的许肇南在拜见他时,提出了创办河海工程专门学校的建议,并得到张謇的积极回应。在河海工程专门学校创建过程中,张謇多方呼吁,从筹措办学经费、商借办学场地到拟定办学宗旨、配备高素质师资、确定学生的来源与选拔,都亲历亲为,为创建一所培养水利技术人才的学校而殚精竭虑。

办学经费问题是河海工程专门学校创建的首要难题。在开办河海工程专门学校获得袁世凯政府批准后,张謇数次呈文申请财政拨款均无消息,于是他提出一个解决燃眉之急的折中办法,即由国家承担开办之初应急资金2万元,每年的经常费用3万元则先由江苏、浙江、山东、直隶四省均摊,四省选送的学生可免交学费,并可优先接受学校毕业生;待中央财政好转后再给学校拨款。呈文获准后,张謇又亲自出面与四省当局商定具体办法。最终商定"开办经费,由直、东、苏、浙四省各拨5000元。常年经费,分年预算,第一年29438元,

❶ 张謇.为河海工程学校致熊秉三函 [C] //张謇全集(第4卷).南京:江苏古籍出版社,1994:125.

❷ 张謇.请设高等土木工科学校先开河海工程专班具办法呈 [C] //张季子九录.台北:文海出版社,1965:606-608.

❸ 曹丛坡,杨桐.张謇全集(第4卷)[M].南京:江苏古籍出版社,1994:182.

第二年 41188 元，第三年 50188 元，第四年 53188 元，亦由四省按年筹拨"。❶
但实际上中央财政一直未见好转，各省也往往不能按期拨款，致使学校经费经常窘迫拮据。

至于选择学校合适的办学校址，也是几经周折。最初打算借用已经停办的上海中国公学（吴淞）或中国图书公司作为办学场地，但因种种原因未能确定。为了尽快招生开学，张謇利用曾任江苏省咨议局议长的影响，借下了江苏省咨议局的房屋，终于解决了办学所需的校舍问题。

为了办好即将创办的第一所水利高校，张謇商聘著名教育家、时任江苏省教育司司长的黄炎培和前都督府秘书沈恩孚为学校筹备正、副主任，遴派聘请许肇南为校主任，并聘任了李仪祉、杨孝述、刘梦锡、沈祖伟、顾维精等一批留学欧美高等学府的工科毕业生为学校教师，他们后来都成为蜚声我国教育界、科技界、水利界的前辈和名流。

1915 年 3 月 15 日，河海工程专门学校隆重举行开学典礼，张謇专程从北京赶到南京参加典礼。这是我国历史上第一所专门培养水利技术人才的高等学府，是辛亥革命后南京地区第一所招生开课的高校，也是我国当今唯一一所以水利为特色的全国重点大学——河海大学百年办学历史的肇始。

三、河海工程专门学校创办初期的办学概况

（一）办学宗旨和办学方针

建校之初，张謇在为学校制定的办学章程的第四条提出了明确的办学宗旨，即"本校以养成河海工程之技师为宗旨"。为了确保这一办学宗旨的实现，办学章程第五条从道德思想、身体素质、知识学习三个方面拟定了学校的办学方针："注重学生道德思想，以养成高尚之人格；注重学生身体健康，以养成勤勉耐劳之习惯；教授河海工程必需之学理技术，注重自学辅导、实地练习，以养成切实应用之知识。"❷ 张謇在《河海工程专门学校旨趣书》中对此作了详尽的解释。他强调指出："德本也，才末也。"他高度重视学生的身体健康，认为"无健康之体质，自无奋发的精神，而道德学术举无所施"，对于从事河海工程的学生，没有健康的体质，日后就无法胜任这一工作，因此他要求从入学开始就要严格检查学生的体质，入学后则开设体操游戏课，强制每一位学生必须加强身体锻炼。德立体健以后，可以开始正常的专业学习。为提高教学质量，他对教师和教学都提出了严格要求，即"于教

❶ 张謇. 河海工程专门学校旨趣书及章程 [C] // 张謇全集（第 4 卷）. 南京：江苏古籍出版社，1994：686.

❷ 刘晓群. 河海大学校史（1915—1985）[M]. 南京：河海大学出版社，2005：7.

员则必求其富有工程经验，而热心于教育者；于教科则广储仪器，以供学生之经验；而教授则必使学生活用学理，而不专致力于记诵。此外如参观工程，以资感发；派遣实习，以增阅历"。只有这样教，才能真正养成学生应用之知识。

（二）严格招生和严格培养

河海工程专门学校建立伊始对所招学生强调两点：一是是否有从事河海工程事业的决心；二是是否有足以胜任从事河海工程事业的体格。

学校招生类别有预科、正科、特科和补习班。1915年，共招收新生80人，编为两个班，学制4年。为应导淮急需，选择其中数学、英文成绩较好者办了一期特科，学制两年，"授于切要功课，冀急可致用"。

为了培养适应河海工程需要的高素质学生，学校制定了诸如《总则》《教务会议规程》《学业成绩考察规则》《奖励学生规则》《体育规则》等一系列规章制度，对学生的入学考试、平时学习、体育锻炼等都作出明确要求，且严格执行。由于学生课程多，要求高，学生淘汰率也高。据统计，第一届正科40人，只有29人顺利毕业，特科入学40人，顺利毕业了30人。

这一时期，学校十分重视课程设置，开设了国文、英文、图画、数学、物理、化学、测量、地质、力学、机械、路工、结构、水工、经济、管理、体育等课程（见表3-6）。

表3-6　　　河海工程专门学校正科学生4年的学习科目及学分要求

年级	第一学期			第二学期		
	部类	科目	学分	部类	科目	学分
预科	国文一	伦理	1	国文二	国文	2
	国文二	国文	2	国文三	本国地理	1
	国文三	本国地理	1	英文二或三	续前	6
	英文一或二	文学及文法作文	6	数学二	弧三角法	1
	数学一	平三角法	2	数学四	解析几何微分	4
	数学三	高等代数解析几何	4	图画二	机械画	3
	图画一	写生画	1	物理二	初等电学光学	4
	物理一	初等电学热学	4	化学一（乙）	无机化学	2
	化学一（甲）	无机化学	2	化学二（乙）	化学实验	3
	化学二（甲）	化学实验	3			
		总计	26			26
	体育	体操及运动			体操及运动	

续表

年级	第一学期			第二学期		
	部类	科目	学分	部类	科目	学分
本一	国文二	国文	1	国文二	国文	
	英文三或四	工业应用文	3	英文四或五	续前	1
	数学五	微积分微分方程	3	数学六	立体解析几何最小二乘方	3
	图画三	投影几何	6	物理四	高等电学光学	3
	物理三	高等力学热学	1	物理五（乙）	高等实验	3
	物理五（甲）	高等实验	2	化学三（乙）	定性分析	1.5
	化学三（甲）	定性分析	0.5	测量二	形势测量	6
	测量一	平面测量	11	测量四	野外实习	3
				地质一	矿石论	2
				力学一	工用力学	6
		总计	27.5			30.5
	体育	体操及运动			体操及运动	
本二	测量三	大地及水流测量	4	测量四	野外实习	3
	水工十	水文学	4	力学六	水力实验	2
	力学二	材料强弱学	5	机械二	热机工学	4
	力学三	水力学	3	结构一	结构原理	4
	力学四	工用材料	2	结构三	土石结构	2
	力学五	材料检验	2	结构七（甲）	钢木结构计划	4
	路工一	土木及隧道	3	水工一	水力工学	3
	经济一	经济原理	2	水工二	基础工学	2
				经济一	经济原理	2
		总计	25			26
	图画四（选修）	阴影画	4	路工学（选修）	道工学	3
	机械一（选修）	机械功学	2	路工三（选修）	道路及沟渠工学	3
本三	机械三（甲）	电机工学	3	经济二	簿记及管理	2
	结构二	续前	2	机械三（乙）	电机工学	3
	结构五	钢筋混凝土	4	结构八	钢筋混凝土计划	6
	结构六	土石工计划	6	水工六	灌溉工学	2
	水工四	河工学	3	水工七	港口学	2
	水工五	渠工学	3	水工八	水工研究	4
	水工九	水工计划	4	水工九（续）	水工计划	6
		总计	25			25
	结构四（选修）	钢结构	3	机械四（选修）	工用机械	2
	结构七（乙）（选修）	钢结构计划	6	水工三（选修）	给水工学	2

资料来源：刘晓群《河海大学校史（1915—1985）》，河海大学出版社，2005。

69

学校十分重视教育教学，建校伊始，很多教材都是西方原版教材，既与我国的实际不相符合，也影响到教学效果。为此，学校教师自编讲义，用中文授课。李仪祉编著的教材有《水功学》《水工试验》《实用水力学》等，许心武著有《水文学》，汪胡桢著有《给水工学》，郑肇经著有《河工学》等。这些早期的水利大家以其自身的行动推进了水利高等教育的本土化。

学校对实践教学非常重视，每学期及暑假期间都组织学生到水利工地进行实习实践，到江河湖海开展调查研究。据记载，特科学生在学习期间，除了在南京就地参观实习外，曾利用寒暑假到南通测量江岸地形，到安庆测量南洲地形，到武汉研究水道地形并实地参观那里的铁厂、兵工厂、矿山等，参与的学生必须写出实习或参观报告。此外，应政府和社会要求学校还经常选派师生支援各地水利建设和抗洪救灾，如1917年海河流域水灾发生后，本科二年级29名学生全部分派到南运河、北运河、大清河、子牙河、永定河等地参与抗洪抢险和施工技术工作，数十人被授予"河工奖章"。1921—1922年陕西发生大旱，李仪祉带领须恺、胡步川等奔赴陕西兴建"关中八惠"渠灌工程。1931年，淮河发生洪水，李仪祉偕同宋希尚、汪胡桢等主持长江、淮河复堤救灾工程。从此，中国进入专业水利人才成为治水主体的时代。

（三）办学硕果累累

当时的河海工程专门学校因师资力量强、学生管理严、教学质量高，形成了团结、爱国、谨严、朴实的校风，而深得社会好评，成为国内工科院校的佼佼者，造就了一大批卓有建树的社会活动家和水利领域的领军人才。在1915—1927年独立办学的12年中，河海毕业10届共232名学生，转入第四中山大学学生共5届90人。

河海工程专门学校早期的毕业生中，产生了张闻天（1917级，曾任中共中央政治局常委、总负责）、沈泽民（1916级，曾任中共中央委员、中宣部长）等无产阶级革命家，汪胡桢（1915级特科，1955年当选中国科学院院士）、须恺（1915级特科，曾任水利部技术委员会主任）等水利工程专家，许心武（1915级特科，曾任黄河水利委员会委员长、河南大学校长）、沈百先（1915级正科，曾任中国水利工程学会会长、国民政府水利部政务次长）等社会活动家、水利学家、教育家。

1924年，经江苏省公署和水利总长商议，河海工程专门学校和东南大学工科合并改组为河海工科大学，著名科学家茅以升任校长。1927—1937年，根据国家高等教育发展形势，学校历经多次调整，1927年，并入第四中山大学土木系，1937年成为中央大学水利系，1949年成为南京大学水利系。

河海工程专门学校的创办，对我国的水利事业和水利教育事业具有十分重大的意义，并做出了巨大的贡献。它不仅培养造就了一大批具有献身精神和真才实学的水利专门人才，如汪胡桢、须恺、许心武等，不仅为我国水利高等教育的发展贡献颇著，而且对我国现代水利工程建设和水利科学研究起到开拓和巨大的推动作用。

第三节　留学生与近代水利高等教育

在中国近代留学史上，首启近代中国留学先河的当推 1872 年容闳率 30 名幼童赴美留学。他们以"西人之技"为主要学习内容，涉及"军政、船政、步算、制造诸学"[❶]，造就了中国近代第一批新式专门人才，如第一位铁路工程师詹天佑、第一位矿业工程师吴仰曾、中华民国首任内阁总理唐绍仪、北洋大学校长蔡绍基、晚清外交家梁敦彦等。细研中国近代留学史可以发现，近代留学生中相当一部分都选择了学习理工科，他们中涌现了一大批推动近代中国科技事业发展的先驱者。水利专业长期附属于土木工程，近代工科留学生在我国水利高等教育肇始的过程中居功至伟，特别是 20 世纪初相继留学归来的以李仪祉等为代表的一批水利工程和土木工程留学生群体，在带来西方先进水利科技的同时，也推动建立了我国早期的水利高等学校及其系科，在中国水利高等教育发展史上书写了浓墨重彩的篇章，谱写了一首首动人的爱国兴水、情系水利的华美乐章。

一、推动了水利高等院校的创建和发展

肇始于近代的我国水利高等教育，是在西学东渐的深刻的社会背景下产生的。当时，许多怀抱"科学救国"理想的华夏儿女纷纷前往欧美高等院校学习西方先进的科技、文化和艺术等，他们中一些人毫不犹豫地选择了攻读水利工程、土木工程等工科专业，渴望掌握国外先进的水利科技，实现一代代水利人治水兴水、治国安邦的夙愿。他们 20 世纪初学成归国后，当时中国政经局势打破了他们振兴水利事业的崇高理想，于是积极兴办水利学校培养水利人才，这就直接促成了河海工程专门学校的创建。这是我国真正意义上的第一所水利高等学校，它的创建在我国水利高等教育发展史上具有重要的里程碑意义。

从水利高校或系科的主要领导者看，早期的水利院校和系科的主要领导者大都具有欧美国家留学背景，且是某一领域的专家（见表 3 - 7）。

---

❶　中国史学会．洋务运动（二）［M］．上海：上海人民出版社，1961：153．

表 3-7　　　　　　　　主要水利院校或系科主要领导留学背景表

姓名	曾任职务	留学背景	专业
许肇南	河海工程专门学校校长	伊利诺斯大学、威斯康星大学、哈佛大学	电机工程、工业经济
沈祖伟	河海工程专门学校校长	密歇根大学	土木工程
茅以升	河海工科大学校长、北洋工学院院长	康奈尔大学、卡耐基理工学院	土木工程
杨孝述	河海工科大学校长	康奈尔大学	机械工程
李仪祉	河海工程专门学校教务长、西北大学校长	德国皇家工程大学、丹泽工科大学	铁路、水利
李书田	北洋工学院院长	康奈尔大学	土木工程
张含英	北洋大学校长、水利部副部长	伊利诺斯大学、康奈尔大学	土木工程
施嘉炀	清华大学水利系主任	康奈尔大学、麻省理工学院	土木工程、机械工程
许心武	国立河南大学校长	加州柏克莱大学分校、爱荷华大学	水利工程
严恺	华东水利学院院长、中国科学院院士、中国工程院院士	荷兰德尔夫特大学	土木工程
汪胡桢	北京水利水电学院院长、学部委员	康奈尔大学	土木工程

河海工程专门学校时期的前两任校长许肇南、沈祖伟，以及河海工科大学时期的校长茅以升、杨孝述，都是留学于欧美的归国留学生。许肇南于 1908年从日本转赴美国留学，先后在伊利诺斯大学、威斯康星大学、哈佛大学学习电机工程和工业经济。正是他在 1914 年留学归国后向张謇建议设立河海工程专门学校，得到张謇的首肯并被委任为河海工程专门学校第一任校长。著名桥梁专家茅以升先后留学于美国康奈尔大学和卡内基理工学院（现为卡内基梅隆大学），并获得土木工程专业硕士学位和工学博士学位，他于 1924 年出任河海工科大学的第一任校长。沈祖伟和杨孝述两位校长分别进入密歇根大学和康奈尔大学求学，他们都是考取庚子赔款赴美留学资格，回国后成为河海工程专门学校第一批教师，然后成长为学校的主要领导者。华东水利学院时期的院长严恺毕业于荷兰德尔夫特大学，1958—1983 年，任学院院长长达 25 年，对推进这所著名水利院校的发展贡献卓著。

李书田 1923 年毕业于北洋大学土系，随后赴美国康奈尔大学攻读土木工程博士学位。1927 年学成归国，任北洋大学教授。1930—1932 年担任交通大学唐山工学院院长，1932 年 8 月出任北洋工学院院长。他于 1935 年在北洋工学院首创研究生院，招收了采矿工程、冶金工程和应用地质专业研究生，开启工科研究生教育的先河。曾任北洋大学校长，新中国建立后任水利部副部长的张含英留学于美国伊利诺斯大学、康奈尔大学，在黄河治理和水利学术研究方面成就卓越，出版了《水力学》《水利概论》《防洪工程学》《黄河治理纲要》等多部水利专著。

其他的水利院系领军人物，如曾任河南大学校长的许心武、清华大学水利系主任施嘉炀，以及新中国建立后任华东水利学院院长的严恺、北京水利水电学院院长汪胡桢等都曾在美国、德国等著名高校学习水利或土木工程，回国后都把毕生精力贡献给水利高等教育。

二、成为水利高等教育师资的重要来源

水利高等教育的发展离不开一批情系水利的高水平师资，近代以来各个历史时期各所高校培养的水利人才有一部分漂洋过海，前往西方国家学习先进的水利科技知识，归国后很多人又成为水利高等教育师资的重要来源，开阔了学生的视野，提高了水利高等教育的质量。

河海工程专门学校建校伊始，高度重视教师队伍的建设，张謇对教师的素质和教学都有严格要求，聘请的教师"除国文、图画、地理、体操外，均系留学欧美大学工程科毕业者"❶（见表3-8），他们不仅忠诚于水利教育事业，而且都术业有专攻，擅长于某一学科教学。

表3-8 河海工程专门学校创建时部分师资留学背景表

姓名	曾任职务	留学背景	专业
许肇南	第一任校长	伊利诺斯大学、威斯康星大学、哈佛大学	电机工程、工业经济
沈祖伟	第二任校长	密歇根大学	土木工程
茅以升	河海工科大学第一任校长	康奈尔大学、卡耐基理工学院	土木工程
杨孝述	河海工科大学第二任校长	康奈尔大学	机械工程
李仪祉	教务长	德国皇家工程大学、丹泽工科大学	铁路、水利
顾维精	教授	伊利诺斯大学、哈佛大学	电机工程
刘梦锡	教授	美国铁道专门学、康奈尔大学	土木工程
张谟实	教授	威斯康星大学	电机工程
计大雄	教授	康奈尔大学	土木工程

---

❶ 刘晓群. 河海大学校史（1915—1985）[M]. 南京：河海大学出版社，2005：4.

河海工程专门学校初创时的校长许肇南、教务长李仪祉以及沈祖伟、伏金门、刘梦锡、杨孝述等教师都曾留学欧美。例如，作为我国近代水利事业和水利教育的开拓者和先驱者，李仪祉两次赴德留学，先后求学于德国皇家工程大学和丹泽工科大学，目睹了欧洲诸国先进的水利设施和繁荣的水利建设，对祖国频繁的水患灾害、衰落的水利事业和落后的水利科技十分感慨，师从德国著名水利科学家恩格尔斯，专攻水利专业，立志振兴我国的水利事业。

张谟实、计大雄和沈祖伟都是在 1910 年考取第二批庚款留美，张谟实求学于威斯康星大学，攻读电机工程专业；计大雄则求学于康奈尔大学，学习土木工程，回国后他们都受聘为河海工程专门学校的教师。后任河海工科大学教务部主任、中央大学工学院土木系主任。沈祖伟留学于美国密歇根大学，学成归国后，也受聘为河海工程专门学校的教师，后任学校校长。其他教师，如顾维精于1911年和杨孝述考取第三期庚款留美资格，先后求学于的伊利诺斯大学、哈佛大学，学习电机工程专业，离开河海工程专门学校后任江南大学副校长兼理学院院长。刘梦锡曾在美国铁道专门学、康奈尔大学留学，学习土木工程，回国后应聘到河海工程专门学校教书，后参与导淮工程，作为监工工程师，与吕彦直一起修建了中山陵。

不仅是河海工程专门学校，早期的其他高等院校水利系科（组），如西北农林专科学校水利组、国立中央大学工学院水利工程组、国立清华大学工学院水利及卫生工程组等校的教师大都具有留学欧美先进国家的经历（见表 3-9～表 3-11）。例如，西北农林专科学校水利组初创时，包括李仪祉在内，沙玉清、余立基、何正森、徐百川、张德新、程楚润、祁开智等也都是留学归国人员。1930 年国立中央大学水利工程组的 15 名教师全部都有海外留学经历。这些留学生基本集中在美国的高等院校。他们开放的眼光、先进的科技知识，有力地促进了这一时期水利人才培养的国际化。

表 3-9　　　　　　　　西北农林专科学校水利组教师留学情况表

姓名	职务或职称	留 学 学 校	专 业
李仪祉	校长、教授	德国皇家工程大学、丹泽工科大学	铁路、水利
沙玉清	主任、教授	德国汉诺威工科大学	水利
余立基	教授	斯坦福大学	土木工程
何正森	教授	巴黎大学	土木工程
徐百川	教授	密歇根大学	水利工程
张德新	教授	密歇根大学	土木工程
程楚润	教授	巴黎大学、加恩大学	数学
祁开智	教授	哈佛大学	物理学

资料来源：王思明，沈志忠《中国农业文化遗产保护研究》，中国农业科学技术出版社，2012。

表 3 - 10 　　　　　　1930 年国立中央大学工学院水利工程组教师名录

姓名	职务或职称	留学学校	专业
沈百先	主任	爱荷华大学	水利工程
王裕光	副教授	康奈尔大学	土木工程
林平一	副教授	爱荷华大学	水利工程
余立基	副教授	斯坦福大学	土木工程
宋希尚	副教授	布朗大学	土木工程
庄效震	副教授	爱荷华大学、密歇根大学	土木工程、机械工程
林启庸	副教授	英国格拉斯哥大学	土木工程
陆志鸿	副教授	东京大学	工学
洪绅	副教授	美国壬色列理工学院	土木工程
夏全绶	副教授	康奈尔大学	土木工程
沈祖伟	副教授（兼）	密歇根大学	土木工程
许心武	副教授（兼）	爱荷华大学	水利工程
张自立	副教授（兼）	伊利诺斯大学	土木工程
韦国英	副教授（兼）	密歇根大学	土木工程
沈慕会	副教授（兼）	康奈尔大学	土木工程

资料来源：姚纬明《中国水利高等教育 100 年》，中国水利水电出版社，2015。

表 3 - 11 　　　1932—1937 年国立清华大学工学院水利及卫生工程组教授名录

姓名	职务或职称	留学学校	专业
施嘉炀	主任	康奈尔大学、麻省理工学院	土木工程、机械工程
李仪祉	名誉系主任	德国皇家工程大学、丹泽工科大学	铁路、水利
蔡方荫	教授	麻省理工学院	土木工程
张泽熙	教授	康奈尔大学	土木工程
王裕光	教授	康奈尔大学	土木工程
陶葆楷	教授	麻省理工学院、哈佛大学	土木工程、卫生工程
张乙铭	教授	耶鲁大学	—
张任	教授	麻省理工学院	土木工程
张润田	教授	思理尔理工大学	工学
吴柳生	教授	麻省理工学院、伊利诺斯大学	土木工程
李谟炽	教授	普渡大学、密歇根大学、麻省理工学院	土木工程、道路工程、卫生工程
覃修典	教授	麻省理工学院	水利工程

资料来源：姚纬明《中国水利高等教育 100 年》，中国水利水电出版社，2015。

三、在综合大学和工科大学积极创建水利系科

作为高等院校的组织细胞，水利系科是水利院校延揽人才的重要载体，也是培养水利人才的基础平台。由于欧美国家高等院校普遍实行科层制管理，许多留学生对这一科学的办学机制深表赞赏，他们归国后在一些工科大学或综合性大学积极创建水利系科，有力地推进了我国水利高等教育的发展。

1927年，河海工科大学并入中央大学，此后整整十年，国内不仅没有一所独立的水利类大学，也没有单独的水利系科。在郑肇经的努力下，1936年，国民政府教育部决定中央大学水利组独立为水利工程学系，成为近代综合大学第一个独立的水利系，留学美国威斯康星大学的原素欣被任命为水利工程学系主任。他推荐聘请了黄文熙、严恺、谢家泽、李士豪、顾兆勋等一批留学国外著名大学的学者前来任教，使我国水利高等教育事业再次延续下来，成为抗战时期培养高级水利人才的重要基地。

1939年，国立西北农学院正式组建，学校建立了以服务农业为明确目标的农业水利学系，在李仪祉的积极举荐下，留学于德国汉诺威工科大学的沙玉清被聘为农业水利学系第一位系主任，并于1941年创建农田水利研究部，招收农田水利研究生。

1931年，毕业于加州柏克莱大学分校、爱荷华大学的许心武出任河南大学校长并建立了土木工程系。1946年，国立黄河流域水利工程专门学校并入河南大学，建立了水利工程系，毕业于荷兰德尔夫特大学的严恺出任系主任。

四、积极从事水利教育教学实践

近代留学生带回来的不仅仅是国外先进的水利科技和理念，他们在教学方法、教材编写、实践教学等方面进行积极探索，为近代水利高等教育的本土化做出了重要贡献。

在教学上，许多归国留学生无论是主持学校工作还是从事具体教育教学，对于教学质量的重视，对于教学方法的探究，都值得后人学习。李仪祉在教学中不仅严以律己，言传身教，而且要求教师不能满足于单纯的传授知识，更要采取有力的方法积极培养学生的想象力、判断力、操作设计技能，提高学生的综合素质。徐芝纶强调"学无止境，教亦无止境"，在长达60余年的教学实践过程中，在教育思想、教学内容、教学方法等方面不断探索，提出了许多独到的见解，形成了自己的独特的教学风格。汪胡桢不采用"填鸭式"的教育，每节课都注重突出一个中心内容或者一个不易理解的难点，用一种由浅入深的教育方法激发学生的学习热情和学习兴趣。李书田在教学管理中提出严格的教学目标，好教师的标准就是能够使学生最大限度地接受知识、掌握知识，教学不

仅要重视教，更要重视学，实现教与学的双向交流。

在教材编写上，水利高等院校初创之时，没有现成可用的教材，也没有可资借鉴的东西，为了能够为学生提供适合他们需求的学习材料，一些有志于水利高等教育的归国留学生都十分重视教材或讲义的编写，他们编写的教材不仅仅是学生学习的重要介质，也是一部部学术价值颇高的科学论著（见表3－12）。

表3－12　　　　　　　　归国留学生编写的水利教材一览表

姓　名	教　材	备　注
李仪祉	《水功学》《水力学》《水工试验》《潮汐论》	
汪胡桢	《给水工学》	
郑肇经	《河工学》《中国水利史》《水文学》《渠工学》《海港工程学》《农田水利学》	《河工学》1933年由商务印书馆出版，多次再版。《中国水利史》是中国水利史研究的开创之作，获得李约瑟博士高度评价
徐芝纶	《弹性力学》《弹性理论》《工程力学教程》（合著）《理论力学》（合著）	《弹性力学》曾获全国优秀科技图书奖、全国优秀教材特等奖
严恺	《中国海岸工程》《海岸动力学》《海港工程》	我国第一本《海岸动力学》
许心武	《水文学》	
沙玉清	《农田水利学》《泥沙运动学引论》	我国第一本《农田水利学》
张含英	《水力学》《水利概说》《防洪工程》	

注　根据相关校史整理。

作为河海工程专门学校首任教务长的李仪祉博览中外治河书籍，去伪存真，洋为中用，古为今用，结合中国实际，亲自编写了诸如《水功学》和《潮汐论》等许多具有自身特色的水利教材和水利专著。徐芝纶根据教学实际编著了多种通用教材，其中《工程力学教程》《理论力学》《弹性理论》等被工科院校广泛采用，他的教科书成为我国最优秀的力学教材，对加强工科基础理论教育起到了重要的作用。郑肇经把国外先进科学技术和我国古代丰富的治水经验编入教材，他编写以《河工学》《海港工程学》为代表的一批教材影响深远。其中1933年由商务印书馆出版的《河工学》一书，是我国治河工程学方面第一部有广泛影响的教科书，从首版到新中国成立后，先后印行了9次。其他的学者，如汪胡桢和许心武分别出版了《给水工学》和《水文学》等教材。

在实践教学上，我国近代留学生大都留学于实用主义教学盛行的美国大学，他们归国后强调培养学生的动手能力，注重通过实践、实习让学生牢固掌握水利科技知识。李仪祉经常带领学生实地参观考察国内一些水利工程，并注意搜集大量一手水利资料，并把这些资料运用到教学中，使学生能够紧密实际学习水利科技。郑肇经一贯倡导理论与实践结合的研究方法，在我国首创水工模型试验研究，他所主持的水工试验室主动提供给中央大学、西南联大、四川大学和西北农学院等大学的水利系科师生作为实习和研究之用。李书田认为实地练习是培养和训练学生理论联系实际、增长实际工作经验必不可少的一环。因此，北洋大学不仅高度重视学生的校内实习和实验，一般在三、四年级的寒暑假都安排学生进行地质调查、实地测量等社会实习活动。

五、为国家造就了一批水利菁英

由于深受具有留学背景的教师的影响，早期的水利毕业生要么直接到水利一线施展抱负，要么选择出国深造。以河海工程专门学校为例，须恺、汪胡桢、宋希尚、许心武、沈百先、何之泰等河海学子，在毕业后不久相继赴美留学，学成归国后矢志于我国的水利科学研究和水利教育事业，成长为一个备受称赞的水利科学家群体（见表3-13）。汪胡桢毕业于美国康奈尔大学，获得土木工程硕士学位，先后在河海工科大学、浙江大学任教，1960—1978年任北京水利水电学院院长。须恺留学于加州大学灌溉系，回国后任第四中山大学教授、中央大学水利系主任。许心武先后留学于美国加州柏克莱大学分校和爱荷华大学，归国后任教于河海工科大学、河南大学等高等学校，并于1931年担任河南大学校长。沈百先毕业于爱荷华大学，先后在河海工科大学、中央大学、河南大学等多所大学任教。

表 3-13　　河海工程专门学校（河海工科大学）部分毕业生留学情况表

姓　名	曾　任　职　务	留　学　学　校	专　业
汪胡桢	北京水利水电学院院长、学部委员（院士）	康奈尔大学	土木工程
须恺	国立中央大学水利系主任	加州大学	灌溉工程
沈百先	国民政府水利部次长	爱荷华大学	防洪工程
许心武	国立河南大学校长	加州柏克莱大学分校、爱荷华大学	水利工程
宋希尚	中央大学教授	麻省理工学院、布朗大学	土木工程
何之泰	武汉大学水系主任	康奈尔大学、爱荷华大学	土木工程

这一时期其他学校毕业生出国留学也不在少数。据统计，1929年，全国派遣出国留学生1657名，其中工程类留学生有249名❶。表3-14～表3-17分别是清华大学、北洋大学、中央大学、交通大学唐山工学院部分毕业生留学

---

❶　姚纬明. 中国水利高等教育 100 年［M］. 北京：中国水利水电出版社，2015：47.

国外学习水利或土木专业的基本情况。如黄文熙、覃修典、张昌龄是1933年考取清华大学留美公费生中专修水利及水电工程的，其中黄文熙从密歇根大学学成归国后历任南京大学、华东水利学院、清华大学教授，1955年，被评为中国科学院学部委员，在国内首开"土力学"课程，创立了华东水利学院岩土工程学科。曾任北洋大学校长、水利部副部长的张含英留学于伊利诺斯大学、康奈尔大学，对黄河的治理与开发做出了重要贡献。沙玉清毕业于德国汉诺威工科大学的河流泥沙学专业，回国后先后任教于西北农学院农田水利系、国立中央大学土木系，1935年出版了我国第一本《农田水利学》专著，开创了农田水利教育与科学研究高层次人才培养的先河。

表 3-14　　　　　　国立清华大学部分毕业生留学情况表

姓名	曾任职务	留学学校	专业
覃修典	中国水利水电科学研究院院长	麻省理工学院	水利工程
谢家泽	中国水利水电科学研究院副院长	柏林工科大学	土木工程
闫振兴	台湾成功大学校长	爱荷华大学	土木工程
杨绩昭	长江流域规划办公室副总工程师	爱荷华大学	土木工程
张昌龄	电力部水力发电建设总局总工程师	麻省理工学院	水利工程

表 3-15　　　　　　国立北洋大学部分毕业生留学情况表

姓名	曾任职务	留学学校	专业
李书田	北洋工学院院长	康奈尔大学	土木工程
张含英	北洋大学校长、水利部副部长	伊利诺斯大学、康奈尔大学	土木工程
赵今声	天津大学副校长	香港大学	土木工程
刘德润	国立黄河水利专科学校校长	爱荷华大学	水利工程
杜镇福	天津大学水利系主任	科罗拉多大学	水利工程
常锡厚	北洋大学水利系主任	爱荷华大学	水利工程

表 3-16　　　　　　国立中央大学部分毕业生留学情况表

姓名	曾任职务	留学学校	专业
邢丕绪	安徽水利电力学院副院长	康奈尔大学、爱荷华大学	土木工程、水利工程
张书农	南京大学水利系主任	柏林科技大学	
黄文熙	中国科学院学部委员（院士）	爱荷华大学、密歇根大学	力学和水工建筑
沙玉清	国立中央大学土木系主任	德国汉诺威工科大学	河工泥沙学
汪闻韶	中国科学院学部委员（院士）	爱荷华大学、伊利诺伊理工学院	土木工程
钱宁	中国科学院学部委员（院士）	爱荷华大学、加利福尼亚大学	土木工程

注　黄文熙、沙玉清、邢丕绪入学河海工科大学，毕业于国立中央大学。

表 3-17 国立交通大学唐山工学院部分毕业生留学情况表

姓名	曾任职务	留学学校	专业
茅以升	河海工科大学第一任校长	康奈尔大学、卡耐基理工学院	土木工程
严恺	华东水利学院院长、中国科学院院士、中国工程院院士	荷兰德尔夫特大学	土木工程
涂允成	武汉大学教授、华中农学院水利系主任	康奈尔大学	土木工程
黄万里	清华大学教授	康奈尔大学、伊利诺斯大学香槟分校	土木工程
冯寅	水利部副部长	爱荷华大学	理学
林秉南	水利水电科学研究院院长	爱荷华大学	水利工程

综上所述，我国水利高等教育能够从无到有、从小到大、从弱变强，一批批归国留学生志愿献身于祖国的水利高等教育，无怨无悔地付出了他们的智慧与汗水。他们积极推动创建了我国第一所独立的水利高等院校，在综合大学和工科大学积极创建了一批水利系科；他们高度重视教学、教材编写，并积极开展水利科学研究，为我国水利高等教育持续发展奠定了坚实的基础。

第四节 《水利》月刊与水利高等教育

《水利》月刊是《水利学报》的前身，1931 年 7 月正式发行创刊号，是中国水利工程学会的会刊。《水利》月刊从 1931 年在北京正式出版，直到 1948 年 3 月停刊，成为中国颇具影响的水利期刊，是近代中国汇聚水利人才、宣传水利科技的重要平台，对水利科学知识的传播、水利科学的研究和水利人才的培养，都做出了杰出的贡献。

一、《水利》月刊创办的背景分析

《水利》月刊的创办不是心血来潮的一时之举，而是有其深刻的社会背景，正是这些因素的共同作用，孕育并催生了这一颇具特色的水利期刊。

首先，近代中国积贫积弱，饱受外国列强侵略，政府无力治理水利，水利长久失修，导致中国的水系紊乱，洪涝干旱灾害十分严重。据统计，以黄河为例，1909—1931 年的 22 年中，决口的年份就有 16 年之多。其他的如黄河、淮河等大河流域也是旱涝频发，几乎没有不遭受水患之苦的地方。为了应对日益频发且危害严重的水旱灾害，孙中山早在 1894 年上书李鸿章就提出了他的平水患、兴水利的重要思想。中华民国成立后，他在"实业计划"中不仅详细阐述如何整治扬子江水道，还对导淮水利工程、三峡水利工程等问题都有所关注。后来，南京国民政府通过的实业计划实施程序案，具体细化了孙中山大力倡导的治黄导淮事业，有力地推动了这一时期的水利建设和水利科学的发展。

其次，为了富国强兵，许多志士仁人提出要向西方学习，尤其是学习西方的科学技术，于是一批又一批的学子前往欧美等发达国家学习西方先进的科学技术，包括水利科学技术。如，李仪祉 1909 年先赴德国皇家工程大学土木工程科攻读铁路水利，后于 1913 年入丹泽工科大学师从著名水利科学家恩格尔斯攻读水利专业，从此一生致力于兴修水利，致力于培育水利人才；李书田于 1923 年进入康奈尔大学学习水利学；汪胡桢 1920 年进入美国康奈尔大学学习水力发电。正是以李仪祉、李书田、汪胡桢为代表的水利留学生归国后，在"科学救国"思想的影响下，对水利事业给予极大关注，由此促成了《水利》月刊的创办。

再次，中国水利工程学会的建立直接促进了《水利》月刊的诞生。为了借鉴西方学术组织在推动科学研究方面的重要作用，1928 年，以李仪祉、李书田等归国学者为代表的水利精英积极酝酿建立中国水利工程学会，但因政局变动频繁而难以顺利推进。后几经协商、筹备，这一全国性水利学术组织终于于 1931 年 4 月 22 日正式宣告成立。其中重要一点就是决定创办《水利》月刊作为会刊，并设有专门的出版委员会，委任汪胡桢为出版委员会主任，主编《水利》月刊。其后，在每一届年会上，相关负责人都要向大会做相关报告或说明。例如，1931 年 8 月 30 日，在南京建设委员会大礼堂举行的中国水利工程学会第一届年会上，李书田主持并回顾了中国水利工程学会的筹备过程，重申了中国水利工程学会的办会宗旨。总干事张自立报告了会务，并对出版《水利》月刊等事项作了扼要介绍。1934 年 11 月 17 日在江苏镇江召开了第三届年会，出版委员会主任汪胡桢向大会报告了《水利》月刊出版情况。1947 年 10 月 5 日在南京召开的第十一届年会上，时任出版委员会主任谭葆泰向大会报告了《水利》月刊的编印情况。正是由于中国水利工程学会和《水利》月刊的引领，在困难的时局中，中国水利人得以聚集在一起，为改变国家落后的水利面貌而不懈努力着。在这一过程中，中国水利工程学会的有力支持，保证了《水利》月刊办刊质量得以不断提高，办刊特色得以不断彰显。而《水利》月刊办刊质量的提高，吸引了一大批学有所成的水利人踊跃投稿，真正实现了学会"联络水利工程同志、研究水利学术、促进水利建设"的办会宗旨。这样的一会一刊联动互促也成为近代中国科技期刊本土化的缩影。

二、《水利》月刊发展历程概况

中国水利工程学会成立后，1931 年 7 月，其会刊《水利》月刊在北京正式刊出，16开本，横行排版，使用标点符号。该刊每6期合为一卷，每卷有精装合订本。

时任中国水利工程学会副会长的李书田在《水利》月刊第1期上发表了创刊词，阐述了创办《水利》月刊的重要意义、办刊宗旨和采稿要求。他说："幸近年从事水利工作，并侧名于中国水利工程学会，追随于各水利专家之后，窃拾唾余，略有千虑之一得；复经会内同仁协议，为贯彻研究水利学术，及促进水利建设，组织出版委员会，刊行水利月刊，专载关于水利之论著计划译著时闻等文字。"❶

从《水利》月刊出版的内容看，不仅刊发有水利基本理论、水利实验方法等学术性较强的文章，也有与治水实际相关的工程管理经验总结和研究报告；不仅有我国传统治水方略以及一些珍贵的水利史料，也及时介绍国外水利科技的发展动态技术等。从《水利》月刊出版的专业范围看，涉及防洪、灌溉、排水、水道、水力、污渠、给水、港土等许多方面。此外，《水利》月刊还根据实际需要出版一些水利专号，如黄河专号、黄河堵口专号、北方大港专号、泥沙专号等。这些文章主要讨论黄河、淮河、永定河、运河等河流的治理，对西北水利、西南水利、三峡工程也进行了探讨。

《水利》月刊还刊载一些广告，并且有明确的价目，如1936年第4期刊登了《整理运河工程计划》出版和《行政研究》征订的广告。1947年第6期刊登了基昌建筑公司、孙尧记营造厂、民生建筑公司的广告，当时的价目是封底外面每期150万元，封面或封底内面为100万元，普通全面为50万元，普通半面为30万元。

特别值得一提的是，为了及时反映国外最新的水利科技成果，《水利》月刊还专门设有国外通讯编辑，如美国有黄文熙、张光斗，德国有陈克诚、薛履坦，印度有王鹤亭等。例如，农田水利学家、新疆现代水利事业的开拓者王鹤亭作为在印度的通讯编辑，他不仅及时向国内邮寄国外水利方面的有用资料，还把自己在国外的学习考察情况，结合国内水利实际情况，写出一篇篇极有见地的学术论文，如他在《水利》月刊1937年第1、第2、第4、第6期分别发表了《印度河之特性及其与中国河流之比较》《印度河水利委员会之组织及其工作》《印度河之防汛组织工作及策略》《印度苏喀活动屯运河工程概况》等文章，对当时国内的灌溉、防洪事业颇具参考价值❷。

为了鼓励人们积极从事水利研究，中国水利工程学会设立了以"耕砚论文奖"为代表的多项奖励基金。1934年，李书田个人捐款800元作为"耕砚论

❶ 李书田. 创刊词［J］. 水利, 1931, 1 (1)：1-2.
❷ 佘之祥. 江苏历代名人录（科技卷）［M］. 南京：江苏人民出版社, 2011：450.

文奖"的奖励基金❶。这是以李书田的字命名的一个奖项，且拟定有《耕砚论文基金章程》。这一章程规定："耕砚论文奖授予本会员在《水利》月刊上发表的优秀论文作者"。在当年召开的中国水利工程学会第四届年会上，出版委员会主任汪胡桢介绍了《水利》月刊出版情况，并颁发了第一次耕砚论文奖，获奖论文为李仪祉发表于第 1 卷第 1 期的《对于改良杭海段塘工之意见》。1935 年召开的第五届年会颁发了第二次耕砚论文奖，获奖论文为张含英刊于 1934 年第 6 卷第 1~2 期合刊的《黄河流域之土壤及其冲积》。

1937 年，抗日战争爆发后，《水利》月刊一度被迫停刊，后改在重庆出版《水利特刊》，由孙辅世具体负责，前后共出 6 卷 62 期。1945 年 9 月，抗日战争胜利后，《水利》在重庆作为双月刊恢复出版。其后由于时局的快速变化，1948 年中国水利工程学会全国性的活动基本停止，《水利》月刊也正式停刊。《水利》月刊从 1931 年正式刊出到 1948 年正式停刊共出 15 卷 83 期，发表了近 500 篇文章，对交流水利科学知识、提高水利技术水平、团结广大水利工作者发挥了重要作用，也为研究近代水利史和水利文化提供了宝贵的资料。

三、《水利》月刊对水利科技的贡献

由于《水利》月刊的创刊者基本都是归国留学生，他们了解西方近代水利科学与技术，深知国家积贫积弱的原因，于是积极创办水利科技期刊，传播水利科技知识，促进水利科技研究，"对中国水利科学的形成和发展起到了很重要的作用"❷。在这一过程中，培育了一批学有所成的水利大家，为祖国的水利事业做出了杰出的贡献。

（一）积极传播水利科技知识

在《水利》月刊刊出的文章中，除了有相对高深的专业性的学术论文，也有浅显易懂的水利科普文化性质的文章、简洁明快的水利领域的报道，甚至有极富科学意涵的水利漫画和杂记，对水利科技知识的传播与普及起到了重要作用。例如，水利科普性质的文章有：须恺的《运河与文明》（1931 年第 1 期）、张含英的《黄河之迷信》（1933 年第 2 期）、董开章的《禹陵》（1934 年第 4 期）、武同举的《江南运河今昔观》（1935 年第 3 期）、叶遇春的《历代水利职官志》（1935 年第 5 期）、周郁如的《水灾的成因和减少水灾的方法》（1936 年第 6 期）等。水利领域的报道有：汪胡桢的《一年来世界之水利工程》（1931

---

❶ 朱进星. 中国近代水利科学的开拓者——写在李书田诞辰 110 周年之际［N］. 中国水利报，2010 - 11 - 09.

❷ 李勤. 试论民国时期水利事业从传统到现代的转变［J］. 三峡大学学报（人文社会科学版），2005，（5）：22 - 26.

年第 1 期)、沈百先的《一年来江苏水利建设》（1935 年第 2 期）、郑耀西的《贯台堵口纪实》（1936 年第 2 期）、杨保璞的《江北运河挡军楼庙巷口堵口纪实》（1936 年第 3 期）、陈靖的《管理汉中水利一年来之回顾》（1937 年第 4 期）、彭济群和徐世大合著的《甘肃水渠工程视察报告》等。水利漫画和杂记有：《陈九龙将军化身画》《朱文王化身画》《金龙四大王化身画》以及张含英的《视察黄河杂记》（1932 年第 5~6 期合刊）、孙辅世的《勘查汉水日记》（1936 年第 5 期）、姜纪元的《参观四川灌县水利工程记》（1936 年第 5 期）、汪胡桢的《海塘一年》（1948 年第 2 期）等。

此外，《水利》月刊还刊载了一些关于水利的论著、计划、研究、实施状况等方面的文章，可以让一般民众从中了解到当时长江、黄河、钱塘江、太湖、淮河、永定河、洞庭湖的水利工程及专家学者提出的治理方案等。刊物中还附有多帧图片和图表，不仅可以使普罗大众一目了然，也为我们今天研究民国时期的水利状况提供了丰富的实物资料。

（二）大力推动水利科学研究

作为中国水利工程学会会刊，《水利》月刊自创刊之时就积极地把学会的办会宗旨贯彻到具体的办刊过程中，在推动水利科学研究方面成效显著，刊出了许多有独创意义的学术文章，至今仍有极强的借鉴价值。

1931 年，须恺在《水利》月刊第 3 期发表了《水权法商榷》一文，从"水源之规定""水权之获得""水权之审定""水权之监督"四个部分对水权理论作了专门探讨，提出了比较完整的水权法构想，也为此后国家制定水利法奠定了坚实的法理基础。

1934 年，何之泰积数年科研成果写成洋洋数万言的科学论文《河底冲刷流速之测验》发表在《水利》月刊第 6 期上，文中提出的水利起动流速与泥沙粒径和水深间的经验关系式，人称"何氏公式"，对水利工程中泥沙水利起动流速研究做出了重要贡献。

1947 年，沙玉清在《水利》月刊第 1 期发表了他以"因次分析无量纲化"手段处理泥沙静水沉速的经典之作《泥沙分类命名之商榷》，从水力相似观点提出了新的无量纲沉速判数（沙氏数 Sa）及无量纲粒径判数，并以沙氏数对泥沙的水理特性作出了更科学的分类。著名泥沙专家钱宁曾感叹说："沙先生用因次分析法处理实验数据的能力是其他人无法达到的。"[1]

为了更为有效地治理水患、促进水利建设，《水利》月刊经常组织专家进行专门研究，出版了诸如黄河专号、北方大港专号、黄河堵口专号、泥沙专

---

[1]　中央大学南京校友会，中央大学校友文选编撰委员会. 南雍骊珠——中央大学名师传略再续 [M]. 南京：南京大学出版社，2010：312.

号、水利行政专号等。例如，1934 年《水利》月刊的第 6 卷 1、2 两期合刊出版的"黄河专号"分别刊载了黄河水利委员会的《二十二年冀鲁豫堵口工程计划书》和《黄河水利委员会工作纲要》、李赋都的《黄河问题》、王应榆的《治理黄河意见书》、武同举的《河史述要》、朱延平的《黄河堵工之研究》、张含英的《黄河流域之土壤及其冲积》等治河名篇。1935 年 10 月至 1936 年 5 月，《水利》月刊先后出版了 3 集"黄河堵口专号"。1935 年第 9 卷第 4 期的"黄河堵口专号第一集"刊载了宋希尚的《冯楼堵口实录》、恽新安等的《贯台堵口实习报告》《车石段大堤堵口护岸实习报告》和李仪祉的《论德国堵塞决口法》。1936 年第 10 卷第 2 期的"黄河堵口专号第二集"刊载了郑耀西的《黄河堵口工程概论》和《贯台堵口纪实》、薛履坦的《利津虎家滩堵口始末》、张炯的《黄河中牟大工始末记》、戴祁的《黄河祥符大工始末记》、恽新安的《咸丰五年至清末黄河决口考》等。1936 年 5 月，"为前车借鉴计，乃有纂辑清代黄河决口史之发起"，第 10 卷第 5 期的"黄河堵口专号第三集"刊载了粟宗嵩的《清顺康雍三朝河决考》、薛履坦的《乾隆黄河决口考》、骆腾的《嘉道两朝河决考》、戴祁的《睢工始末和濮阳大工记》。

此外，《水利》月刊还刊载了许多介绍国外水利科技的文章，成为国内了解国外最新水利科技动向的一个重要窗口。例如，沙玉清的《日本治水之变革》（1932 年第 5~6 期）、孙辅世《苏俄集团之农场与中国之垦殖灌溉事业》（1932 年第 5~6 期）和《美国灌溉垦殖事业发达史》（1933 年第 3 期）、张光斗的《美国之灌溉事业》（1936 年第 5 期）、粟宗嵩和张书农的《印度支那水利工程实习报告》（1937 年第 2~3 期）、张炯的《瓜哇文登灌溉工程》（1937 年第 3~5 期）等。

（三）造就一批卓越的水利人才

在《水利》月刊诞生之时，无论是出版者还是作者，大多风华正茂，正值青春，他们既熟悉国内水利科技现状，又了解国外水利科技的最新进展。在编辑出版这一刊物或撰写水利科技论文的过程中，他们付出了热情和智慧，伴随着《水利》月刊的成长而成长，从而造就了一批卓越的水利科技精英，形成了一个在国内外水利界颇具影响的学术群体。

1931 年，在中国水利工程学会成立大会上，刚刚 34 岁的汪胡桢成为出版委员会主任和主编，他不仅几乎每期亲自撰写"编辑者言"，介绍当期刊物的内容和出版目的，而且积极撰写各种类型的稿件，据不完全统计仅发在《水利》月刊上就有近 50 篇，其中有学术论文、各种水利工程计划书和图谱、新闻报道、翻译、水利名著介绍等。如他发表的学术文章关于导淮的有《导淮经高宝湖入江之研究》《导淮经射阳湖入海之研究》《导淮经废黄河入海之土方估计》《导淮经盐灌河入海之土方估计》，这些都发表在 1933 年第 2 期"导淮专号"上。此外有《洪泽湖之操纵与防制淮洪》（1933 年第 6 期）、《贷款兴办皖淮水利工程之试行》（1933 年第 4 期）等。关于运河治理方面的文章有《整理运河问题》（1934 年第 1 期）、《运河之沿革》（1935 年第 2 期）、《运河渠身之设计》（1935 年第 2 期）、《整理运河工程计划》（1935 年第 2 期）等。翻译的文章有 Rehbock T. 的《闸坝下游河底冲蚀之避免》（1935 年第 1 期）、Chick A. C. 的《度量分析》（1935 年第 5 期）、方修斯的遗著《治河通论》（1937 年第 1 期）等。正是由于他在水利科技方面的卓越建树，1955 年被聘为中国科学院学部委员（院士）。钱正英曾评价他："作为一位中国水利事业的开拓者，他背负着中华民族的忧患，培育了一代又一代的弟子，修建了一座又一座的水利工程，留下了一部又一部的科学著作。"❶

著名水利工程学家和教育家、我国现代水利科技事业的先驱须恺 1931 年在《水利》月刊创刊号发表《运河与文明》时，年仅 31 岁。此后，他在《水利》月刊上先后发表了《水权法商榷》（1931 年第 3 期）、《江潮对于淮河排洪道泄量之影响》（1932 年第 2 期）、《洪泽湖水游需水量初步估计》（1933 年第 2 期）、《洪泽湖之效用》（1933 年第 2 期）、《研究山东运河治导计划备忘录》（1933 年第 2 期）、《淮河洪水之频率》（1933 年第 2 期）、《三河南部活动坝之位置》（1933 年第 6 期）、《民国十年三河流量测量之研究》（1933 年第 6 期）等 10 多篇文章。从此，他毕生致力于流域水利开发，主持研究制定的流域规划和大型工程规划涉及淮河、海河、钱塘江、赣江等诸多河流。为了加固修护长江堤岸，在他主持的苏北运河规划设计中，提出了著名的"沉挂法"，在实践中取得显著成效，为我国水利事业发展做出重大贡献。

中国水利工程学会创始人之一的孙辅世 1931 年在《水利》月刊第 4 期发表《太湖流域模范灌溉事业进行状况》时，年仅 30 岁。此后，他在《水利》月刊上先后发表了《江苏武锡区之模范灌溉事业》（1932 年第 1～2 期）、《河道防洪工程》（1932 年第 3～4 期）、《美国灌溉垦殖事业发达史》（1933 年第 3 期）、《密西西比河截湾取直之研究》（1936 年第 4 期）、《国营蓄洪垦区之研究》（1936 年第 4 期）等 10 多篇文章。

著名水利专家、我国近代水利事业的开拓者之一张含英对黄河的治理与开发，做出了不可磨灭的贡献。1931 年他在《水利》月刊第 2 期发表《葫芦岛筑港之过去》时，正值而立之年。此后，他在《水利》月刊上先后发表了《视察黄河杂记》（1932 年第 5～6 期）、《黄河之迷信》（1933 年第 2 期）、《黄河流域之土壤及其冲积》（1934 年第 1～2 期）、《各河流之洪水峰研究报告》（1936

❶ 嘉兴市政协文史资料委员会．一代水工——汪胡桢［M］．北京：当代中国出版社，1997.

年第 1 期)、《威权之水利组织：介绍美国坦那溪流域管理公署》（1937 年第 2 期）等 10 多篇学术文章。

此外，著名水利专家、我国第一个提出开发三峡计划的宋希尚 1931 年在《水利》月刊第 6 期发表《扬子江水灾原因及标本整理之商榷》一文时，年仅 35 岁；著名水利史学家沈百先 1931 年在《水利》月刊第 2 期发表《导淮为民生建设之首要工程》时，年仅 35 岁；著名水利专家何之泰 1934 年在《水利》月刊提出"何氏公式"时，年仅 32 岁；著名农田水利学家沙玉清 1932 年在《水利》月刊第 5～6 期合刊发表《日本治水之沿革》时，年仅 25 岁；著名水利勘测专家戴祁 1931 年在《水利》月刊第 3 期撰写《全国水灾续讯》时，年仅 24 岁……

第五节　我国水利研究生教育的肇始

中国研究生教育是近现代西方高等教育与中国传统教育相互影响、相互融合的产物。民国时期，我国不仅出现了专门的水利类高等院校，而且人才培养结构日益完善，在人才培养规格上不仅有中专、大专和本科层次，也开始了硕士研究生的招生和培养工作。

一、我国工科研究生教育的历史溯源

（一）国外工科研究生教育的发展历史

国外的研究生教育萌芽于 13 世纪上半叶法国的巴黎大学，现代意义的研究生教育则诞生于 19 世纪的德国。1809 年柏林大学创办后，设立了哲学院或各科研究所，培育真正的知识精英，其他学校，如布勒斯特大学、波恩大学、慕尼黑大学也积极跟进，形成了德国独具特色的研究生教育模式。

其他国家，如美、英等国纷纷效仿。1826 年，美国哈佛学院首先开设研究生课程；1831 年，弗吉尼亚大学首次给选修高级课程者授予文科硕士学位；1876 年，霍普金斯大学建立了世界上第一所研究生院。1862 年，伦敦大学出现了理科博士学位制度，虽然这时理科硕士还没有产生；1878 年，英国在勒达姆大学率先设立了科学硕士学位。在新大学运动中建立的一些大学和技术学院对过去的旧大学进行了改造，开始设立了相关的学位制度。

工科研究生教育则是随着近代自然科学和技术的发展才出现并得到发展。发端于 18 世纪中叶和 19 世纪 70 年代的第一次和第二次产业革命，对高等工程教育提出了许多新的要求。为了回应快速发展的经济对专门人才的迫切要求，到 19 世纪后期，许多国家都建立了正式的学位制度，除传统的文理科外，还增添了一些专业领域的硕士、博士学位。1893 年，哈佛大学苏伦斯学院提出了培养电力工程研究生教育计划❶，从而真正实现了工科研究生的招生与培养。1894 年，麻省理工学院开始颁发土木工程硕士学位，接着又提出了化学工程、机械工程的研究生教育计划，于是以培养工程教育人才和专业技术人才为宗旨的工科研究生教育开始发展起来。

（二）我国工科研究生教育的发展历史

晚清政府 1902 年颁布的《奏定学堂章程》对通儒院的招生要求，即"招收分科大学毕业或同等学力者，以研究为主"，其实就相当于研究生教育。虽然它并没有明确提出研究生教育这一概念，也不授予相应学位，但却从学制安排上开启了我国的研究生教育之路。

中华民国成立后，在颁布的《大学令》和《大学规程》中，对研究生的学习、毕业论文的审定、学位的授予作了比较明确的规定，在中国教育史上第一次引入学位的概念。

1915 年，北洋政府颁布的《特定教育纲要》关于学位奖励条例中对于授予学生学士、硕士、博士的学位进行了明确规定，标志着具有现代意义的研究生教育制度开始建立。

1929 年，南京国民政府颁布的《大学组织法》和《大学章程》中，对大学院的设立、大学院的任务做出进一步要求。大学院的任务是"招收大学毕业生研究高深学术，研究期限为 2 年，合格者授予硕士学位"。这是中国第一次以法律的形式对研究生教育所做的明确规定，开启了我国研究生教育的法制化进程。

1935 年，国民政府通过并颁布施行《学位授予法》，其后又相继颁布《学位分级细则》和《硕士学位考试细则》等一系列具体的法规，标志着中国系统的研究生教育与学位制度逐渐形成。

北京大学是我国很早创办研究生教育的学校。在蔡元培校长的推动下，1918 年北大成立了文科、理科、法科三个研究所，1920 年又增设了地质研究所，开始培养研究生。继北大之后，清华大学于 1925 年成立国学研究院，开始招收研究生。但这两所学校研究生培养模式大不相同。北京大学早期所招研究生主要是在导师指导下进行自修，学习年限自由，没有指定的专题，也没有具体的考核；清华大学则实行山长制或导师制，学习年限一般情况下 1 年，但可延长 2～3 年，需要在导师研究范围内进行专题研究，学习期满考核合格后发给证书。

抗战前，北京大学曾经设立理科研究所培养数理化学科的研究生，但这时

---

❶ 庞青山．工科研究生教育发展史的启示及其改革［J］．煤炭高等教育，1995（4）：31－33．

的北京大学、清华大学、北京高等师范学校所招研究生基本限于人文社会科学。1933 年，国立北洋工学院成立矿冶工程研究所和工程材料研究所，1934年，根据教育部相关规定，将两个所合并组建工科研究所。1935 年，根据当年的招生章程，拟招收采矿工程、冶金工程和应用地质 3 个学科研究生，实际招收了 1 名采矿工程专业研究生，2 名冶金工程专业研究生。他们均于"七七事变"前被授予工学硕士学位，成为我国第一批自己培养并授予学位的工学硕士。

由于《学位授予法》颁布实施不久，抗日战争爆发，研究生教育刚刚开启就面临严峻的形势。同时，当时国内对研究生教育这一新生事物不仅缺乏必要的认识，而且缺乏具有指导工科研究生能力的导师，因此工科研究生教育发展相当缓慢。1938—1945 年，全国高校工科研究所的学部从 2 个增加到 13 个，研究生数从 6 名增加到 51 名（见表 3 - 18）。

表 3 - 18　　　　1936—1947 年全国大学和独立学院各科研究生数　　　　单位：人

年度	工	理	医	农	文	法	商	教育	师范	总计
1936	23	18	—	—	7	9	18	—	—	75
1937	12	4	—	4	—	—	—	—	—	20
1938	6	2	—	4	—	—	—	—	1	13
1939	7	39	—	22	48	11	—	3	14	144
1940	8	83	—	26	83	48	—	—	36	284
1941	19	79	2	36	90	59	11	4	33	333
1942	19	61	8	40	90	27	11	—	33	289
1943	26	108	21	51	115	44	11	—	34	410
1944	49	90	16	54	113	62	8	—	30	422
1945	51	71	—	53	151	85	6	38	—	464
1946	30	69	3	35	91	50	18	23	—	319
1947	24	131	6	32	106	98	—	27	—	424

资料来源：南京国民政府教育部《第三次中国教育年鉴（第七编）》，上海：商务印书馆，1948：84 - 85。

1938 年，中央大学建立了包括工科研究所在内的 5 个研究所，1939 年开始招收研究生。1946 年，中央大学复校后，设置了土木工程、机械工程在内的 23 个研究所，招生 68 名研究生，包括 2 名女生。❶ 据统计，1939—1948 年

---

❶ 南京国民政府教育部．第二次中国教育年鉴（第三册）[M]．上海：商务印书馆，1948：591 - 592.

国立中央大学一共招收硕士研究生 256 名（见表 3-19）。

表 3-19　　　1939—1948 年国立中央大学研究生招生情况统计表

年份	1939	1940	1941	1942	1943	1944	1945	1946	1947	1948
招生数/人	10	4			44	51	59	4	13	71

资料来源：张晞初《中国研究生教育史略》，湖南师范大学出版社，1994。

就全国来说，1943—1949 年新中国成立前，一共只授予 232 人硕士学位，其中文科 43 人，理科 40 人，法科 22 人，师范科 26 人，农科 46 人，工科 17 人，商科 14 人，医科 6 人❶，而博士研究生的培养从未真正实施。美国学者孙任以都认为这一时期"中国大学的研究生训练停留在相对落后的水平上"。❷尽管有这样或那样的不足，但我国研究生招生和培养制度还是在艰难中逐步建立起来。

二、水利研究生教育产生的背景

水利专业研究生教育的发展历程是水利高等教育发展的一个缩影，水利专业研究生教育的肇始绝不是一时兴起，而是水利高等教育发展的必然结果。

首先，民国时期制定的相关法规和政策，为水利专业研究生教育提供了制度保障。1912 年，中华民国临时政府颁布了《大学令》；1915 年，北洋政府颁布了《特别教育纲领》；1929 年，国民政府颁布了《大学组织法》；1934 年，国民政府颁布了《大学研究院暂行组织规程》；1935 年，国民政府通过并颁布施行《学位授予法》，接着，教育部颁布了《硕士学位考试细则》，这一系列法律法规的颁布实施，标志着中国研究生教育与学位制度已大体完备，为研究生教育的发展奠定了制度基础，也有力地促进了我国研究生教育的正规化和法制化。

其次，水利建设的需要是近代水利专业研究生教育产生的内在动力。近代以来，特别是抗战前期，由于军阀连连混战，大江大河隐患多多，水利设施多年失修，水利观念比较陈旧落后，导致洪涝灾害频繁发生，也在很大程度上严重影响国计民生。面对这种现状，社会各界治水的呼声日益高涨，但高层次治水人才的短缺无疑困扰着执政当局。可以说，水利专业研究生教育产生是现实需求，也是自身发展必然的内在逻辑。

最后，留学归国的水利知识分子是水利专业研究生教育产生的中坚力量。20 世纪初，在国外接受良好学术训练，大批留学生取得高级学位后回国，其

❶　南京国民政府教育部．第二次中国教育年鉴（第三册）［M］．上海：商务印书馆，1948：874.

❷　费正清．剑桥中华民国史（下卷）［M］．北京：中国社会科学出版社，1998：443.

中以工程学为专业的占有相当的比例。以河海工程专门学校为例，该校第一任校长许肇南先后到日本、美国留学，第一任教务长李仪祉先后两次到德国学习土木工程和水利科技；该校第一届毕业生汪胡桢、须恺、沈百先等都前往美欧留学。他们学成归国后不仅带来西方先进的水利技术，而且广泛传播了西方水利高等教育的理念。在水利专门学校产生的 20 年里，积累了丰富的教育教学方法，培养了一批高质量的水利专门人才，也为我国水利研究生教育事业肇始提供了高素质的师资条件。

三、水利研究生教育产生的过程

（一）水利研究生教育的肇始——武汉大学首招水利研究生

与古老的武汉大学一样，武汉大学的研究生教育也发端很早，我国最早的水利研究生教育就出现在这里。

1931 年，武汉大学校务会议通过《筹设本大学研究院办法》。该办法规定：学校研究院由各学院研究所组成；从 1931 年起，学校将根据财政状况和各学院的设备情况，选定一院或几院成立研究所，未成立研究所的学院将在以后条件具备的情形下相继成立；学院成立研究所，准备期不得少于 1 年；在各学院准备成立研究所期间，学校应有专门的设备和经费，供成立研究所之用；在研究所筹备期间，应设置 1～2 个讲席，进行研究讲座；学院研究所筹备完毕即可招收研究生，有关研究生的招考事宜将另行规定；学校有 3 个以上的研究所宣告成立，研究院就宣告成立。在学校筹备办法的指导下，各学院开始筹设研究所的工作。

1934 年，武汉大学校务会议通过了《本大学法科、工科研究所组织章程》，并报送教育部核批。根据该章程，工科研究所预备设立土木工程学部、机械工程学部、电器工程学部、化学工程学部。1935 年，工科研究所成立，邵逸周为工科研究所主任，俞忽为土木工程学部主任。

工科研究所成立之后，立即着手研究生的招生工作，土木工程学部制定了招生简章，招收结构工程门、水利工程门的研究生。根据拟定的招生简章，武汉大学研究生入学考试既有笔试也有口试。笔试主要考普通科目如国文、英文、高等数学、材料力学、结构学等。有的专业还要加考特殊科目，例如水利工程门加考的特殊科目就是水利工程和水力学。

1935 年秋季，经过严格的入学考试，方宗岱和邓先仁考入水利工程门学习，成为武汉大学的首批硕士研究生❶。这是目前文献记载我国最早招收的水

---

❶ 周叶中，涂上飙．武汉大学研究生教育发展史［M］．武汉：武汉大学出版社，2006：15－16.

利研究生，标志着我国水利研究生教育的肇始。

1937 年，录取 4 名研究生，其中王咸成进入工科研究所水利工程门学习，孙光耀进入工科研究所水力机械门学习❶。

1943 年招收的研究生是整个民国时期最多的一次，计有 23 名，其中冯国栋入水利门学习。从 1935 年至 1949 年的 14 年中，武汉大学共招收 9 届研究生，计 76 名。其中 30 年代招生 3 届共 9 人，40 年代招生 6 届共 67 人，这一发展规模在当时全国都是处于前列地位的❷。虽然规模不大，但成效显著，方宗岱、邓先仁、王咸成、冯国栋等都成为知名的水利专家。

招生伊始，武汉大学积极制定研究生培养细则，专门设立奖学金以激励研究生努力学习。在课程方面，更是精心安排，如水利工程门的研究生第一年第一学期的课程有：高等水利工程，内容由指导教师选择，同时参阅关于水利方面的论文若干篇，并做读书笔记；水工设计（Ⅰ），内容是韦格门式石坝设计、经济坝高的推算及筑坝须用材料的计算、空心坝设计等；德文或法文任选一种，随文学院上课；高等数学，随理学院上课。第一年第二学期的课程有：防洪工程，内容由指导教师选择防洪名著若干篇，由研究生阅读，并作提要；水力发电，内容为水力的计算、流量的调节、水道的设计、水力电厂的设计、水轮特性的分析及其选择原则，使用教材为《Mead Water Power Engineering》；水工设计（Ⅱ），内容为河流的计算、蓄水库容量的计算、输水方法的研究和抽水研究。第二年第一学期的课程有：主要是专题研究论文，由研究生自拟题目，经指导教师同意后，收集材料，着手试验，并撰写论文。具体课程有：近代水利工程之研究，内容有美国 Miami Flood Control Project、我国的导淮工程计划及永定河治本计划等；水工设计（Ⅲ），内容为拦洪水库下流、水位降低的计算、浅水道的设计。第二年第二学期的课程有：专题研究论文，继续上学期的研究题目，进行进一步研究，并完成论文。具体课程有：水跃及回水，内容为水跃及回水的理论、应用及推算方法，教科书为《Woodward：Theory of the Hydraulic Jump and Backwater Curves》；水工设计（Ⅳ）（水电工程设计），内容为水轮特性的研究、高水头水力电厂的研究、低水头水力电厂的研究❸。

为激励研究生努力学习，工科研究所还专门设立了奖学金。奖学金每名每年 300 元，分三期领取；研究生入学考试成绩优良，由所会议提议，学校校务会议讨论通过，可以给予第一学年奖学金；研究生第一学年度成绩优良，经讨

❶ 涂上飙. 乐山时期的武汉大学 1938—1946 [M]. 武汉：长江文艺出版社，2009：212.
❷ 周叶中，涂上飙. 武汉大学研究生教育发展史 [M]. 武汉：武汉大学出版社，2006：55.
❸ 同上书：18 页。

论通过，可以给予第二学年度奖学金；享受奖学金的研究生如果学习成绩退步和有违纪行为，经过讨论，可以停发该年度奖学金。

（二）其他大学招收水利研究生

我国水利专业研究生教育刚刚起步，随后因抗日战争爆发而一度中断。为了保证抗战对粮食及其他农产品的需要，国民政府号召大力发展水利事业，20世纪 40 年代水利工程相继修建，出现了水利人才供不应求的状况。但高校水利学科多以专门组的形式附设于土木系，且所设组数不多，规模过小，远远不能满足社会需要。

《大学研究院暂行组织规程》中明确规定"研究院分文、理、法、教育、工、商、医各研究所……"中央大学在 1938 年增设了工科研究所，并正式开始招生。1939 年公布的《大学及独立学院各学系名称》规定使水利学科获得了独立设系的地位。同时，教育部"鉴于抗战建国正在迈进之际，学术研究需要尤大"，要求国立大学充实原有的研究院所，人才、设备较好的大学要增设研究所，该年度开始招收新生。国立中央大学、国立西北农学院等积极响应要求，全力恢复研究院所，招收水利类研究生。

国立西北农学院 1934 年成立水利组，1939 年改为农田水利系，1941 年更名为农田水利部，并开始招收培养水利专业硕士研究生。根据培养要求，研究生学习期限为 2 年，必修课程为 16 学分，选修课程至少为 8 学分，目的是培养造就高级农业水利人才。研究生除了学习必修的农田水利课程外，还可以选修农艺、农业化学等系的高级课程，以加强理论的应用能力。据统计，国立西北农学院 1941—1948 年间共招收 21 名研究生，毕业 7 名[1]。

1943 年，教育部要求全国设有土木系的 20 所高校一律设置水利组，当年水利类招生人数达到 400 名，并在中央大学、西北工学院招收了水利类硕士研究生 10 名[2]，武汉大学则招收 1 名水利门硕士研究生。

由于这一时期的内患外乱，研究生招生一直不稳定，数量很少，1936 年全国研究生仅 75 人，1949 年为 629 人。这一阶段我国研究生教育以人文学科和理学居多，工学极少，据统计，1936—1947 年全国大学和独立学院工科研究生总计 274 人[3]（见表 3-20）。

可以看出，我国工科研究生招生规模不大且非常不稳定，水利专业研究生教育更是如此。但值得肯定的是，这毕竟开启了我国水利研究生教育的发展历

---

[1] 研究院各学部学期报告（1943—1947 年）[Z]. 杭州：浙江省档案馆，53-1-1555.

[2] 水利水电科学研究院《中国水利史稿》编写组. 中国水利史稿（下）[M]. 北京：水利电力出版社，1989：388.

[3] 史贵全. 中国近代高等工程教育研究 [D]. 合肥：中国科学技术大学，2003.

表 3－20　1936—1947 年全国大学和独立学院工科研究生各年招生情况　单位：人

年份	1936	1937	1938	1939	1940	1941	1942	1943	1944	1945	1946	1947
人数	23	12	6	7	8	19	19	26	49	51	30	24

程，水利研究生教育开始从无到有、从不正规到正规，既效法西方，又具有一定的中国特色。一是政府在研究生教育发展过程中起主导作用。从晚清癸卯学制中形式上研究生教育的出现，到民国时期的每一个历史阶段，如临时政府时期、北洋政府时期、南京国民政府时期，政府在研究生教育发展中的主导作用十分突出，通过的一系列关于研究生教育的法律法规，不仅规范了我国早期研究生教育发展，也为我国研究生教育走向规范化、科学化之路提供了法律制度保障。二是工科研究生发展较为缓慢且极不稳定。由于我国儒学教育长期占据着教育的主导地位，尽管经过近代西学东渐大潮的洗礼，但各级各类学校文科教育仍然强于理工科教育，北京大学、清华大学早期所建研究所仍然以国学为主导，随着形势的发展理科研究生教育出现，最后工科研究生教育才破茧而出，与文科、理科等其他科类研究生教育相比也显得极为薄弱，从表 3－19 中可见，全国工科研究生招生最多的 1945 年也只不过 51 人，最终获得工科学位的也很少，水利类研究生也必然少之又少。

第六节　李仪祉的水利高等教育思想

李仪祉（1882—1938），原名李协，字宜之，陕西省蒲城县人，我国近代水利事业和水利教育的开拓者和先驱者。他在大江大河治理、水利工程建设、水利人才培养和水利科学研究等方面都做出了杰出的贡献。张含英称之为"我国由古代水利转变为现代水利的开路人"。❶

一、生平及主要水利活动

1882 年 2 月 20 日，李仪祉生于陕西省蒲城县。1898 年，年仅 16 岁的他在同州府（今大荔县）考中第一名秀才。1899 年，由于陕西督学叶伯皋的赏识和推荐，他进入泾阳崇实书院学习。1904 年，他和哥哥李约祉一起考入京师大学堂。1909 年毕业后，他被西潼铁路筹备处选派前往德国留学，考入皇家工程大学土木科学习土木工程。辛亥革命爆发后，他及时中断了在德国的学习，返回祖国。1913 年，他陪同陕西水利局局长郭希仁赴欧洲考察水利，目睹了欧洲诸国先进的水利设施和繁荣的水利建设，对祖国频繁的水患灾害、衰

---

❶　张含英．李仪祉先生与近代水利［A］//李仪祉水利论著选集．北京：水利电力出版社，1988：6.

落的水利事业和落后的水利科技十分感慨，于是进入柏林丹泽大学，专攻水利专业，立志振兴我国的水利事业。

1915年，李仪祉回国后，陕西政局不稳，兴修水利无望，此时正逢张謇倡议导淮，李仪祉和许肇南一起前往拜见张謇，建议创办河海工程专门学校，获得张謇的首肯。于是接受张謇所聘，在南京参与创办了河海工程专门学校，任教务长和教授达7年之久。

1922年，李仪祉离开执教7年之久的河海工程专门学校，返回陕西出任水利局局长兼渭北水利工程局总工程师，经过广泛深入的调查研究，撰写了《论引泾》《引泾第一期报告书》《兴修陕北水利计划》等一系列报告，提出了建设关中八

惠以及陕南、陕北灌区的一系列计划。关中八惠包括泾惠、洛惠、渭惠、梅惠、黑惠、涝惠、沣惠、泔惠等八大开渠引水计划。由于时局不稳，计划完成后被束之高阁。1930年他再次出任陕西省水利局长，在杨虎城的大力支持下，主持了兴建泾惠渠，此后连续致力于泾、渭、洛、梅、黑、涝、沣、泔水利工程建设。

1928年，李仪祉出任华北水利委员会委员长，撰写了《永定河改道之商榷》《说明华北灌溉讲习班之旨趣》《北五省旱灾之主因及根本救治大法》等，为华北水利建设建言献策。1929年，他出任导淮委员会委员兼总工程师，撰写了《关于废田还湖及导淮先从入海着手之意见》《导淮委员会工务处勘查日记》《对于治理扬子江之意见》，对江淮水利贡献良多。

1933年，国民政府特派李仪祉为黄河水利委员会委员长，他深入实地对黄河沿岸地质地貌情况进行了详细调查研究，结合中国历代治理黄河的经验教训，提出了很多科学治理方案和新的治理观点。早在1931年，他在华北水利委员会第九次委员会上就提出《导治黄河宜注重上游》的议案。指出"今后言治河者，……而当移其目光于上游"，他认为："河患症结所在之大病，是在于沙。沙患不除，则河恐终无治理之一日……所以欲根本治黄，必须由治沙起。"

他的这种"治河而移目光于上游，治黄先治沙"的观点，在中国是第一次把治沙作为治河的根本（即要从中上游做好水土保持）正式提出来的，这一理论至今仍然是治理江河的基本理论。在任陕西建设厅厅长及水利局局长时，他制定了《恢复沟洫计划》，提出沟洫变通制的观点，主张平价田与开沟洫相辅相成。此后他曾多次提出在西北黄土地区广种苜蓿，防止土壤冲刷，又一次把水土保持措施作为黄河治本的战略措施提了出来。他还主张修筑横堰，控制沟壑；固堤治滩，防止塌岸；培植森林，防治河患；肥田养畜，拦水漫田，膏沃压卤等。他提出的这些治黄理论与方略，是中国水土保持知识宝库中的重要财富，至今仍有重要意义和价值。

李仪祉一生精研水利，积极凿泾引渭、筹划黄河治理、关注长江水患、指导华北灌溉、拟定导淮计划，足迹遍布黄河、淮河、海河、长江，为治水兴水殚精竭虑，取得了卓越成就。他在治水兴水的同时，高度重视水利人才教育，主持或参与创建了多所水利院校，为国家水利高等教育做出了杰出贡献。

1938年3月8日，李仪祉因积劳成疾，病逝于陕西西安，享年57岁。

二、李仪祉的水利高等教育实践

李仪祉不仅是中国近代著名的水利学家，也是一名卓有建树的水利教育家。他毕生致力于中国的水利教育事业，1915年，他参与创办了河海工程专门学校；1922年，他主持创建了陕西水利道路工程专门学校；1932年，他主持建立了陕西水利专修班等校。此外他受聘在北京大学、清华大学、同济大学、第四中山大学、交通大学等多所学校执教，抱着对国家水利事业的一份赤诚，不遗余力地发展我国水利教育事业，作出了卓越贡献。

（一）参与创建河海工程专门学校

1915年，李仪祉归国后，由于陕西政局不稳，无法实现他兴修水利的梦想，于是接受了张謇的聘请，参与创办我国第一所高等水利学府——河海工程专门学校，并出任教务长一职。为了实现水利教育的本土化，他积极编写中文教材，如《潮汐论》《水工学》《水工试验》《最小二乘方》《土积计算截法》《实用微积术》等，这些水利和数学教材深受学生的欢迎和称赞。他在校主讲数学、地质、力学，兼任路工学、水工学、机械工程学等的教学工作，培养了包括汪胡桢、须恺、胡步川、沙玉清、郑肇经、宋希尚等在内的一批我国现代水利事业的精英人才。

（二）创建陕西水利道路工程学校

1922年，李仪祉由南京回到陕西，开始谋划关中水利建设。他认识到，要兴办陕西水利，必须及时培养大批水利技术骨干，于是积极倡议把陕西水利局所属的"水利道路工程技术传习所"改建为"水利道路工程专门学校"，并亲自拟定了宣言书和学校办学章程。李仪祉为学生制定了每一学年的学习科目，并聘请了赵宝珊、顾子廉、张含侣等人任教。1924 年，水利道路工程专门学校被并入西北大学，改设工科，李仪祉被聘为主任，教师除原有人员外，又聘请了须恺、胡步川、蔡亮、陆克铭等人前来任教，他们各展所长，李仪祉亲自教授自己编写的《水功学》，蔡亮教《水力学》，陆克铭教《水文学》，须恺教《测量学》和《灌溉工程设计》，胡步川教《道路工程》等，此时的西北大学工科已形成一套较为全面的水工学科体系。

（三）创建陕西水利专修班

在兴修渭惠渠、洛惠渠时，李仪祉有感水利人才的缺乏，于 1932 年呈准陕西省政府，设立了陕西水利专修班。

1934 年，西北农林专科学校建立后，在关于学校系科设置的讨论中，李仪祉认为，中国是一个以农立国的国家，水利对于农业十分重要，且由于地势原因，西北旱灾频繁，如果没有水利，农业发展就没了依赖，因此"本校特设农业水利学系，培育专才，良有已也。"❶ 在他的倡议下，创设不久的水利专修班并入西北农林专科学校，李仪祉任水利组主任，继续负责水利人才培养。李仪祉为水利组制订了学程总则，拟定了具体的课程设置。他从繁忙的水利建设工作中抽身出来，亲自主持西北农专水利组，并亲自登台讲课，不久水利组发展为水利系。在李仪祉的影响下，许多留学归来的水利学者，如沙玉清、余家洵、倪超、周慧久、程楚润、祁开智、余立基、何正森、徐百川等汇聚于此，在水利人才培养和水利科学研究上成就斐然。

三、李仪祉水利高等教育思想

在几十年的治水和治学实践中，李仪祉情系水利，兢兢业业，不仅成为我国一代治水大家，也成为后人敬仰的水利教育家。丰富的教育实践铸就了他丰富的水利教育思想，至今仍有极强的现实意义，成为创办一流水利教育不可或缺的重要借鉴。

（一）育才重德，爱国为民

作为一名水利学家和水利教育家，李仪祉十分关心国家命运和民族前途，他正是有感于我国水利事业的衰落和水利科技的落后，再次赴德留学便师从德国著名水利学家恩格尔斯专攻水利工程，以期振兴我国的水利事业。

在李仪祉多彩的水利教育实践中，他始终坚持培养学生爱国的理念，并认为这是培养合格工程技术人才的首要问题。他强调："治理江河，兴修水利大

❶ 王思明，沈志忠. 中国农业文化遗产保护研究［M］. 北京：中国农业科学技术出版社，2012：278.

业首先要培养专门的人才……利国利民，为后代造福。"❶ 因此，他不仅重视教学，更注重德育，培养德才兼备的人。在河海工程专门学校，为了贯彻学校的教育方针，他时刻不忘德育，经常结合中国国情，治水先哲，激励学生的爱国之心，培养他们良好的德行。

他认为，要重视学生的智力教育，更要注意对学生思想品德的培养。他经常语重心长地对学生说："我们做一名学生，首先思想要高超"。❷ "要做大事，不要做大官，一切事情要讲求实际，不要争虚名"❸（《忆李先生训词》）。他在一次关于《工程上的社会问题》的讲演中谆谆告诫工科学子："学工程的青年，于求学时代，便应存一济民利物的志愿，日展其所学，便时时想到如何始可供一般人民受到我的益处。"由于李仪祉说的道理深入到学生心中，使很多学生不知不觉中坚定了献身水利事业的决心，许多人成为国家水利事业的中坚力量。

（二）以师为本，从严治学

在长期兴办水利教育的实践中，李仪祉深深懂得，办好水利教育，教师是关键。因此，无论是他出任河海工程专门学校教务长的时候，还是他创办陕西水利道路工程学校和陕西水利专修班的时候，他都要为学校选聘最好的师资。在河海担任教务长期间，他力邀著名桥梁专家茅以升来校讲学。在建立陕西水利道路专门学校后，特别是组建西北大学工科后，赵宝珊、顾子廉、张含侣、须恺、蔡亮、胡步川、陆克铭等先后受邀来校任教。在创建陕西水利专修班时，他要么亲自出面，要么致函特邀，许多德行高尚、学问优异的教师汇聚在一起，如沙玉清、余立基、何正森、徐百川、张德新、程楚润、祁开智等，他们都是归国留学生，组成了一支师资力量雄厚的队伍。这些优秀的师资不仅给学生传授了先进的水利科技知识，也开阔了水利专业学生的视野。

李仪祉十分重视科学合理地设置课程，他制定的教学计划十分严密，西北农专水利组每门课程都有《学程一览》，基础课与专业课兼顾，3 年共设 47 门课。为了达到教学目的，他对教师提出严格要求，要求教师不能满足于单纯的传授知识，更要采取有力的方法积极培养学生的想象力、判断力、操作设计技能，提高学生的综合素质。

（三）德才一体，言传身教

李仪祉在从事教育工作期间，十分注重培养德才一体的水利人才。他提出

---

❶ 张骅. 水利泰斗李仪祉［M］. 西安：三秦出版社，2004：86.

❷ 李正义. 李仪祉传［M］. 西安：陕西人民出版社，1989：95.

❸ 郑涵慧. 爱国育才的教育家李仪祉［J］. 陕西师范大学学报（社科版），1984（1）：116 - 120.

了做一个合格有用的工程技术人员的四点要求："求学要切实；思想要高超；胸怀要廓大；要有坚韧不拔之精神。"❶

除了良好的道德品质，李仪祉倡办水利工程技术教育的过程中非常重视对学生进行基础知识和基本技能的培养和训练。由于他自己留学德国学习水利并参观考察过欧洲的先进水利设施，对西方先进的水利科学技术十分了解，积极倡导学生学习西方先进的水利科技。同时，他也高度重视对我国传统治水经验进行总结，并把这些中西有用的水利科学知识传授给学生，使他们既具有"古人之经验"，又具有"本科学之新识"，不断地向"专、深、约"方向发展。

在具体的教育实践中，他严格要求自己，切实地做到了言传身教，他的高尚品格和人格魅力，深深感染了许多学生，赢得了学生对他的无比尊重。宋希尚回忆他时说："先生身躯伟岸，待人接物，和蔼可亲，诚挚之态，尤盎于背，见于面，能令人肃然起敬，但兴之所至，诙谐百出，河海同学集会，于兴中，必强先生说中西笑话为乐。"❷ 杨孝述感慨道："先生对此国内唯一之水利工程学府，始终贯注精神，乐育不懈，今日国内得有如许水利人才，与兴办如许水利事业，盖皆出先生教泽之赐。"❸ 正是由于他的言传身教，培养出了汪胡桢、须恺、沙玉清、宋希尚、胡步川等一大批水利人才，他们中许多人不仅追随着他的足迹，献身于水利事业，也献身于水利教育，培育水利精英。

（四）借鉴中外，注重实践

李仪祉虽然留学德国，攻习水利，但从不生搬硬套。在教课余暇，李仪祉穷搜博览中外治河之书，对外国的经验、中国古代治水经验，去伪存真，洋为中用，古为今用，结合中国实际，亲自编写了许多具有自身特色的水利教材和水利专著。

河海刚建立时，李仪祉认为，提高教学水平，必须要有实验室，为此他因陋就简，筹建了一座水工展览室，制作了模型、教具、仪器，大大丰富了教学内容，起到了直观教学的作用。他制作的水工模型一应俱全：有重力坝、拱坝、土坝、溢流坝、进水闸、分水闸、航道船闸、引水渠道和分水建筑物以及发电的水轮机，等等。另外还有铁路隧洞、木制桥梁、钢制桥梁、轻便铁轨、矿车以及打桩机、卷扬机等施工机具模型。其内容远远超出了水工实验的范

---

❶ 郑涵慧. 爱国育才的教育家李仪祉 [J]. 陕西师范大学学报（社科版），1984（1）：116 - 120.

❷ 宋希尚. 近代两位水利导师合传 [M]. 台北：商务印书馆，1977：104 - 105.

❸ 杨孝述. 仪祉先生之治学行谊 [C] //见国立西北农学院农业水利学系编. 李仪祉先生逝世周年纪念刊，1939.

围，囊括了水工、土建、桥隧等各个领域，大大扩展了学生的知识视野。他非常重视结合水利实践进行教学，以期达到学以致用的目的。为此，他经常带领学生实地参观考察国内一些水利工程，并注意搜集大量一手水利资料，并把这些资料运用到教学中，使学生能够紧密结合实际学习水利科技。1917 年，华北地区发生水灾，李仪祉亲自带领一些河海学生实地勘察华北的大小河流，历时半年多，学生都颇有收获。回到学校，他把获得的一些有用材料进行整理，制作成各种可以供学生实验使用的河工模型。这些不仅让学生获得更多的感性经验，更增强了学以致用的能力。

李仪祉出任西北大学工科主任以后，辛勤办学，举凡课程、教材、实习、研究以及各科教学计划与规章制度，无不躬亲处理。根据当时所设课程，如数学、理化、几何、材料、测量、结构、水土、实习、研究等科，就有 38 门，每学期各科所授课程最少不下 10 门，每周学时也有 40 多个，其间寒暑假期，都是以实习度过。实习一般都在泾、渭、灞等河流域进行测量、水文、沟洫等工作。从这些课程可以看出，李仪祉办学不仅重视基础专业知识的广泛传授，也特别重视实际工作能力的培养，达到学与用的密切结合。

此外，李仪祉尤其重视现代水利知识的普及教育，他通过举办水利展览、广播讲座等方式向民众宣传普及水利知识和水利兴国的重大意义。

第七节 李书田的水利高等教育思想

李书田，是中国近代水利事业和高等工程教育的开拓者和奠基者之一，著名的高等工程教育家，曾先后担任唐山土木工程学院、北洋工学院、贵州农工学院等院院长，创立西康技艺专科学校、北洋工学院西京分院、世界开明大学等多所高等院校，毕生耕耘于高等工程教育领域，形成了富有时代特色的高等工程教育思想。

一、李书田生平及其水利活动

李书田（1900—1988），字耕砚，河北昌黎（今河北卢龙县）人。1913年，他到永平府中学堂（现唐山一中）读书，目睹滦河、青龙河的水患，再加上他这时他已开始潜心阅读《山海经》《水经注》《舆地广记》等，内心萌动了学习水利、造福民生的理想。1917 年，李书田考入北洋大学预科，经过预科和本科的 6 年学习，1923 年，他以特优成绩从北洋大学土木系毕业。

1923 年，毕业不久的李书田考取清华大学公费赴美留学资格，前往康奈尔大学研究生院攻读土木工程，师从欧鲁克等知名专家。在 3 年时间里，他基本完成了学业要求，"各科平均成绩达 99.5 分以上，成绩之优，为中国派遣留学生以来第一人"●。但他并没有选择土木工程的博士题目，而是以"铁道管理的工程经济"为题撰写高质量毕业论文，获得康奈尔大学博士学位。

1927 年，留学归来的李书田受聘担任顺直水利委员会秘书长并主持日常工作。同年，受母校之邀开始执教北洋大学，从此开启了他工程教育的一生。1928 年，顺直水利委员会改名为华北水利委员会，他继续担任秘书长，辅助李仪祉先生。1930 年，在北洋大学执教的李书田被聘为交通大学唐山土木工程学院（今西南交通大学）院长。1932 年，他被任命为北洋工学院代理院长、院长。在 1937—1945 年的抗战时期，他先后执掌或参与组建西北联合大学、西北工学院、西康技艺专科学校、贵阳农工学院、北洋工学院西京分院等高等院校。

其间，1931 年，李书田发起创立了中国水利工程学会（中国水利协会的前身），任副会长，创办了会刊《水利》月刊；1932 年，他倡议筹建中国第一个水工实验所并于 1935 年正式建成，这是中国水利由经验水利向科学水利转变的重要标志；1943 年，他被国民政府聘为黄河水利委员会副委员长兼秘书长，为黄河洪患的治理作出了重大贡献；编写了 1949 年前中国水利方面的权威著作《中国水利问题》，在统一全国水政、推动水利立法、促进水利科学研究、培养水利人才等方面做出了积极的贡献，从而奠定了他在中国水利学科的重要地位。

二、李书田的水利工程教育实践

李书田一生情系高等工程教育事业，对教书育人情有独钟。这是因为他有浓厚的科学救国思想，极其重视科技在国家建设中的地位和作用，他认为一个

● 王英春. 情系北洋的李书田先生［A］//中国人民政治协商会议天津市委员会文史资料委员会. 天津文史选辑（总第 87 辑）. 天津：天津人民出版社，2000：60.

国家只有拥有数以万计、百万计的高素质科技人才，国家才能实现现代化。其字耕砚，就是寓意以书为田，投身科研教育；以砚台来笔耕，实现国家富强。正是执着于这种理念，他以教育为天职，终年辛勤耕耘在高等工程教育的园地里，培养出大批的优秀人才，终成令世人敬仰的中国高等工程教育的拓荒者与奠基人。

（一）执教、执掌国立北洋工学院

1927 年，学成归国的李书田应母校之邀担任教职，他在北洋大学讲授土木工程学、港口工程学、水利工程学和水力学等课程。

1932 年 9 月，北洋工学院院长蔡远泽因病辞职，李书田被聘为代理院长，不久被正式聘为院长，直至 1937 年西迁。在执掌北洋工学院的 5 年里，李书田为发展北洋工学院殚精竭虑，使办学经费从 1932 年的 188929 元增至 1934 年的 293000 元，从而使学校的软硬件得以极大改善，相继完成了工程学馆、工程实验馆、图书馆楼的建设；且根据国内经济发展对技术人才的要求，于土木系内添设水利工程组，矿冶系分置采矿组、冶金工程组，机械系增设航空工程组，创设电机工程系；教职员工比 1931 年增加近 30 人；学生招生人数亦由 1931 年的 97 人增至 1937 年的 178 人[1]。其中，绝大多数成为新中国各条战线的栋梁。

抗战期间，李书田辗转多校执教。1941 年，为了致力于北洋工学院的恢复，他辞去了贵州农工学院院长之职。1943 年，被国民政府任命为黄河水利委员会副委员长的李书田到西安后，仍想利用原陕西省政府拨给的空地创办一所工学院。1944 年，经国民政府教育部批准，拨款筹建了"北洋工学院西京分院"，设土木工程、水利工程两个系，李书田任院长。

抗战胜利后，国民政府教育部于 1946 年决议恢复北洋大学。这时的北洋校园满目疮痍、百废待兴。李书田毅然带领西京分院师生，历经千辛万苦，经过千里跋涉，率先于 4 月底抵达天津，全身心地投入到复校工作中，从而为北洋大学早日步入正轨做出了至关重要的贡献。

（二）执掌国立交通大学唐山土木工程学院

1930 年 5 月，李书田被聘为交通大学唐山土木工程学院院长，成为当时中国最年轻的高校领导人之一。

李书田到任伊始，首先圆满地主持了建校 34 周年暨唐山复校 25 周年纪念活动，以弘扬严谨治学之校风，振兴工程教育。由于他的不懈努力，打破了该校长期以来单科办学的局限，恢复了矿冶工程系，建立了研究所，使学校升格

---

[1] 王英春．情系北洋的李书田先生［A］//中国人民政治协商会议天津市委员会文史资料委员会．天津文史选辑（总第 87 辑）．天津：天津人民出版社，2000：63.

为交通大学唐山工程学院，并吸纳国内外工程教育新的发展成果，创制了独具特色的《交通大学唐山土木工程学院专章》。该专章作为学校治理的根本性文件，对推动学校发展起到了重要作用，培养出了蜚声世界的桥梁专家林同琰、力学专家林同桦等杰出人才。

（三）创办国立西康技艺专科学校

1939 年，李书田奉命前往西康省西昌筹建国立西康技艺专科学校。在极端困难的情况下，他发扬北洋大学实事求是的办学传统，聘用若干知名的校友如魏寿崑、李川河等当助手，践行"从严务实，学以致用"的办学宗旨，卓有成效地开展各项工作，使这所学校校风斐然，人才辈出，从而使学校获称为"小北洋"的美誉。

（四）执掌国立贵州农工学院

1940 年，李书田出任刚刚草创不久的国立贵州农工学院院长。当时学院设土木工程学、农林学、农业化学、农业经济学、矿冶工程学和机电工程学 6 个系，他延续北洋大学的办学方针，亲自兼任土木工程学系主任，其他 5 个系主任分别由他招聘的顾青虹、刘伊农、陈鸿佑、魏寿崑、董维汉等知名教授担任。在他的苦心经营下，学校面貌大为改观，1942 年更名为国立贵州大学。

（五）创办世界开明大学

为了坚持自己的工程教育理想，1972 年，时年 72 岁的李书田在美国创办了私立世界开明大学与李氏科学技术院，该院设文、理、工、管理 4 院，下设 37 个专业，聘有 130 余位国际上威望高的知名教授当导师，以通讯方式指导科研工作，辅导论文写作，授予博士或硕士学位，在世界上 17 个国家设立了 33 个分院，从而成为国际知名的学术团体。

三、李书田水利高等教育思想

（一）实事求是

1933 年，时任北洋工学院院长的李书田继承了赵天麟为北洋大学所确立的"实事求是"传统，他在为《国立北洋工学院季刊》所撰写的发刊词中强调："以'实事求是'校训之北洋，……惟有技术深研之所至，理工探讨之所达，无可复遏，往往发而为文，以思贡献于社会"❶。

贾晓慧认为，作为"实事求是"思想的践行者，李书田的实事求是主要体现在："踏实做事，不贪名，不骛远，有切实的目标和标准"；"为人做事顶天

---

❶ 北洋大学—天津大学校史编辑室. 北洋大学—天津大学校史资料选编（第 1 卷）[M]. 天津：天津大学出版社，1991：300.

立地，是言必信、行必果的人"；"规章制度保证工程教育严谨做真。"❶

1935 年，在北洋大学建校 40 周年前夕，李书田主持修订了北洋大学校歌。校歌中"悠长称历史，建设为同胞。不从纸上逞空谈，要实地把中华改造"的歌词，鲜明地体现了北洋大学的办学特色和"实事求是"的办学理念。在执掌国立西康技艺专科学校等校，他的这一办学思想也深深影响着这些高等院校。

（二）延揽名师

教学质量的高低关键在老师，一所学校要保持良好的社会声誉，教授是其灵魂，李书田知之甚切，故图之至极，始终把延聘教师作为至关重要的大事来抓。在北洋工学院招聘中，他打破论资排辈的惯例，坚持人才第一的原则，不唯学派、资历、职位，只要有一技之长，即兼容并包、不拘一格地予以录用。同时，由于他礼贤下士，在生活、工作上关怀教师，故北洋待遇与清华、北大相比虽非优厚，却荟萃了茅以升、高步昆等一大批学界名流，且队伍日趋年轻化。他们不仅具有雄厚扎实的学科基础知识、精湛的专业造诣，且具有广博的文化修养，朝气蓬勃，锐意进取，深得社会各界赞誉。

在西康技艺专科学校，他聘请的多为誉满国内外的专家学者，如魏寿崑、周宗莲、曾炯之等。在国立贵州农工学院，凭借他的崇高声望和学术影响，聘请远道而来贵州担任教学工作的教授、副教授就达 40 人之多，其中教授有魏寿崑、董维汉、刘伊农、石志清、陈鸿佑等诸多知名专家。这些人才济济于贵州农工学院，为该校发展留下浓墨重彩的一笔。

（三）从严治学

无论是学术界还是教育界，治学严谨是李书田的重要标签。在他创办或执掌的高等院校，他始终坚持的办学宗旨就是"研究高深学术、培养专门人才"。因此，从教师的聘任到学生的招考，从教学制度的执行到学生的日常管理，他都是严格按照制度和纪律办事。

在招生中，他不徇私情，始终坚持"宁缺毋滥、重质不重量、贵精不贵多"的方针，从不随意、不负责地滥招、扩招学生，从而保证了入学新生的质量。

在教学上，他把严肃认真的学风视为工程师的基本素质，要求学生养成一丝不苟的良好习惯，并率先躬行，以身作则，从点滴做起。

作为北洋工学院的管理者，为了严格规范学校管理，李书田十分注重规章制度的制定，他组织制定了学校的《院务会议规程》《学则》等系统而完备的规章制度，并严格执行，使全院各方面的工作均有章可循。特别是《学则》从

---

❶ 贾晓慧．中国工程教育家李书田与北洋大学 ［J］．中国科技史杂志，2010（3）：284 - 298.

学生日常生活、学生成绩到升留级，从奖励到惩罚，都有明确的规定和要求，并实行严格的淘汰制，从而促使学生从入学开始就不敢有丝毫松懈，自然而然地形成了"不求而至、不为而成"的良好学风。

在他的严格管理下，教师潜心于教学，学生专心于治学，他们中的绝大多数后来都成为新中国各条战线上的栋梁、国家建设的先驱、科技教育的带头人，如叶培大、史绍熙等。

（四）学以致用

李书田十分崇尚《公羊传》的"巧心劳手成器物曰工"，因此他非常重视学生基本技能的训练，强调理论与实践相结合。他认为，实习是学习消化课堂理论知识、增长实际技术经验必不可少的一环。为此校方规定，北洋学生实习时间占有相当比例，学生除在校内实习和实验外，各系还可以根据不同的专业设置，或安排参观、地质调查、实地测量，或到工厂、矿山实习。这既可拓宽学生视野、开阔胸襟、又能实事求是培养学生独立掌握知识、运用知识的能力，以便走上工作岗位能够及时进入角色。

在主政北洋工学院时，为了保证学生的实验教学，即便办学经费十分紧张，购置设备费仍占相当大的比例，以 1934 年为例，设备购置费为 54096 元，占全部经费的 18.3％。据不完全统计，各系增设了近 20 个实验室，增添了许多设备。

他为北洋工学院等校所作校歌中"穷学理、振科工、重实验、薄雕虫"，充分体现了他重视实验，重视理论与实际密切结合的思想。不管在什么条件下，上课、做实验是必需的。在北洋工学院，必须坚持教学、实践并重，大学后两年除了在校内进行不少于 5 周的实习实验，寒暑假还必须完成 10 周左右的实地实习。1935 年，李书田主持制定的《学生实地练习规则》，对各个专业实地练习的内容、时间、地点以及实习纪律、实习成绩、实习经费都做了明确规定。这一时期，北洋工学院积极组织学生参与黄河治理、钱塘江大桥建设等，在工程实践中锻炼了学生理论联系实际、学以致用的能力。

第四章 发展："十七年"时期的 水利高等教育 (1949—1966年)

新中国成立以后，水利教育经历了曲折的发展历程。"十七年"主要是指自 1949 年新中国成立到 1966 年"文化大革命"开始这一时期。这一时期水利高等教育得到了较快发展，一批独立的水利高等院校相继建立，水利人才培养有了坚实的平台，也培养了一批学有所成的高素质水利人才。

第一节 "十七年"时期水利 高等教育概况

1949 年，新中国的成立，揭开了中国高等教育的新篇章，也奏响了中国水利高等教育的华美乐章。1949 年前，自从河海工科大学与他校合并后，我国没有一所独立建制的水利本科院校，有一些高等学校虽然设有水利系科或土木系水利组，但招生、培养规模很小。1949 年初全国共有高校 205 所，在校生 11.7 万人，其中工科院校仅有 28 所，占 13.7％，工科学生共计 30320 人，占学生总数 26.2％。1949 年全国高等学校招收水利本、专科学生 544 人，在校学生只有 1312 人。新中国成立后，我国处于经济建设急需恢复和发展的阶段，水利建设需要大批具有相当专业知识与技术水平的人才。为满足这一需要，国家一方面由各地组织短期水利技术培训班；一方面着手对全国大、中专院校进行调整，水利高等教育取得了长足的发展，形成了以行业为主的独具特色的办学格局。从新中国建立到"文化大革命"爆发前的这"十七年"时期，无论是在水利院校的或调整或建立、管理体制、办学层次、办学规模、专业设置等方面，都发生了翻天覆地的变化，开启了水利高等教育发展的新的征程。

一、"十七年"时期水利高等教育发展的背景

(一)"十七年"时期高等教育的发展概况

"十七年"时期是我国现代高等教育史上一个非常重要的时期。在社会主义过渡时期，通过接管、接收和接办旧中国的高等教育，完成改造高等教育的基本任务，确立了高等教育国家办学的新体制，明确了社会主义的办学方向。通过学习苏联经验，按照苏联办学模式对高等学校进行了大规模的调整，发展

专门学院，整顿和加强综合性大学，建立了以单科院校和综合大学为主体的大学体制，为这一时期水利高等教育体系的全面调整和布局奠定了坚实基础；以专业为中心进行大学内部组织机构建设，制定统一的教学计划和教学大纲，进行教学改革，形成了符合时代特征的新型教学制度。

在对旧高等教育进行社会主义改造基本完成以后，掀起了全面建设社会主义高等教育的时代大潮。由于处于探索阶段，高等教育取得快速发展的同时，也留下了深刻的历史教训。1958 年全国范围内的"教育大革命"，导致高等学校数量和招生规模超常规扩张，1953 年全国院系调整基本完成时共有高等学校 182 所、在校生 22 万人，到 1960 年，高等学校已扩张到 1289 所，在校生达 96 万人，不仅与国民经济发展不相适应，也远远超出国家经济的承受能力。基于此，1961 年开启的"教育大调整"贯彻执行"调整、巩固、充实、提高"的方针，压缩高校数量和在校生规模，调整和规范专业设置，稳定和恢复教育教学秩序。特别是《教育部直属高等学校暂行工作条例》，即"高校六十条"的贯彻实施，高等教育呈现了健康稳定的发展势头，出现了 1962—1965 年一个短暂黄金发展期。

（二）"十七年"时期水利事业的发展概况

新中国成立伊始，我国水患灾害频发，长江、黄河、淮河等都相继出现洪水灾害。水患灾害的频发不仅严重危害到人民群众的生命财产安全，而且也影响着我国的经济建设，以毛泽东为首的党中央和中央政府便将水利建设作为恢复和发展国民经济的首要任务。

1949 年 11 月 8—21 日，水利部在北京召开各解放区水利联席会议。这是新中国的第一次水利会议，做出了整治永定河、修建官厅水库等一系列决定；提出新中国成立初期水利建设的基本方针——"防止水患，兴修水利，以达到大量发展生产之目的"；并将 1950 年的水利工作重点确定为防洪排水，在干旱地区开渠灌溉，同时加强水利调查研究工作，为长期建设打基础；关于组织领导问题，拟设置黄河水利委员会、长江水利委员会、淮河水利工程总局，由水利部直接领导，各省设水利局，各专区各县设水利科（局）。

在三年恢复期和第一个五年计划期间，针对水旱灾害频繁发生的严峻现实，国家开始着手进行大江大河治理，毛泽东相继发出治理黄河、淮河、海河的号召，并根据不同河流的特点和国家经济状况，提出了修好淮河，办好黄河，根治海河的总方针，每年动员成千上万的人员进行水利建设，掀起了水利建设的热潮，促进了水利工程的全面恢复和发展，缓解了水旱灾害的严重威胁。据统计，1949—1952 年，国家对水利工程的投资达 8.25 亿元，占国家基本建设投资总额的 10.5％。但是，也暴露出制约新中国建立初期水利建设的重要问题，即水利专门人才的匮乏与大规模水利建设需求极不适应。

"大跃进"时期，遍及全国的群众性水利运动，治水规模大，治理力度强，开工建设了诸如丹江口、青铜峡、刘家峡水利枢纽和密云水库等一系列重点水利工程，取得了非常大的成绩，但也留下了许多后遗症。

1961年，国家开始积极解决"大跃进"中遗留的问题，全国大搞农田水利基本建设，使水利工作走向健康发展的道路，为十七年时期农业和国民经济的恢复和发展打下了坚实的基础。

二、"十七年"时期水利高等教育概况

（一）全面调整水利高等教育体系

新中国成立初期，我国没有一所独立建制的本科高等院校，在200多所高等学校中，仅有20余所设有水利系科或土木系水利组。这些水利系科办学规模比较小，难以满足新中国发展水利事业的迫切需要。1952年，根据中共中央"以培养工业建设人才和师资为重点，发展专门学院，整顿和加强综合性大学"的重要方针，教育部启动了全国大规模的院系调整，专门学院特别是国家国民经济建设急需的工科院校和系科得到了大力发展，相继新建了水利、地质、钢铁、电力等一批按行业归口、独立建制的专门学院。在这一新时代背景下，经过组建、新建、升格等途径，一批水利高等院校应运而生，此时全国共组建3所、新建2所、升格14所，另有清华大学等18所普通高等院校设置了水利系或开设有水利类专业，形成了具有一定特色的水利高等教育体系。

1. 组建水利高等院校

1952年，南京大学水利系、交通大学水利系、同济大学土木系水利组、浙江大学土木系水利组、华东水利专科学校水利工程专修科合并组建华东水利学院。1953年，厦门大学土木系水利组、山东农学院农田水利系、淮河水利学校水利工程专修科并入华东水利学院；1955年，武汉水利学院水道海港系也并入进来。这是新中国成立后组建的第一所专门的水利本科高校。

1954年，为适应国家大规模经济建设的需要，国家高等教育部提出把"武汉大学水利学院从武汉大学独立出来，单独建院，建成以培养水利土壤改良方面的工程师为重点的高等工科学校"，并得到国务院的正式批准。1955年，天津大学、华东水利学院、河北农学院、沈阳农学院4所院校的水利土壤改良专业和专修科并入武汉水利学院。1959年，学院增设电力类专业，更名为武汉水利电力学院。

1951年，在新中国第一任水利部部长傅作义的大力支持下，创建了中央人民政府水利部水利学校，1954年更名为水利部北京水利学校，主要设有水工建筑、水文地质与工程地质、中小型水电站建筑、水能动力装置的安装与运

行、水利施工机械化 5 个专业，这是新中国成立以后建立的第一所水利专业学校。1952 年，北京水力发电学校正式建立，1953 年，安徽淮南工业学校和浙江黄坛口水电学校并入，主要设有水利工程建筑、工业与民用建筑、水文地质与工程地质、水文测验 4 个专业。1956 年，原电力工业部决定创建北京水力发电函授学院，这是新中国成立后第一所独立设置的高等工科函授学院。1958 年，原水利电力部决定三校合并，组建北京水利水电学院。

2. 新建水利高等院校

1958 年，山东水利学院在济南正式建立。1961 年，1956 年创建的山东省水利干部学校并入山东水利学院。1962 年，山东水利学院和山东机械学院合并组建济南工学院，设有农田水利工程系。1963 年，济南工学院撤销，农田水利工程系划归山东工学院，改名为水利工程系。

1959 年，为培养各级水利人才，时任长江流域规划办公室（1984 年后称长江水利委员会）主任林一山向周恩来总理请示报告，拟在汉口创办长江工程大学。1960 年，长江工程大学正式建立，隶属水利部，由长江流域规划办公室主管，林一山兼任校长。学校设有水文地质及工程地质、水电站动力装置、河川枢纽及水电站建筑、农田水利工程、航道开发与整治、工程力学等专业。1966 年，"文化大革命"开始后停止招生，在校学生办至毕业离校为止。1972 年该校停办，共培养各类水利水电人才 600 多人。

3. 升格地方水利学校

随着新中国成立后陆续开展的水利建设对人才的需求，以及"教育大革命"的影响，客观上催生了一批独立建置的水利高等学校，水利高等教育也不可避免地出现了"大跃进"，从 1958 年起，很短时间内，全国水利中专学校共升格而成 14 所水利学院或水利电力学院（见表 4 - 1）。还有一批工科、农科高等学校增设了水利系（科）和水利专业，原设水利专业扩大了招生。

表 4 - 1　　　　1958—1966 年水利中专学校升格水利高等院校一览表

序号	院校名称	设立时间	变 动 情 况
1	河北水利电力学院	1958—1960 年	1952 年，河北水利土木学校在天津建立，1955 年更名为河北省天津水利学校，1958 年，学校迁至保定，升格并更名为河北水利电力学院。1960 年更名为河北水利学院。1966 年迁至石家庄，更名为河北水利工读专科学校
	河北水利学院	1960—1966 年	
2	内蒙古水利水电学院	1958—1962 年	1956 年，呼和浩特土木学校建立。1958 年，学校扩建升格为内蒙古水利水电学院，1962 年恢复为中专，现为内蒙古水利电力学校

序号	院校名称	设立时间	变 动 情 况
3	太原水利专科学校	1959—1960 年	1957 年，山西省水木保持学校和太原水利学校组建山西省太原水利学校。1959 年，学校升格为太原水利专科学校。1960 年，升格并更名为山西水利学院。1962 年学校主体并入太原工学院，中专部和太原水产学校、安邑水利学校合并组建山西省水利学校
	山西水利学院	1960—1962 年	
4	黑龙江水利电力学院	1958—1962 年	1956 年，黑龙江水利学校建立。1958 年，学校升格为黑龙江水利电力学院。1962 年改建为黑龙江省水利工程学校
5	长春水利电力专科学校	1958—1960 年	1953 年，长春水力发电工程学校建立。1955 年，更名为长春水力发电学校。1958 年，与吉林省水利学校合并，更名为长春水利电力学校，同年升格并更名为长春水利电力专科学校。1960 年，升格为本科院校并更名为吉林水利水电学院。1962，恢复长春水利电力学校名称
	吉林水利水电学院	1960—1962 年	
6	辽宁水利水电学院	1958—1961 年	1957 年，水利部沈阳水利学校与 1956 年创建的辽宁省沈阳水利学校合并，更名为辽宁省水利学校。1958 年，升格并更名为辽宁水利水电学院。1961 年，恢复辽宁省水利学校名称
7	南京水利学院	1958—1960 年	1950 年，淮河水利专科学校在南京创办，1951 年更名为华东水利专科学校。1952 年，一部分与华东其他高校水利系科合并组建华东水利学院，一部分改办中专，即华东水利学校。1955 年，更名为水利部南京水利学校。1958 年升格并更名为南京水利学院。1960 年，学校迁往扬州，改称江苏水利学院。1962 年，更名为水利电力部扬州水利学校
	江苏水利学院	1960—1962 年	
8	安徽水利电力学院	1958—1961 年	1952 年，水利部在安徽筹建淮河水利学校，1954 年成为水利部直属 8 所重点水利学校之一。1955 年，学校扩建为安徽水利电力学院。1961 年，更名为安徽水利电力学校
9	黄河水利学院	1958—1961 年	1951 年，在黄河流域水利工程学校的原址重建了黄河水利专科学校。1952 年，学校更名为黄河水利学校。1958 年，升格为黄河水利学院。1961 年，恢复为黄河水利学校
10	福建水利电力学院	1958—1961 年	1956 年，福建省水利学校建立，1958 年更名为福建水利电力学校，并增办福建水利电力专科学校。1960 年，福建水利电力专科学校更名为福建水利电力学院。1961 年，福建水利电力学院撤销，保留福建水利电力专科学校，1963 年停办
	福建水利电力专科学校	1961—1963 年	

序号	院校名称	设立时间	变 动 情 况
11	江西水利电力学校	1958—1965 年	1952 年，南昌水利学校建立，1958 年升格为江西水利电力学院。1962 年，改成江西水利电力学校。1965 年停止办学
12	广东水利学院	1958—1965 年	1952 年，广州土木水利工程学校创建，1953 年更名为珠江水利学校。1954 年，合并到武汉水利学校中专部，1956 年迁回广州成立广州水利学校。1958 年，学校升格为广东水利学院。1965 年更名为广东省水利电力厅干部学校
13	贵州省水利电力专科学校	1958—1960 年	1956 年，贵州省贵阳水利学校创建，1958 年和 1960 年分别升格为贵州省水利电力专科学校和贵州省水利电力学院。1961 年，改成贵州省水利电力学院。1962—1965 更名为贵州省第一工业学校。1965 年，更名为贵州省水利学校
	贵州省水利电力学院	1960—1961 年	
14	山东泰安水利专科学校	1960—1961 年	1955 年，山东省济南水利学校。1958 年，学校迁至泰安，与山东农学院、山东畜牧兽医学院、泰安农业专科学校合并筹建山东农业大学。1959 年，山东农业大学停止筹建，济南水利学校从中分出，后更名为山东省泰安水利学校。1960 年，学校升格为山东省泰安水利专科学校。1961 年恢复为山东省泰安水利学校。1965 年，学校改称为山东省泰安半工半读水利学校

资料来源：姚纬明《水利高等教育 100 年》，中国水利水电出版社，2015。

由于发展过快，师资、设备都跟不上，质量有所下降。1961 年，根据"调整、巩固、充实、提高"的方针，对上述新增和新建的各级各类水利学校进行了调整、合并或停办❶。除北京水利水电学院（现华北水利水电大学）等少数院校予以保留外，1958 年以后成立的大部分水利高等院校陆续停办。例如，河北水利电力学院停止招生，该校农田水利系并入河北农学院农田水利工程系；天津农学院农田水利系停办；北京水利水电学院水电站自动化专业并入北京电力学院，而水电动力装置、工程地质与水文地质两专业停止招生。

4. 设置水利系科的普通高校

在这一时期，除了组建、新建、升格的一批独立建制的水利院校外，清华

---

❶ 窦以松. 中国水利百科全书（水利科研、教育、信息出版、学术团体分册）[M]. 北京：中国水利水电出版社，2004：42.

大学等18所普通高等院校也设置了水利系科或开设了与水利相关的专业。这些学校有的是新中国成立前就设置了水利系科或开设了与水利相关的专业，有的是新中国成立后新建的水利系科或开设了与水利相关的专业，具体情况见表4-2。

表 4-2　　1949—1966 年普通高等院校设置水利系科或专业一览表

学校名称	系科或专业	设立时间	历 史 概 况
天津大学	水利工程系	1951 年	1933 年，北洋工学院设立水利卫生工程组；1938 年，设立水利工程系；1951 年，北洋工学院与河北工学院合并组建天津大学，北洋工学院水利工程系、河北工学院市政水利系、北京农业大学农田水利专业合并为天津大学水利工程系
清华大学	水利工程系	1952 年	1929 年，清华大学工学院土木工程系设水利及卫生工程组；1938 年，发展为独立的水利组；1951 年，设立水利工程系和水力发电工程系；1952 年，清华大学和北京大学水利专业合并成立水利工程系
浙江大学	河川枢纽工程专业	1956 年	1930 年，浙江大学工学院土木工程系设立了水利工程组；1952 年，与其他几所学校水利系合并组建华东水利学院；1956 年设立河川枢纽工程专业
广西大学	水利水电建筑工程专业	1959 年	1936 年，广西大学就设有水利专业；1952 年，土木系水利组和农田水利专修科并入武汉大学水利学院；1959 年，恢复重建的广西大学设立了水利水电建筑工程专业
陕西工业大学	水利系	1960 年	1956 年，西北工学院水利系（1937—1956 年）、青岛工学院水利系（1952—1956 年）合并组建了西安动力学院水利系；1957 年，西安动力学院水利系与西北农学院水利系（1934—1957 年）合并成为西安交通大学水利系；1960 年，成为陕西工业大学水利系
新疆八一农学院	水利系	1952 年	新疆八一农学院是新疆农业大学的前身，于 1952 年在乌鲁木齐创建，创建时建立的水利系有农田水利工程建筑和水利水电工程建筑 2 个专业

学校名称	系科或专业	设立时间	历 史 概 况
成都工学院	水利工程系	1954年	1944年,四川大学工学院土木水利系创建,1952年建立水利系;1954年,四川大学工学院独立建立成都工学院,建立了水利工程系
大连工学院	水利工程系	1955年	1949年,大连工学院建立,设有土木工程系;1955年,更名为水利工程系
北京林学院	水土保持专业	1958年	1952年,北京林学院建院之初开设了水土保持课程,1958年,开设了水土保持专业
河北农业大学	农田水利工程系	1958年	1931年,河北省立农学院在农学系设立了农田水利科;1946年,河北省立农学院复校后建立了农田水利工程学系;1951年更名为农田水利系,1955年并入武汉水利学院;1958年,学校重建农田水利系。1962年,河北保定水利水电专科学校农田水利工程专业并入
北京农业机械化学院	农田水利系	1958年	1952年,北京农业机械化学院建立,1958年,设立农田水利系
内蒙古畜牧兽医学院	农田水利系	1958年	1952年,内蒙古畜牧兽医学院建立,1958年,增设农田水利系,开设农田水利工程专业;1960年学校更名为内蒙古农牧学院;1962年,内蒙古水利电力学院的农田水利系并入,成立水利工程系
东北农学院	农田水利工程专业	1958年	1948年,东北农学院建立。1958年,学校开设农田水利工程专业
郑州大学	水利工程系	1959年	1959年,郑州大学始建水利工程系。1961年,并入新成立的河南工学院;1963年,撤销河南工学院,并入郑州工学院,改称郑州工学院水利工程系
湖南农学院	农田水利科	1951年	1951年,湖南省立修业农林专科学校与湖南大学农业学院合并组建湖南农学院,设有农田水利专科。1952年,农田水利专科并入武汉大学水利学院。1960年,重设农田水利科,"文革"时停办

学校名称	系科或专业	设立时间	历 史 概 况
重庆交通学院	水道港口系	1963 年	1960 年，始建于 1951 年的西南交通专科学校更名为重庆交通学院。1961 年，学校开设水道与港口水工建筑专业。1963 年，正式成立水道港口系。同年，武汉水运工程学院水工系并入
太原工学院	水利工程系	1962 年	1953 年，山西大学工学院独立建立太原工学院，1958 年，设水利技术专修科。1962 年，山西水利学院并入，成立水利工程系
云南农业劳动大学	农田水利专业	1965 年	1965 年，云南农业劳动大学建立，在农学系开设农田水利专业。1966 年，成立水利系，开设水利水电工程建筑专业

注 根据各校校史并参考相关资料整理而成。

可以看出，在"十七年"时期，我国水利高等教育发生了天翻地覆的变化，组建、新建、升格了 19 所水利专业院校，在 18 所普通高等院校中开设了水利专业，为新中国水利建设事业培养了一大批水利专门人才。毋庸讳言，这一时期，水利院校调整力度大，校名变动十分频繁，也在一定程度影响了水利高等教育的健康发展。

（二）办学规模、专业设置和科学研究概况

1. 扩大办学规模

教育不仅受经济基础所决定，也受政治制度所制约。"十七年"时期，是高等教育不断适应社会变革的重要时期，在社会主义制度的建立过程中，我国高等教育发展步伐与之同步进行，政治对教育的影响十分深刻。

1949 年以前，我国高等学校水利系科主要培养本科和专科学生，本科学制 4 年，专科学制 2～3 年，培养的研究生很少。50 年代初期，当时水利建设急需人才，曾大批培养学制为 2 年的专科学生，或者将本科学生提前一年毕业，参加水利建设工作。1955 年以后，逐步停止专科学生培养，本科学制一般改为 5 年。60 年代初期，少数条件较好的学校开始培养研究生，但数量依然很少。

从前面水利高等院校发展情况可以看出，从 1952 年全国高等学校院系调整开始，水利高等学校从数量相对稳定到"大跃进"时的迅速增加，水利高等教育办学规模也显著扩大。1961 年，经历一段的教育大调整，水利高等院校数量显著压缩，办学规模也受到大幅调整，然后逐步趋向稳定。这些可以从华

东水利学院、武汉水利学院、北京水利水电学院这一时期招生人数和在校生数量清楚地体现出来（见表4-3、表4-4）。

表4-3　　1952—1965年主要水利高等院校本专科省招生人数统计表　　单位：人

年份\学校	华东水利学院	武汉水利学院	北京水利水电学院	年份\学校	华东水利学院	武汉水利学院	北京水利水电学院
1952	728			1960	748	683	282
1953	437			1961	777	493	没有招生
1954	472	184		1962	321	395	94
1955	589	471		1963	583	670	93
1956	1074	1074		1964	628	659	245
1957	510	641		1965	707	655	241
1958	756	716	540	总计	9102	7551	1764
1959	772	910	269				

注　根据三校校史相关内容进行统计而成。

表4-4　　1952—1965年主要水利高等院校在校生人数统计表　　单位：人

年份\学校	华东水利学院	武汉水利学院	北京水利水电学院	年份\学校	华东水利学院	武汉水利学院	北京水利水电学院
1952	1017			1959	3253	3436	781
1953	1352			1960	3593	3161	1049
1954	1404	861		1961	3702	2951	961
1955	1561	1699		1962	2889	3198	834
1956	2032	2322		1963	2792	3740	718
1957	2225	2411		1964	2622	2965	731
1958	2683	2676	540	1965	2784	3087	738

注　根据三校校史相关内容进行统计而成。

　　尽管这一时期水利高等院校调整变动频繁，水利高等教育规模仍然较小，结构还不合理，但与新中国成立前相比，不仅基本建立起了水利高等教育体系，招生数量和在校生人数整体有了显著提升。

　　2. 完善专业设置

　　新中国成立后，在对高等院系进行调整的同时，我国学习苏联经验，按照高等学校的专业目录进行专业设置。1953年，全国高校共设置专业215种，其中工科102种；到1957年，专业增加到323种，其中工科183种；"大跃进"时期，专业迅速增加到上千种，种类多、专业窄，不规范现象非常严重。1963年，国家颁布了《高等学校通用专业目录》，共510种，其中公开的通用专业目录为 432 种。这是第一次从国家层面统一制定高等学校专业目录,对规范、调整这一时期无序的专业设置起到了积极的作用。

就水利专业设置而言,可以通过表 4-5 整体了解这一时期水利学科专业设置情况,以华东水利学院、武汉水利学院、北京水利水电学院为例,具体了解主要水利院校水利专业的设置演变。

表 4-5　　　　　1952—1965 年全国水利学科本专科专业设置一览表

年份	专 业 名 称
1952—1957	水文测验、陆地水文、水文地质与工程地质、河川结构及水力发电站水利技术建筑工程、水道及港口水利技术建筑工程、中小型水力发电站建筑、水利土壤改良、水力发电土木、水工结构、水利技术建筑、水能利用、水力动力装置
1958—1960	陆地水文、河川枢纽及水电站建筑、水道及港口水利技术建筑工程、水工结构、农田水利工程(原水利土壤改良)、水力动力装置、海洋工程水文、水文地质与工程地质、水利施工机械、机电灌排工程、军港建筑、治河防洪工程、水利水电工程施工、水利施工机械、水电站动力装置、水电站自动化
1961—1965	河川枢纽及水电站建筑、农田水利工程、水电站动力装置、机电灌排工程、陆地水文、海洋工程水文、港口土木建筑、河流力学及治河工程、水利水电工程施工、水文地质与工程地质

资料来源:姚纬明《水利高等教育 100 年》,中国水利水电出版社,2015。

1952 年建校之初,华东水利学院设置有河川结构及水力发电站水利技术建筑工程、水道及港口水利技术建筑工程、中小型水力发电站建筑、水利土壤改良 4 个本科专业,水工结构、水力发电土木、水利土壤改良、陆地水文 4 个专修科专业。1955 年,华东水利学院水利土壤改良专业和专修科并入武汉水利学院。1958 年,重新设置水利土壤改良专业并改名为农田水利工程专业,还增设了水力动力装置专业和军港建筑专业。1960 年,华东水利学院成立基础理论及电子学工程系,设置了数学、物理、化学、力学、无线电设计与制造、自动与远动 6 个新专业。同年,其他系科增设了海洋工程水文、水文地质与工程地质、水利施工机械化、政治理论 4 个专业。在教育大调整阶段,1961年,华东水利学院停办了水利施工机械化、化学、农田水利工程 3 个专业;1962 年,停办了无线电设计与制造、自动与远动、物理 3 个专业。到 1963年,华东水利学院专业调整为 8 个,即河川枢纽及水电站建筑、农田水利工程、水电站动力装置、陆地水文、海洋工程水文、港口土木建筑、水道及港口水工建筑、应用力学。

1954 年,武汉水利学院设置有水利土壤改良、河川枢纽及水电站建筑 2个本科专业,水利技术建筑、水利土壤改良 2 个专修科专业。1958 年,武汉水利学院增设了治河防洪工程和水利工程施工 2 个专业。1959 年,增设了发电厂电力网及电力系统、水电站动力装置 2 个专业。1960 年，武汉水利学院设立基础科学及现代技术系，增设了数学、物理、化学、电气、电气测量技术、数学计算仪器及装置等 6 个专业。1962 年，武汉水利学院撤销了基础科学系，专业调入其他相关学系。1964 年，北京电力学院的高压技术及设备和电厂化学 2 个专业调入，学校专业调整到 8 个，即农田水利工程、河流力学及治河工程、河川枢纽及水电站建筑、水利水电施工工程、水电站动力设备、电力系统及其自动化、高电压技术及设备、电厂化学。

1958 年，北京水利水电学院成立后，积极进行学科和专业调整，设立了河川枢纽及水电站建筑、水文地质与工程地质、水利施工机械、水电站动力装置 4 个本科专业。1960 年，增设了农田水利工程、水电站自动化 2 个专业。1962 年，水文地质与工程地质、水电站动力装置 2 个专业停止招生。1965 年，增设了水利史专业。

3. 发展水利科学研究

新中国建立后，原有的独立科研机构和高等院校的科研机构在调整、改组中形成了崭新的局面。1955 年，高等教育部提出发挥高等学校专家力量开展科学研究，要求各高等学校编制 1956 年科研计划。1958 年，国家明确提出"科研必须结合生产，为社会主义建设服务。以任务带学科"的重要方针。1963 年，在"高校科研四十条"颁布后，在新的时代背景下，水利高等学校的科学研究开始起步并获得一定程度的发展。

一是结合生产开展水利科技研究。在深入进行水利教学改革的过程中，水利高校认识到，要提高教师的学术水平和教育教学质量，结合生产开展水利科学研就是一条重要的途径。1955 年，华东水利学院与水电总局签署了"测定水轮机进水管道的流量""水管中过流继电器设计""水轮机气蚀问题研究" 3 项任务，开创了科研直接为生产服务的先例。1958 年，武汉水利学院把教学与生产劳动和科学研究结合起来，开展的"三门峡升船抬高排架应力分析研究""荆江河段的截弯取直研究"等科研成果有力地促进了水利工程建设。北京水利水电学院建校初期所开展的"万家寨水利枢纽水工模型试验""黄河三义寨闸门振动试验"以及"卢沟桥引水工程设计"等无不是结合水利建设实际开展的。

二是积极制定水利科研规划。为了贯彻高等教育部的相关要求，华东水利学院院务委员会通过了 1956 年科研计划；1956 年，根据国家 12 年科学研究远景规划和各部门提出的科研课题，决定了 1957 年的 88 项科研任务。1960 年，北京水利水电学院成立以时任院长为主任的学校科研委员会，拟定了科学研究计划、三年规划和八年设想。

三是重视国际科学交流。华东水利学院积极与国外的科研院所建立交流联系，如苏联列宁格勒水文气象学院、波兰格坦斯克水工研究所等；邀请苏联专家来校讲学，严恺、徐芝纶、余家洵等应邀前往苏联、波兰、瑞典等开展学术交流。武汉水利学院建校初期邀请多名苏联专家担任教学工作或来校进行讲学；先后派遣多名专家前往越南援助他们开展水利科学研究。北京水利水电学院受水利电力部委托，负责援建越南水利水电学院。

第二节　华东水利学院的建立

1952 年，华东水利学院在南京成立，这是新中国成立后第一所独立的、规模最大的水利本科高等院校，也是 1915 年张謇先生创建的、我国历史上第一所培养水利技术人才的高等学府"河海工程专门学校"在新中国的新生和发展，同时又是河海大学发展历史上的一个重要阶段。

一、华东水利学院建立的背景

（一）新中国成立初期的社会需要

1949 年前，由于国民党政府的内外政策，致使当时的国民经济处于崩溃的境地，水利设施长年失修，江河堤坝千疮百孔，水旱灾害连年不断，平民百姓怨声载道。仅 1949 年，全国洪涝灾害面积就达 1 亿亩，灾民 4000 万人，灾区遍及华东、华北、中南、东北等地区。

新中国成立之初，中央人民政府把水利建设摆在恢复和发展国民经济的重要位置。中央人民政府成立仅一个月，水利部成立仅 8 天，迅即召开了全国各解放区水利联席会议，确定了当时的水利建设方针，要求"在受洪水威胁的地区，应着重于防洪排水；在干旱地区，应着重于开渠灌溉"。在这一背景下，全国兴起兴修水利的热潮。1950 年春，全国组织了民工 460 万人、解放军 32 万人，开展了大规模的兴修水利工程。由于当年淮河流域发生特大洪水，毛泽东主席发出根治淮河的号召，政务院随即出台《关于治理淮河的决定》。

1950—1952 年，举国上下努力治理大河流域，全国水灾面积大幅度缩小，筹办了数百处现代化的灌溉工程，直接参与水利工程建设的有 2000 万人，极大地缓解了洪涝灾害对人民生命财产的严重威胁，保障了农业生产的稳定和增长。

在取得巨大成就的同时，我国水利建设中亟待解决的许多问题也凸显了出来，其中特别突出的就是水利专业技术人员的严重不足。即使在高等院校相对集中、水利专业相对较多的华东地区，相关力量也是既薄弱又分散，各个大学水利专业教师最多只有十几人，学生不过百余人。例如，1952 年的南京大学水利系，教师仅有 10 人，学生 72 人；交通大学水利系教师 13 人，学生 101

人；同济大学土木系水利组教师 6 人，学生 28 人；浙江大学土木系水利组教师 7 人，学生 57 人。为了一时之需，当时还采取了学生提前一年毕业、有关高校赶办培训班等措施来支持水利建设。随着社会主义建设大规模展开，水利建设对水利专业人才的需求急剧增加，加强水利高等教育建设已成为当务之急。

（二）国家教育政策的导向

1951 年 11 月，教育部召开的全国工学院院长会议指出，全国工学院地区分布不合理，师资、设备分散，使用效率低；学科庞杂，教学脱离实际，培养人才不够专精；学生数量远远不能满足国家建设需要。为此，拟定了全国工学院调整方案。1952 年，教育部明确了全国院系调整的原则和方式，根据苏联的大学模式，取消大学中的学院，调整工、农、医、师范、政法、财经等科，组建新的专门学院或合并到相关学院，以华北、华东、东北为重点，按大学、学院、专科学校分类调整充实。到 1952 年年底，全国已有 3/4 的高等院校进行了院系调整和专业设置工作，专门学院特别是国家建设急需的工科院校和系科得到了大力发展，新建了一批独立建制的水利高等院校。可以说，正是国家的这些教育政策有力地推动了华东水利学院的建立。

二、华东水利学院建立的经过

1952 年全国高校院系调整，为适应迫切的水利事业发展需要，华东军政委员会水利部第一副部长刘宠光倡议建立华东水利学院。1952 年上半年，华东军政委员会教育部秉承国家教育部、华东军政委员会的指示，经过各部门的反复研究，拟出华东区高等学院院系调整设置方案。同年 8 月，华东区高等学校院系调整委员会最终决定在南京组建华东水利学院。由南京大学水利系、上海交通大学水利系、同济大学土木系水利组、浙江大学土木系水利组以及华东水利专科学校的水利工程专修科组建合并成立华东水利学院，归华东军政委员会教育部直接管理。1953 年，厦门大学土木系水利组、山东农学院农田水利系、淮河水利学校水利工程专修科并入。1955 年，武汉水利学院水道及港口水工专业并入。至此，完成了华东水利学院的合并与调整。

南京大学水利系即建立于 1915 年的河海工程专门学校的延续，于 1937 年建立，历任系主任有原素欣、黄文熙、顾兆勋、许心武、须恺、张书农。曾在水利系任教的主要教师还有张含英、谢家泽、刘光文、沈百先、沙玉清等。建有水工实验室、土工实验室、测量仪器室和图书室等。开设水文学、水力学、土力学、渠工学、防洪工程学、水力发电工程、海港工程学等课程。

上海交通大学水利系成立于 1946 年，历任系主任有王达时（代）、徐芝纶，主要教师还有严恺、刘光文、伍正诚、李新民等。建有水力实验室等，开设水文学、河工学、水工结构设计、农田水利工程、运河工程及设计、水电工程设计、港工设计等课程。

同济大学土木系水利组于1949年设立，主要教师有郑肇经、刘宅仁等，开设水文学、治河工程、农田水利工程、港口工程学等课程。

浙江大学土木系水利组于1950年设立，主要教师有汪胡桢、李崇德、梁永康、钱家欢等，开设水文学、水力学、治河工程、水力发电、水工结构、灌溉排水等课程。

华东水利专科学校建于1950年，水利专修科开设水利工程和水文两个专业，分两年（招收高中毕业生）和五年（招收初中毕业生）两种学制，主要教师有金选青、陈骏飞、雷鸣蛰等。

华东军政委员会教育部和华东区高等学校院系调整委员会决定，成立华东水利学院建校筹备委员会，由华东军政委员会水利部第一副部长刘宠光任主任委员，严恺为副主任委员，梁永康、徐芝纶、张书农、裴海萍、郑肇经、刘晓群为委员，并宣布在中央未任命院长之前，建校筹备委员会为学院最高领导机构，负责学院各项工作的计划、布置和执行。

建院之初，条件艰苦，学院没有校舍，办公及教学用房全部使用南京大学四牌楼校舍。基础课、公共课及部分基础技术课的讲授、实验等教学活动，都与南京工学院相近专业的学生同堂进行。学院没有学生宿舍，一部分学生住在南京工学院学生宿舍，一部分学生由学校在附近租民房暂作宿舍。教师多数住在学院新购买的宿舍内或暂住在南京工学院教工宿舍，尽管条件如此艰苦，但是分散在上海、杭州的师生积极克服困难，有的教师举家搬迁，充分展现出了水利人吃苦奉献，以发展祖国水利事业为己任的崇高精神和品德。

经华东军政委员会水利部和南京市政府批准，华东水利学院校址选定在环境清静、交通便利的南京市西部清凉山北麓，并立即开展了大规模的校舍建设工作。按照建校筹备委员会的要求，在决定成立华东水利学院仅一个月后的9月下旬，即完成了各相关院校的人员及仪器、设备、图书的搬迁工作。当时到华东水利学院集中的师生有：南京大学黄文熙、顾兆勋、张书农、沙玉清等教师10人及学生71人，交通大学严恺、徐芝纶、刘光文、伍正诚等教师14人及学生106人，同济大学郑肇经、刘宅仁等教师6人及学生28人，浙江大学李崇德、梁永康、钱家欢等教师7人及学生57人，华东水利专科学校金选青、陈骏飞、雷鸣蛰等教师10人及学生71人。为了使在上海、杭州的教师能安心到南京任教，建校筹备委员会决定根据文化水平和专长安排教师家属担任学院相关部门的职员，这样既解决了建院之初干部奇缺的问题，又打消了教师的后顾之忧。为了尽快恢复正常的教学秩序，在校舍尚未建成的情况下，决定借用南京大学和南京工学院（现东南大学）的校舍办公、上课和住宿。

1952年9月下旬，建校筹备委员会根据华东军政委员会教育部有关精神，在组织全体干部教师讨论后决定：学院设立水文、水利土壤改良、水力发电、水工结构4个系，由刘光文、张书农、伍正诚、顾兆勋分别任系主任；设置河川结构及水力发电站水利技术建筑工程、水道及港口水利技术建筑工程、中小型水力发电站建筑、水利土壤改良4个本科专业，水工结构、水力发电土木、水利土壤改良、陆地水文4个专科专业。同时成立了10个教研组：工程画教研组，组长许永嘉；测量教研组，组长张慕良；工程力学教研组，组长徐芝纶；水力学教研组，组长梁永康；土壤力学教研组，组长黄文熙；水文学教研组，组长刘光文；水工结构教研组，组长李新民；水力发电教研组，组长伍正诚；土壤改良教研组，组长张书农；水道港口教研组，组长刘宅仁。

为了做好学院招生进校后的教学工作，1952年10月初，建校筹备委员会组织教师进行充分讨论，制定各专业教学计划，明确培养目标。随后分配教师承担课程教学任务，拟定教学大纲。为了制定好教学计划，建校筹备委员会成立了教学计划研究组，由张书农、黄文熙、钱家欢、严恺、许永嘉5位正副教授组成，张书农为召集人。

1952年暑假，学院参加了华东区高校招生，共招收新生728人，其中本科生308人，专科生420人。至10月，学院共有专任教师70人，职员40人，工人30人，学生1017人。随着各项工作的筹备就绪，10月27日正式开始上课，这一天也就成为了华东水利学院的校庆日并一直沿用至今。

1952年12月，经华东军政委员会提名，中央正式任命水利部副部长钱正英为华东水利学院院长，严恺为第一副院长，裴海萍为第二副院长；学院党、团组织也同时成立。至此，华东水利学院以一个崭新的姿态投入到社会主义建设的洪流之中。建院之初，师生们就参与了我国自主设计的佛子岭、梅山、新安江等第一批大型水电站的建设，此后又参与了新中国所有大型水利水电工程的建设，取得了大批国内外领先的科研成果，为国家水利水电事业和经济社会发展做出了重大贡献。

三、华东水利学院的初步发展

在"文化大革命"前的办学过程中，华东水利学院建立后的起步阶段、1957—1961年的曲折阶段、1961—1966年的调整阶段，由于这一时期国家各方面处于探索时期，教育政策深刻影响着新生的华东水利学院。

（一）起步阶段（1952—1956年）

新中国成立后，国家开始了大规模经济建设，由于当时特殊的国际政治形势，在政治、经济、文化各方面特别注重向苏联学习，成为华东水利学院各方面工作奠定基础的重要时期。

1. 积极学习苏联经验

华东水利学院成立后，积极借鉴苏联高等教育建设经验，从教育计划、教育内容、教育方式、规章制度以及教学组织等方面进行改革。采取的主要措施是聘请苏联专家来校讲学和担任院长顾问；派遣教师、学生去苏联留学；组织教师学习俄语，翻译苏联教材、科技书籍和资料。

2. 大力进行教学改革

1953 年，根据高教部关于教学改革"积极准备，稳步前进，坚决贯彻"的方针，华东水利学院制定了 3 年教学任务计划，把修订教学计划列为首要任务；对教学组织进行调整，按学科成立教研组，加强系的领导作用；组织教师积极编写教材，加强基础理论。截至 1954 年暑假，参考苏联教材自编讲义的课程已达 27 门，占当时课程的多数。到 1956 年，除采用苏联和我国出版的教材外，华东水利学院已编印 50 余门适合学生的课程的讲义；坚持理论联系实际，加强实践性教学环节，在原有基础上改革实习、毕业设计、实验课和考试等；改革教学方法，推行启发式教学法，在发挥教师主导作用的前提下，创造学生生动活泼主动学习的局面；兴建图书馆和各类实验设施，为学生创造良好的学习条件；重视教学管理制度的制定与实施，培养良好的教风与校风。

3. 积极开展科学研究

在教学基本走向正轨后，华东水利学院开始把科学研究作为一项重要工作列入议事日程，一是支持教师开展专题研究，尤其是结合生产，开展科学研究；二是制定科研规划，推进科研深入开展。1956 年，华东水利学院颁布《华东水利学院十二年规划》，要求各教研组积极制定科研计划。在学生中成立科研小组，结合学习内容，理论联系实际开展科研活动；开展各种群众性的学术讨论会，并于 1956 年校庆时举行了学校第一届科学讨论会；成立科普小组，配合我国第一个五年计划的实施，宣讲《黄河流域综合治理水利规划》。

（二）曲折阶段（1957—1961 年）

我国社会主义改造基本完成以后，国家开始转入全面的、大规模的社会主义建设。在探索和实践社会主义建设的过程中，由于指导思想上的错误，1957—1961 年，国家经历了一个曲折的发展过程，华东水利学院也受频繁的政治运动影响而出现了曲折发展的状况，例如学校大炼钢铁、盲目办厂、大办专业，严重违背了办学规律。

尽管如此，学校专业建设、人才培养、科学研究在曲折中不断发展，到1960 年，学校已开设 16 个本科专业，研究生教育和留学生教育正式启动，开启了华东水利学院高层人才培养的新篇章。这一时期，承担多项各级各类科研课题，形成了学校科研工作的特色和相对稳定的科研方向。1960 年，学校被水电部确定为部属重点高校。1961，被教育部确定为全国重点高校，发展规模为 4000 人，其中本科 3800 人，研究生 200 人。

（三）调整阶段（1961—1966 年）

1961 年，党的八届九中全会制定了国民经济"调整、巩固、充实、提高"的八字方针，自此进入"大跃进"以后的调整时期。在高等教育方面，1961年，中央批准试行《教育部直属高等学校暂行工作条例（草案）》（简称"高校六十条"）；1963 年，教育部通知试行《教育部直属高等学校自然科学研究工作暂行简则（草案）》（简称"高校科研十四条"），为高等学校的各项工作贯彻八字方针做出了具体规定。华东水利学院根据"八字方针"的精神和水利部的指示，在调查研究的基础上进行了一系列的调整，取得了一定的成效。

一是进行了"定规模、定任务、定方向、定专业"的四定工作，并对"大跃进"以后学校的规模和专业设置做了调整。在规模上，教育部调整会议确定学校规模为 3000 人（包括研究生 200 人）；在专业设置上，针对以上新专业设置过多过快，人力物力分散，质量难以保证的问题，1961—1962 年，遵照水利部的指示进行了调整，调整后的专业有以下 8 个：河川枢纽及水电站建筑、农田水利工程、水电站动力装置、陆地水文、海洋工程水文、港口土木建筑、水道及港口水工建筑和应用力学。

二是对教学工作进行调整。1961 年，根据"八字方针"，初步总结了毕业设计、教材建设、师资培养以及提高基础课教学质量的经验与教训；根据"高校六十条"的精神，在以教学为主、稳定秩序、加强基础、培养师资、调整专业、加强教学方面的基本建设，以及充分发挥教师的主导作用和正确发挥学生的学习积极性等方面开展工作，强调了加强基础理论、基本知识和基本技能的训练，不断提高教学质量。

三是对科研工作进行调整。"高校六十条"和"高校科研十四条"公布后，华东水利学院以在教学为主前提下适当加强和积极开展科研工作为宗旨，积极开展以学校十周年校庆学术活动为中心的科研工作和研究生工作。一方面强调稳定科研计划，提高研究质量；一方面着手建立和健全科研工作和学术活动的规章制度，抓紧成果的整编和审查、鉴定工作。1963 年，以贯彻执行国家科研十年规划有关任务为中心内容，制定了学校科研十年规划（1963—1972年），明确了学校科研工作的主要任务、主要目标，拟定了 5～10 年内需要深入研究的主要课题，包括 7 个方面：水文现象的成因及统计规律的实验研究；径流调节基本理论和方法的研究；水能规划理论的研究；淤泥质海岸及河口的水力学、冲淤演变和防护整治问题；土石堤坝及其地基的应力与变形问题；软土地基上基础结构的应力分析；河川枢纽泄水建筑物的水力学问题。遗憾的是，随后爆发的"文化大革命"使学校陷入困境，这一科研规划也无法继续贯彻实施。

第三节 武汉水利学院的建立

在 20 世纪 50 年代初期的全国高校院系调整的洪流中，武汉水利学院应运而生，这是新中国成立后我国建立的又一所具有独立建制的水利高等院校。建校伊始，武汉水利学院学习苏联高等教育办学经验，积极探索社会主义水利高等教育办学规律，在 2000 年与武汉大学合并前，已发展成为国内水利电力行业专业齐全、规模大、综合实力强的全国重点大学，在国内外享有较高的美誉度和影响力，为国家水利电力培养了大批高素质人才。

一、武汉水利学院的前身——武汉大学水利学院的创建

新中国成立初期，水利建设百废待兴，亟待加强。我国中南地区既有长江、淮河，又有众多大小湖泊，尤其是消弭长江、淮河水患尤为重要。在中南区军政委员会建立之际，考虑筹建一所培养高级水利技术人才的高等学校。1950 年，湖南大学水利系调入武汉大学，1951 年与武汉大学水利工程组合并成立了武汉大学水利工程系，由 1926 年毕业于河海工科大学，1930 年留学美国，获康奈尔大学土木工程硕士、爱荷华大学水力工程博士学位的何之泰教授任主任。

1953 年，中南区是国家高等学校院系调整的重点，从 1952 年 4 月到 1953 年 10 月，广西大学土木系水利组和农田水利专修科、河南大学水利系、湖南农学院农田水利专科、华南工学院水利系、南昌大学水利系以及江西农学院、武昌中华大学的水利系科并入武汉大学，合并组建了武汉大学水利学院，张瑞瑾兼任院长。此时，在校学生已达 1451 人，共有教师 160 人。

1953 年 9 月，根据中南教育部部长潘梓年的指示，水利学院暂时隶属于武汉大学，相关机构设置要在统一领导、分别管理的原则下进行。1954 年年初，武汉大学水利学院建立了以院长办公室、教务室、总务室和水工建筑、河港工程和水利改良等为主体的 3 室 3 系行政组织和教学组织，并且建立了近20 个教研组或教学小组，开始在原武汉大学农学院大楼办公，为武汉水利学院的建立奠定了坚实的组织基础。

二、武汉水利学院的建立

为了尽快建立武汉水利学院，国家高等教育部和武汉大学水利学院先后主持召开了两次建院座谈会。

1954 年 9 月，高等教育部召集全国设有农田水利方面专业的高校和有关部门代表召开了第一次建院座谈会。苏联专家卡尔波夫应邀出席。在这次座谈会上，高等教育部正式提出把"武汉大学水利学院从武汉大学独立出来，单独建院，建成以培养水利土壤改良方面的工程师为重点的高等工科学校"，并做出如下决定：第一，改造旧社会"通才教育"的做法，清除封建教育和资本主义教育制度的影响，学习苏联办学经验，进行全国性的院系调整，以便集中力量，迅速培养农田水利方面的专门人才。第二，以武汉大学水利学院为基础，将华东水利学院、天津大学、河北农学院、沈阳农学院等四校的水利土壤改良专业并入，成立以水利土壤改良专业为重点的武汉水利学院。

1954 年 12 月 1 日，高等教育部关于在武汉大学水利学院的基础上成立武汉水利学院的方案获得国务院正式批准，并任命张如屏、张瑞瑾为武汉水利学院院长和副院长。

接着，时任高等教育部部长马叙伦同意成立筹备处，由张瑞瑾等 6 人负责武汉水利学院的筹备事宜，要求武汉大学积极做好武汉水利学院独立的准备工作。

1954 年年底，高等教育部要求武汉水利学院 1955 年必须招收新生，并集中调整来院的师生，在暑假后保证开学。为了保证新生的武汉水利学院如期开学，1954 年 11 月 16—25 日，召开了第二次建院座谈会。这次座谈会主要讨论两个关键性问题：校址选在哪及校园如何布局；建院前后来自各地的有关专业的教学如何制定过渡性计划和工作安排。经过反复讨论，会议做出决定：一是校址确定在珞珈山北麓。在向高等教育部和水利部汇报后，时任高等教育部部长杨秀峰亲自到校进行实地调查，正式批准了这个选址。二是根据学院办学实际，制定过渡性教学计划和具体的教学过程，确保教学工作顺利进行。三是确定学院的专业设置，建立相关组织机构，选配合适人员。

1955 年 1 月 23 日，武汉水利学院成立大会在武汉大学体育馆隆重举行，一所由高等教育部直属且具有明确培养目标的水利高等学校正式诞生了。

三、武汉水利学院的初步发展

武汉水利学院成立后，在国家政策的支持下，积极探索教育规律，专业建设、教学建设、科学研究等有了一定的发展，呈现出良好的发展态势。

（一）系科、专业设置稳步发展

学院初创时，主要以水利类专业为主培养人才，20 世纪 50 年代末，学院增设了电力专业，成为一所培养水利电力人才的专门学校。

从 1954 年学校获批建立到 1957 年，武汉水利学院设置有水利土壤改良、河川枢纽及水电站建筑 2 个本科专业，水利技术建筑、水利土壤改良 2 个专修科。

　　1958 年，武汉水利学院增设了治河防洪工程和水利工程施工 2 个专业。1959 年，增设了发电厂电力网及电力系统、水电站动力装置 2 个专业，成立了电力工程系，学院更名为武汉水利电力学院。学院建院 5 周年时，已发展到有农田水利系、水工建筑工程系、治河工程系、水利施工系、电力工程系、基础科学系 6 个系以及农田水利、河川枢纽及水电站建筑、治河防洪、水利工程施工、水电站动力装置、发电厂电力网及电力系统、电厂化学 7 个专业。

　　1960 年，武汉水利电力学院设立基础科学和近代技术系，增设了数学、物理、化学、电气、电气测量技术、数学计算仪器及装置等 6 个专业。同年，武汉水利电力学院被确定为全国重点高等学校。1962 年，武汉水利电力学院停办了 4 个专业，撤销了基础科学系和近代技术系，专业调入其他相关学系。1964 年，水电部决定北京电力学院的高压技术及设备和电厂化学 2 个专业调入武汉水利电力学院。到建院 10 周年时，学校专业调整到 8 个，即河流力学及治河工程、农田水利工程、河川枢纽及水电站建筑、水电站动力设备、水利水电施工工程、高电压技术及设备、电力系统及其自动化、电厂化学。

（二）积极借鉴苏联经验

　　新中国成立初期，武汉水利学院积极响应党中央的号召，认真学习苏联的经验，先后聘请了苏联水利土壤改良专家卡尔波夫、水利工程施工专家叶菲莫夫和河道整治专家倍什金来学院担任教学工作。

　　一是按照专业要求培养人才，执行统一的教学计划和教学大纲。为了帮助教师明确培养方向和目标，卡尔波夫协助制定了水利土壤改良和河川枢纽及水电站建筑以及与两专业关系密切的 14 门专业课、专业基础课大纲和 4 门教学实习、生产实习课大纲。

　　二是采用苏联教材和自编教材。全院两个专业（水利土壤改良、河川枢纽及水电站建筑）以及两个专修科（水利技术建筑与水利土壤改良）共 130 门课中，采用苏联译本做教材的 28 门，由教师自编讲义 35 门，二者占全部课程的 67%。

　　三是学习苏联的教学方法，建立教学基层组织。首先，学习苏联在学院全部课程中建立了课堂讲授、课堂讨论、习题课、实验课、大作业、生产实习、课程设计、毕业设计等一整套相互衔接的教学环节。其次，为了在教学中实行集体研究和发挥个人积极性相结合的原则，学院把同一门课或相近几门课的教师组成教学研究室，使其成为学院教学和科研的基层组织。这些至今仍深深影响着我国的高等教育。

　　当然，在学习苏联的过程中，逐渐暴露出一些问题，例如，统得过死，不利于发挥教师的主动性和积极性；有些教学内容照抄照搬，脱离了我国具体国情等。

（三）积极探索社会主义教育规律

作为一所为国家培养水利建设人才而建立起来的一所以水利土壤改良专业为主的新型的社会主义大学，学校积极探索社会主义教育规律，走出了一条符合实际的办学路子。

一是系统开设政治理论课。建院之初，为了加强学生的马克思主义基础理论教育，学校开设了哲学、政治经济学、中共党史、联共（布）党史等马克思主义理论课。同时，学校还组织教职工系统学习中国革命史，不断提高政治理论水平和思想水平，从思想上保证教学的顺利进行。

二是贯彻以教学为主的精神，健全教学管理制度；加强教学领导，树立严谨学风；执行教学上"少而精"的原则，调整课时安排，减少生产劳动和科研任务，精选课程内容，强调精讲多练，努力提高教学质量；加强实践性教学环节，如习题课、课程设计、毕业设计、教学实习、生产实习等环节，培养学生的实验操作、写作报告等方面的能力。

三是大力提高师资水平。建院初期，为了提高师资水平，苏联专家在校期间，学校组织专家为教师集中讲课或讲学；邀请在华工作的专家来校进行定期、不定期的讲学；派遣教师到苏联留学进修，到国内兄弟院校进修；组织大量教师边工作边学习。1963 年，学校就师资培养提出具体措施，如每人需要制定一个具体可行的规划，由教研室统一安排；加强督促检查，为教师创造提高的条件，对教师进行具体帮助并作必要的考核；加强组织和思想领导，院、系、室要有专人负责；采取措施加强骨干教师的重点培养。1964 年，建校十周年校庆时，学校制定了师资培养十年规划，进一步明确了师资培养的方向、内容和方式。在师资培养方向坚持又红又专，理论与实践相结合；在培养内容上，坚持既要提高科学水平，又要提高教学水平；在培养方式上，坚持以教学、科研为主，脱产进修为辅，以个人钻研为主开展集体活动，老中青结合为辅。经过不懈的努力，学校师资建设取得了显著成绩，为学校的进一步发展奠定了良好的基础。

四是加强科学研究和工地教学。从 1958 年开始，学校组织师生到一些大型水利工地，进行教学、生产劳动、科学研究三结合教育体制的尝试，实现了教学为国民经济建设服务。学校与社会加强联系，尤其是与全国各大型水利枢纽工地的联系，在解决水利实际问题的同时，也锻炼了师生的科研意识和实践能力。1963—1965 年，武汉水利电力学院贯彻"科研十四条"，主动适应国家经济建设需要，承担国家重点项目，积极开展科学研究，形成了浓厚的科研氛围，锻炼出了一支高水平的科研队伍。据统计，在 1964 年国家十年科研规划水利方面 80 个项目中，武汉水利电力学院负责了 40 项，参与了 36 项。

建校以来，学校随着国家政治、经济、文化建设的巨大发展而发生了极其深刻的变化。1956 年，学校招收了首批研究生，同时开始接受越南等国的留学生。至 1965 年，学校相继增设了社会急需的水利类、电力类、动力类等专业，在校本专科学生达到 3000 余人，教师由 162 人增加到 583 人，初步形成了一定的规模和办学基础，整体办学实力得到了社会和国家的认可。

第四节 北京水利水电学院的建立

北京水利水电学院是华北水利水电大学的前身，建校 60 多年来，从首都北京到燕赵大地，最后立足河南，扎根中原，学校三次搬迁，四易校址，一路南下，历经北京水利水电学院时期、河北水利水电学院时期、华北水利水电学院时期，2013 年更名为华北水利水电大学，谱写了一曲治水兴水、爱水兴校的奋斗赞歌，秉承大学之精神，形成了自身独有的发展特色。

一、北京水利水电学院的前身

北京水利水电学院起源于北京水利学校、北京水力发电函授学院和北京水力发电学校。三校合并前，都有着优良的校风和严谨的办学传统，曾为新中国培养了许多优秀的水利水电技术人才，成为新中国培养水利水电技术人才的重要阵地，为新中国的水利水电建设事业做出了重要贡献。

（一）北京水利学校

1951 年，水利部决定创办北京水利学校。当时的全名为中央人民政府水利部水利学校，1954 年改为水利部北京水利学校，简称北京水利学校。

时任水利部副部长李葆华主持建校工作，具体参与筹备的有方生、刘传瑛、程学文、田园、陈肇和、李伟超等人。校址开始设在傅作义部长捐献的私人别墅即西郊的钓鱼台，后迁到西直门外紫竹院。

1951 年 9 月 15 日，学校举行了开学典礼，水利部部长傅作义到会并作了重要讲话，水利部办公厅副主任郝执斋兼任校长。第一届学生是从察哈尔工业学院北京地区招考录取的 2000 名新生中调拨来的，共 500 名，实际报到 115人。第二届学生参加统一招生，北京地区招收 2 个班，济南地区招收 2 个班，还从河北和山西两省水利系统招收 1 个调干班。到 1958 年，学生已达1029 人❶。

建校初期，由于没有设置专业，培养目标也不够明确。1953 年，高等

---

❶ 严大考.华北水利水电学院院史［M］.西安：陕西人民出版社，2001：1-6.

教育部召开全国中等专业教育会议。水利部成立了领导教学的教育机构，提出设置专业的要求。1951年，主要是水工建筑专业；1952年，增设了农田水利专业；1953年，又增设了农村水电站建筑专业。从1956年开始直到1958年，学制设为5年，专业达到5个，即水工建筑、水文地质与工程地质、中小型水电站建筑、水能动力装置的安装与运行以及水利施工机械化等。

（二）北京水力发电函授学院

新中国成立初期，百废待兴，处于先行地位的电力工业更是亟待发展。然而，当时我国水力发电建设事业基础非常薄弱，高级专业技术人才尤其缺乏。为此，国家确立了普通教育与成人教育"两条腿"走路的教育发展思想，以缓解人才急缺所带来的压力。北京水力发电函授学院就是在这种情况下创建的。

1956年春，原电力工业部水力发电建设总局指派干部处技术员朱光大负责筹办水力发电建设总局职工大学。调研后，朱光大认为办教育应从全局着眼，遂向总局提出了筹建北京水力发电函授学院的建议，这一建议得到了肯定和支持。开始由时任水力发电建设总局副局长的王鲁南负责学校筹建工作并兼任院长，不久新安江水电工程局副总工程师步以谔调入担任专职院长。经过一年多的筹备，函授学院于1957年5月招生，9月1日开学，成为新中国成立以来第一所独立设置的高等工科函授学院。

学院正式成立后，招收了第一届河川枢纽及水电站建筑、水利工程施工机械以及水电站水工建筑3个专业函授生共307名。1958年，增设水利土壤改良专业（6年制本科），4个专业拟招收函授生总数为1300名。

（三）北京水力发电学校

北京水力发电学校于1952年筹建，燃料工业部水力发电建设总局局长李锐兼任校长。第一届新生约250人，于1952年10月入学。1953年，安徽淮南工业学校和浙江黄坛口水电学校的师生并入后，壮大了学校的队伍。

建校初期，学校专业设置主要有4个，即水利工程建筑、工业与民用建筑、水文地质与工程地质和水文测验。1956年，水文测验专业调整到武昌水力发电学校，增设建筑规划、水电站动力和自动化两个专业。1958年，增设了水电站动力装置和水利施工机械两个专业。从1954年开始，各专业均改为4年制。1958年，在校学生达1200人以上，教职工300余人。

二、北京水利水电学院的创建

随着国民经济建设事业的发展，国家急需水利水电高等专业技术人才。为此，1958年9月15日，水利电力部决定，北京水利学校、北京水力发电学校和北京水力发电函授学院合并组建北京水利水电学院，委托水利水电科学研究院领导。

经过短时间的筹备，1958 年 10 月 6 日，北京水利水电学院成立大会在北京市东郊定福庄举行，水利电力部副部长冯仲云到会祝贺。北京水利水电学院成立后，根据教学需要，对各校区进行了适当的调整。院长由水利水电科学研究院院长张子林兼任。

1959 年 3 月，水利电力部决定任命水利水电科学研究院院长张子林兼任学院党委书记，魏国元任院长。1960 年 9 月，中科院学部委员、著名水利专家、黄河三门峡水利枢纽工程总工程师汪胡桢调入学院担任院长。

三、北京水利水电学院的初步发展

（一）积极发展学科专业

学院建立后，为了适应我国水利水电事业对高等技术人才的需要，学院根据自身的情况，积极进行学科和专业调整。本部设立 2 个系 4 个专业，均为 4 年制本科。其中，水利工程建筑系设河川枢纽及水电站建筑专业和水文地质与工程地质专业；水利机电系设水利施工机械和水电站动力装置专业。

1960 年，水利工程建筑系增设农田水利工程专业，水利机电系增设水电站自动化专业。至此学院共有 6 个本科专业，学制均为 5 年，在校生人数首次超过 1000 人，达 1049 人。

1961 年，国家处于三年困难时期，根据党中央"调整、巩固、充实、提高"的精神和自身的实际情况，学院对招生专业和招生规模进行了调整。1961 年没有招生，水电站自动化专业 31 名学生调整到当时的北京电力学院继续学习。

1962 年，水文地质与工程地质专业和水电站动力装置 2 个专业停止招生。1963 年招收新生 93 人，其中，河川枢纽及水电站建筑专业 31 人，农田水利工程专业 62 人。1964 年招生规模有所扩大，共招收 245 人，其中河川枢纽及水电站建筑专业 62 人，农田水利工程专业 91 人，水利施工机械专业 92 人。1965 年的招生规模基本上与上年持平，共招收新生 241 人。其中，河川枢纽及水电站建筑专业 63 人，农田水利工程专业 89 人，水利施工机械专业 89 人。

值得一提的是，1965 年，学院增设水利史专业，开始招收硕士研究生，导师为姚汉源教授，是学院招收研究生的第 1 人。在此之前，姚汉源教授 1963 年从武汉水利电力学院带来 1 名研究生，1964 年以武汉水利电力学院的名义招收研究生 1 名，1965 年又招收 1 名。

（二）大力加强师资队伍建设

学院从成立之日起，就朝着新型的正规的高等教育方向迈进，学院十分重视师资培养，把它当作办好学院的一项战略任务来抓，并结合学院实际情况和教学工作需要，编制了师资培养计划，提出了一系列有效的措施：重点培养一批政治素质好、业务基础扎实、有培养前途的教师；选拔一些教学骨干脱产到其他院校进修或读研究生；选派部分年轻教师作为老专家的助手，通过名专家的悉心指导，使青年教师迅速成长；邀请水利水电科学研究院专家来院任课，安排有关教师随堂听课；根据专业需要，安排部分青年教师参加重点项目的科学研究工作，在参加研究中增长才干，提高能力；安排青年教师到水利水电工地劳动锻炼和进修。

建院伊始，基础课教师的教学任务较重，轮空的专业课教师，除在职进修、积极备课外，分别到兄弟院校进修和去水利工地参加生产劳动，从实践中锻炼提高。根据有关资料统计，1958 年到 1966 年，学院先后选派教师 80 多人次到大连工学院、哈尔滨工业大学、同济大学、华东水利学院等院校进修或攻读研究生；分 3 批安排约 40 名教师到三门峡水利枢纽工程工地进修半年或一年。

汪胡桢先生曾指出："师者，就要学高为师，德高为范，身先力行，一丝不苟。"基于这种理念，他在研究中严谨治学，精益求精，在教学中从严执教，恪守师德。调入学院担任院长后，他十分重视教师业务水平的提高，大力倡导教学联系工程实际，经常率领师生到京郊参加水利工程的勘测和设计，对青年教师不断提高教学质量和广泛开展科学研究起到了极大的促进作用。

（三）积极推行教育教学改革和实验室建设

建院初期，为了破解苏联教育经验的局限性，创立更加适合我国国情的社会主义教育制度，学习结合生产劳动，积极推行以勤工俭学为中心的教学改革。1958 年，学院师生参加了潮白河流域的规划和设计工作。1959 年，学院师生参加了昌平县桃峪口、响潭水库灌渠规划设计工作和密云水库建设工作。1960 年，学院在历年支援北京郊区水利建设的基础上，发展成为长期定点挂钩支援农业。学院在房山进行了大量工作，对农业的增产做出了较大的贡献，同时使房山县成为学院农业劳动、支援农业、科学研究三结合的基地。1960—1961 年，学院组织了几批师生，约 348 人次，进行了中小型水库以及灌溉系统的配套设计工作，师生都在实践中得到了极大的锻炼和提高。

这一时期，学院十分重视实验室建设，建成了物理、化学、建筑材料、水力学、水工、结构、土壤、地质、力学、光弹、修理工艺、电力拖动、电机、施工机械、电工、金相、公差、制造工艺、机械原理与机械零件、液力传动、内燃机等 20 多个实验室。1964 年，又兴建了包括水工、水力学、水利机械、农田水利等实验室在内的水利馆，对学生动手能力的培养起到了积极的作用。

（四）高度重视科学研究工作

学院建立伊始就高度重视科学研究工作。1960 年，为了适应开展科研工作的需要，学院成立了科研委员会，时任院长魏国元亲自担任主任，并成立了科研科，编制 3 人。

学院党委书记、水利水电科学研究院院长张子林大力支持学院科研工作，为学院带来 10 多项项目，如万家寨水利枢纽水工模型实验、普定大坝光弹软胶实验、黄河三义寨闸门振动试验等。1961 年，汪昭斌、李子盛主持完成了海淀区白水洼拦河闸设计；刘之汉等带领农田水利、河川枢纽专业学生 60 余人主持完成了河北省涿鹿县测量规划。1962 年，田园等带领农田水利专业 60 多名学生完成了房山县大宁东干渠扩建规划设计和西干渠延长规划设计。1963 年，田园、汪昭斌、窦以松等带领学生完成了房山县平原区水利规划；刘之汉等参与设计了卢沟桥引水工程，汪胡桢、步以谔等亲自参与选址和方案评价。1964 年，汪胡桢院长参加了周恩来总理亲自主持的治黄会议并提出重要建议。1965 年，根据周恩来总理的指示，他亲自率领河川枢纽、地质专业和部分水动专业的毕业班学生以及大部分水工系专业教师，奔赴山西碛口，进行了大量的调查勘测工作，获得了大量有价值的第一手资料，编制设计了碛口拦沙库方案，为政府决策提供了重要依据。

在北京办学时期，北京水利水电学院在学科专业建设、师资队伍建设、科学研究推进等方面取得了许多有益的办学经验，奠定了学院初步办学的基础，为国家培养了一批急需的水利水电建设人才。

第五节　我国水利研究生教育的发展

新中国的成立，不仅标志着一段黑暗历史的终结，而且预示着中国从此进入一个全新的历史时代，中国研究生教育也否极泰来，揭开了快速发展的帷幕。1949—1957 年，我国研究生教育主要模仿苏联研究生教育模式，研究生的培养方式主要采用研究班方式，学习的内容和年限比较灵活。1958—1965 年，特别是 1959 年后，受中苏两国关系影响，我国开始总结自己的研究生教育经验，探索适合中国实际的研究生培养之路，这一段研究生培养主要以导师为主，学习年限为 3 年，基本建立起符合新中国实际需要的研究生培养体系。在这一背景下，我国水利研究生教育在探索中不断前行。

一、"十七年"时期我国研究生教育发展概况

"十七年"时期，在探索社会主义建设道路的过程中，党和政府高度重视研究生教育和高层次人才培养，我国研究生招生和培养迎来了一个发展的契机和良好的环境。可以说，新中国成立初期至"文化大革命"前是新中国研究生教育历史上的一段特殊时期，一方面它肩负着改造旧的研究生教育为我所用的重担；另一方面又负有探索适合中国国情的研究生教育模式的责任。从新中国成立到"文化大革命"爆发，我国研究生教育在改造、探索中培养了一批社会主义建设急需的专业人才，也凸显了这一时期研究生教育的发展特点。

首先，政府在"十七年"时期研究生教育发展中主导作用突出。为了尽快改革新中国成立前极其落后的研究生教育，政府制定了一系列的法规制度，大力发展新中国成立初期的研究生教育。1950年，《高等学校暂行规程》正式确立研究生教育在国家教育体系中的地位。当年一些有条件的高等学校开始招收培养研究生，但招生工作由各培养单位自行负责。1951年，教育部和中国科学院联合颁布《1951年暑期招收研究实习员、研究生办法》，开始实行研究生统一招生，当年共招收研究生1273人，标志着新中国研究生教育制度的初步建立❶。1953年，《高等学校培养研究生暂行办法（草案）》正式颁布施行，这是新中国首次制定关于研究生培养的法规性文件，不仅明确了研究生培养的根本目的，也基本确定了"十七年"时期我国研究生教育的发展走向。为了规范和改进研究生教育工作，1961年中共中央印发"高校六十条"，具体规定了研究生培养目标、招收对象、录取方式、学习年限和培养方法等，并要求全体研究生开设政治理论课和外语课。1963年，在第一次全国性研究生工作会议上，《高等学校培养研究生工作暂行条例》及5个附件获得正式通过。该次会议反思了苏联研究生教育模式的弊端，强调要自力更生，独立探索适合我国国情的研究生教育模式，从而开启了我国研究生教育走向本土化、制度化的探索之路。

其次，研究生教育发展迅速，研究生规模不断扩大。正是由于政府在政策和制度上的大力支持，我国研究生教育在"十七年"时期得到了较大发展。从在学人数看，1949年，全国研究生在学人数仅有629人，到1965年，全国研究生在学人数已达4546人；从研究生招生看，1949年招收研究生242人，1965年招收了1456人，其中1953年招收了2287人，是这一时期招生最多的

---

❶ 刘凡，等．我国研究生教育发展的现状与未来［J］．华中农业大学学报（社会科学版），2010 (4)：124–129.

一年；从毕业人数看，新中国成立前，我国总共毕业研究生仅有 232 人获得硕士学位，而 1949—1965 年，我国研究生毕业人数达 16307 人（见表 4-6）。研究生教育的迅速发展，为新中国成立初期的社会主义建设和新中国高等教育事业培养了一大批急需的专业人才。

表 4-6   1949—1965 年全国研究生招生人数、毕业人数和在学人数表   单位：人

研究生 年份	招生人数	毕业人数	在学人数	研究生 年份	招生人数	毕业人数	在学人数
1949	242	107	629	1958	275	1113	1635
1950	874	159	1261	1959	1345	727	2171
1951	1273	166	2618	1960	2275	589	3635
1952	1785	627	2763	1961	2198	179	6009
1953	2287	1177	4249	1962	1287	1019	6130
1954	1155	660	4753	1963	781	1512	4938
1955	1751	1730	4822	1964	1240	895	4881
1956	2235	2349	4841	1965	1456	1665	4546
1957	334	1723	3178	总计	23293	16307	59059

资料来源：《中国教育成就统计资料（1949—1883）》，人民教育出版社，1984。

再次，研究生教育发展过程尚存一些突出问题。一是研究生招生规模不稳定。从表 4-6 可以看出，1949 年全国招收研究生 242 人，1951 年已达 1273 人；1956 年招生 2235 人，1957 年、1958 年骤降 334 人、275 人，究其原因，政治因素起到了决定性的作用。二是研究生招生和培养质量不高。1958 年"教育革命"开始后，1959 年教育部要求"全国凡有条件的高校必须大力招收和培养研究生。"招收研究生由考试改为推荐入学，虽然规定了政治条件和业务条件，但在执行过程中，政治条件备受重视，业务能力认定较为弹性，直接影响到研究生招生质量。由于研究生质量下降，一段时间招生人数增长过快，研究生的教育与培养跟不上，导致研究生培养质量不高。三是研究生招生与培养制度不规范。虽然"十七年"时期出台了一系列关于促进研究生教育发展的政策和措施，但至关重要的学位制度建设一直未能提到议事日程。其后"文革"的爆发，研究生教育中断了长达 12 年之久。

二、"十七年"时期水利研究生教育的发展

水利研究生正是在这一背景下得以重生，并不断得到发展，许多学校开始招收并培养研究生，为我国水利事业培养了一批高素质人才。1955—1966 年，华东水利学院、武汉水利电力学院、北京水利水电学院研究生招生情况

见表 4 - 7。

表 4 - 7 1955—1965 年三所水利类本科高校研究生招生情况表 单位：人

学校＼年份	华东水利学院	武汉水利学院	北京水利水电学院	学校＼年份	华东水利学院	武汉水利学院	北京水利水电学院
1955	4	20		1961	11	17	
1956	2	6		1962	14	6	
1957	1	2		1963	8	4	1
1958	0	0		1964	12	7	1
1959	2	0		1965	13	0	1
1960	26	10		总计	93	72	3

注 根据三校校史整理。

（一）华东水利学院研究生教育的发展

华东水利学院研究生教育起步较早，从 20 世纪 50 年代起就已开始培养研究生，是新中国成立后最早开始培养研究生的少数高校之一。

1955 年，在华东水利学院的苏联专家和新中国水文高等教育的奠基人刘光文教授一起开始培养水利专业径流及水文计算和水利经济计算硕士研究生，青年教师吴正平等 4 人经过选拔考试被录取为华东水利学院第一批硕士研究生。

1955 年，严恺、黄文熙两位教授被遴选为中国科学院技术科学部学部委员，1956 年，他们被纳入中国科学院培养研究生的导师计划，并招收 2 名研究生。

1957 年，严恺、徐芝纶、张书农、顾兆勋和伍正诚等教授计划招收海岸工程等 5 个专业研究生 7 名，后因紧接着的全国"反右"运动而没有实现。

1959 年，根据考生政治、业务、健康等条件和"保证质量、宁缺毋滥"的原则，华东水利学院录取了水能利用、水工结构、水工建筑力学专业研究生各 1 名，并抽调了 2 名符合条件的教师攻读在职研究生。

1960 年，华东水利学院被确定为全国重点高校，研究生的在校生规模确定为 200 人。在这一背景下，当年招生专业、招生人数再创新高，20 多位导师在径流及水文计算、河床演变、水力计算及规划、水文预报、海岸动力学、船闸水力学、水能利用、水工建筑力学、水工结构、水利机械、水力学、土力学、水利土壤改良、陆地水文等 11 个专业招收专业研究生 26 名。

虽然到 20 世纪 60 年代初学校已基本形成较为正规的研究生招生和培养制度，但研究生规模比较小，1955—1965 年总共招收了 93 名研究生。

（二）武汉水利学院研究生教育的发展

与华东水利学院一样，武汉水利学院也是在 1955 年开始首次招收研究生。招生伊始就把培养研究生视作武汉水利学院提高办学水平的主要标志。根据《武汉水利电力大学四十年》中《历届硕士生博士生招生毕业人数表》，该校 1955 年开始招收研究生 8 人，天津大学水利土壤改良专业研究生 12 名调入学院，共有研究生 20 名❶；1956 年招收 6 人；1957 年招收 2 人；1958—1960 年，由于处于三年困难时期，连续两年没有招生；1960 年招收 10 人；1961 年招收 17 人；1962 年招收 6 人；1963 年招收 4 人；1964 招收 7 人；1966 年招收 10 人。可见，从 1955 年至 1966 年，武汉水利学院共招收研究生 72 名，共有 77 人毕业，其中包括少量的外国留学研究生❷。

（三）华北水利水电学院研究生教育的发展

1962 年，姚汉源教授在武汉水利电力学院招收了新中国第一个中国水利史研究生——周魁一❸，开创了水利史学科和水利史研究的先河。1963 年，姚汉源教授从武汉水利电力学院调入北京水利水电学院（华北水利水电大学前身）任教务长，周魁一也随姚汉源进入北京水利水电学院学习并于 1966 年毕业。1964 年，姚汉源以武汉水利电力学院的名义招收 1 名研究生。1965 年，北京水利水电学院增设教育史专业，开始正式招收硕士研究生，导师为姚汉源教授，是北京水利水电学院招收研究生的第一人❹。

此外，在这一时期，其他一些水利院校和科研机构也十分重视研究生的招生和培养工作，水利研究生教育出现了快速发展的趋向。

1955 年，《中国科学院研究生暂行条例》获国务院全体会议通过。1956 年，中国科学院地理所、地质所、水工室的研究生招生中，许多水利名师列入导师计划。例如，地理所的罗开富、郭敬辉招收陆地水文学专业研究生；地质所的张宗佑招收工程地质专业研究生，张宗胤招收水文地质专业研究生；水工室的张光斗招收水工结构专业研究生；钱宁和林秉南招收泥沙工程学，即泥沙运行与河床演变专业研究生；黄文熙招收土力学、地基及土木建筑物专业研究生；严恺招收港工学专业研究生❺。

---

❶ 武汉水利电力大学创业历程［EB/OL］. http：//www. hb. xinhuanet. com/misc/2003 - 12/23/content_1386994. htm

❷ 校史编写组. 历届硕士生博士生招生毕业人数表［A］//武汉水利电力大学四十年.（未正式出版），1994：207 - 208.

❸ 周魁一. 学习姚汉源先生，追寻历史的智慧［EB/OL］. http：//sls. iwhr. com/history/jswm/webinfo/2013/02/1360423709078090. htm

❹ 严大考. 华北水利水电学院史［M］. 西安：陕西人民出版社，2001：14.

❺ 张藜. 中国科学院教育发展史［M］. 北京：科学出版社，2009：352 - 353.

1952 年，经过院系调整，清华大学成立了水利工程系，1959 年，开始招收首批硕士研究生❶。1952—1966 年，水利工程系不仅培养出 1913 名本科生，也培养了 62 名研究生。❷

1958 年，水利水电科学研究院开始了研究生培养工作。肖天铎教授招收了第一位硕士研究生。1963 年，林秉南教授、许协庆教授等招收了 4 名研究生，他们在中国科技大学学习基础课，专业课则由导师负责讲授，因为"文化大革命"的爆发，这几人没有能够如期毕业。

1952 年，大连工学院开始招收培养研究生，到 1962 年已有 7 个系、22 个专业招收研究生，面向全国招生的专业已有 14 个。其中，水道与港口专业 1953 年开始招收研究生，水力学和河流动力学 1956 年开始招收研究生，水工与港工专业 1962 年开始招收研究生。1956 年，高等教育部颁布《高等学校招收副博士研究生暂行办法》，经高等教育部批准，大连工学院共有 7 名教授和 7 个专业成为第一批招收副博士研究生的导师和专业。与水利学有关的是钱令希教授（港与港结构专业）、李士豪教授（水力学）、章守恭教授（土力学与地基及其基础）、陆文发教授（水工建筑物的钢结构）。值得一提的是，大连工学院水道及港口研究生翻译了苏联人罗烈所著的《波浪理论讲义》，并于 1956 年由高等教育出版社正式出版。

此外，1963 年，成都工学院水利系王景贤教授招收了该校第一个研究生，专业为水能利用。

新中国成立后的"十七年"，水利研究生招收与培养仍处于探索阶段，仅仅集中在个别几所学校，招生不太稳定，招生数量仍然不多，受国家研究生招生政策影响较大。虽然这一时期中国没有实行学位制度，水利研究生毕业后也没有授予学位，但水利研究生教育形成了一定的规模并开始走上正轨，为以后水利高等教育的发展奠定了坚实基础。

第六节　汪胡桢的水利高等教育思想

汪胡桢（1897—1989），复姓汪胡，字干夫，浙江嘉兴人，我国现代水利工程技术的开拓者，1955 年被遴选为中科院学部委员。他一生情系水利工程，情系水利教育，参与导淮工程、大运河整理工程，主持兴建了著名的佛子岭水库和三门峡水库两大水利工程，在导淮和治黄上功勋卓著。新中国成立前，他

---

❶　清华大学水利系历史沿革［EB/OL］. http：//www.hydr.tsinghua.edu.cn/publish/he/6527/index.html.

❷　清华大学校史研究室. 清华人物志（第五辑）［M］. 北京：清华大学出版社，2003：93-94.

两度回母校河海任教，后短暂任教于中央大学、浙江大学；新中国成立后，他长期担任北京水利水电学院院长，为培养水利人才殚精竭虑。钱正英在《一代水工——汪胡桢》一书的前言这样评价他："作为一位中国水利事业的开拓者，他肩负着中华民族的忧患，培育了一代又一代的弟子，修建了一座又一座的水利工程，留下了一部又一部的科学著作。"❶

一、汪胡桢的水利人生

（一）水利人生的开启——求学于河海工程专门学校

1902 年，汪胡桢入家乡私塾读书，后就读于秀水县公立学堂。1912 年，因汪胡桢父亲病逝，家里缺少经济来源，他的学业陷入了困境，幸好在姑母的接济下，他才有机会继续求学。

---

❶ 嘉兴市政协文史资料委员会．一代水工——汪胡桢［M］．北京：当代中国出版社，1997．

在中学时代，汪胡桢本来醉心于铁路工程，一是因为当时正在兴建的沪杭铁路离汪胡桢家很近，他亲眼目睹了一条铁路从建筑路基到架设钢桥、铺好铁轨，直到完成施工的全部过程，对当一名铁路工人十分向往。二是深受他的一个表兄的影响。汪胡桢一个毕业于苏州铁路学堂表兄在洛潼铁路做技术员，他们之间经常书信往来。汪胡桢希望考取铁路工程学校，毕业后可以谋到一个足以养家糊口的职业，以分担家庭负担，让自己的母亲能够颐养天年。

但是，一个偶然的因素促使汪胡桢改变了学习铁路工程的主意，转而决心学习水利。1915年，在姑母的资助下，汪胡桢在准备前往上海参加中华铁路学校考试时，从报纸上看到河海工程专门学校在报纸上刊登的招生广告，不仅对山东、江苏、浙江的学生免收学费，而且学生学满毕业后将分配在导淮工程上工作。对他来说，该学校不收学费而且毕业后分配工作，是个难得的机遇。由于两个学校的考试时间并不冲突，故汪胡桢先后参加了这两个学校的考试，结果都录取了，出于多方面的考虑，最终决定不学铁路工程而改学水利。进入河海工程专门学校后，成为我国近代水利科学家李仪祉的学生，从此开始了他献身祖国水利事业的水利人生。

1915年，河海工程专门学校第一届正式招生时招有正科和特科。共招收新生80人，编为两个班，学制四年。为了应导淮急需，选择其中数学、英文成绩较好者办了一期特科，学制两年，"授于切要功课，冀急可致用"。汪胡桢错过了首批报考，其后被编入"导淮工兴，或不及待，乃招英文、数学诸科素有根底者，于所设科目择要教授，注重应用、实习，期以两年毕业，冀于淮役勘测、计画诸工足为工师之辅"的"特科"。❶

1917年4月12日，在河海工程专门学校的第二校址——南京高等师范学校一字房举行了隆重的"特科"毕业典礼，我国第一批自主培养的高等水利人才顺利毕业。这批毕业生共30名，汪胡桢是其中的佼佼者，他和顾世楫、吴树声按规定被保送去全国水利局任职。在全国水利局工作期间，1917年夏，由于河北发生大水，他奉命陪同荷兰水利专家方维因沿京广线勘察各河道水势。为了治理海河流域，他和方维因实地考察了滹沱河一带，协助方维因制定了海河流域五大河流的水利治理计划。但因为时局的变化，这项水利计划上报后便无人问津。

在全国水利局任职3年后，1920年，汪胡桢接受许肇南校长的邀请，回到河海工程专门学校担任教职，教授基本课程。

（二）水利人生的发展——出国留学

返回母校后，汪胡桢先担任出版部总编辑，后被许肇南破格聘为数学教

❶ 嘉兴市政协文史资料委员会．一代水工——汪胡桢［M］．北京：当代中国出版社，1997：5.

授。在河海工程专门学校教书两年，主要教授高等数学和水力学。期间，在举国向西方学习的时代大潮下，汪胡桢感到留学深造的必要。此时适逢南洋兄弟烟草公司的总经理简肇南捐出巨资帮助学生出国留学，于是汪胡桢前往报名应考。这次考试共录取6人，汪胡桢名列榜上，于1922年7月远赴美国康奈尔大学土木工程系学习，师从水利学家希雷教授。

在康奈尔大学求学的第一个学期，除了听希雷教授的课外，汪胡桢经常到图书馆查阅和论文有关的资料，并开始硕士论文写作，到第二学期已完成了毕业论文，并在答辩会上从容地回答了几位答辩委员会成员的提问，毕业论文顺利通过，获得了康奈尔大学土木工程硕士学位。

在康奈尔大学学习期间，在他的同学史密斯父亲的帮助下，汪胡桢参观学习了费城州约克市摩根史密斯水轮机制造厂，并到佐治亚州铁路与电力公司实习水电站的设计与施工。在这里实习期间，他查阅了摩根瀑布水电站的大坝、隧洞和水电厂房的图纸及设计资料，校对规划设计的计算，并经常深入到混凝土重力坝浇筑、隧洞开凿与工程截流的现场，不仅获得了理论联系实际的机会，也学习掌握了机械化施工方法，这对他日后从事水利工程建设颇有助益。

实习期满后，汪胡桢带着公司的介绍信到摩根瀑布水电站参观学习。其后，为了深入了解欧美的水道情况，他从密西西比河河口的新奥尔良出发，沿途考察了匹兹堡钢铁厂、福特汽车厂、尼亚加拉瀑布水电站，接着浏览了英国伦敦、法国巴黎以及瑞士、比利时、荷兰等国的一些地方，最终乘船到达上海。这次环球旅行，使他增长了见识，打开了眼界，对他影响甚大，为他追求水利科技创新打下了坚实的思想基础。在此后的水利工程实践中他特别强调要善于学习，不断创新，主张引进国外先进的水利技术。

汪胡桢在国外求学时，经常梦想着有一天回国后，能够凭借在国外学到的水利技术为国家水利水电建设做贡献，在中国的大江大河上建设水电站，使宝贵的水利资源不至于白白流走而浪费。但是，此时军阀们正在沪杭线上混战，当时的政府没有多余精力考虑水利建设。梦想破灭了，汪胡桢应时任校长杨孝述函请，再一次回到母校重执教鞭，教授水工结构。

（三）水利人生的高潮——新中国成立后的水利实践

自1917年从河海工程专门学校毕业起，汪胡桢就立志为中国的水利建设事业奋斗终生。在新中国成立之前，由于外部因素的影响，他参与制定的治理钱塘江、治理海河等流域的水利计划都未能如愿实现。新中国成立后，社会主义社会提供了他施展抱负的空间，他把自己对水利事业的热情和全部智慧都倾注到新中国的水利工程建设上，先后参与指挥建设了佛子岭和三门峡两个大型水库工程，在丰富的水利实践中抒写了他水利人生的新篇章。

1. 建设佛子岭水库

1929 年，国民政府成立导淮委员会，受时任导淮委员会总工程师李仪祉的力邀，汪胡桢被任命为设计主任工程师，协助他制定导淮计划。为了治理好淮河，他在深入勘察后拟出了《整理运河工程计划》和《淮河流域航运路线计划》，但这些计划因艰难的时局而都未能在实践中推行。新中国成立后，毛泽东主席作出根治淮河的决策，并发出"一定要把淮河治好"的伟大号召。[1] 汪胡桢被中央人民政府任命为治淮委员会委员兼工程部部长，主持拟定《治淮方略》，并与钱正英专程向周恩来总理汇报。经过水利部专家详细审查后，政务院原则批准了《治淮方略》。

在实施《治淮方略》时，由于佛子岭水库建设规模最大，处于经常发生地震的山区，技术问题比较复杂，给选坝设计工作带来了巨大困难。汪胡桢自告奋勇地主持这个水库的设计和施工任务，显示出了他超凡的胆识和高度的责任感。对于这座水库坝型的选择，国内外专家意见不一，汪胡桢根据他在国外考察水电站的经验，结合佛子岭水库的实际情况，大胆提出了佛子岭水库大坝采用连拱坝的意见。

1951 年 11 月，由钱令希、黄文熙、黄万里、张光斗、须恺等参与的专家会议在佛子岭工地召开。专家们对地质、坝型、坝基等方面进行了充分讨论和科学论证，并提出了佛子岭水库采用连拱坝在技术上是先进的，在建设上也符合"快""省"要求这一结论性意见[2]。曾山主任听取钱正英的汇报后，果断地说："既然中国专家认为连拱坝好，有把握，就应该相信中国专家，决定采用。"[3]

从 1952 年破土动工到 1954 年工程的最后完成，总共历时 880 天，高质量地完成了佛子岭水库的建设，这是我国现代化水利工程诞生的标志。以汪胡桢为首的佛子岭水库的建设者们，在共产党的领导下，发扬艰苦奋斗、自力更生的吃苦耐劳精神，不畏困难，创造了新中国成立后水利水电建设的一流工程，提高了中国水利工程技术在国际上的威望和影响。

2. 建设三门峡水库

为了治理黄河，1956 年，全国人民代表大会一届二次会议批准了黄河规划委员会提出的黄河治理计划，通过了成立黄河三门峡工程局的议案。1957年 4 月，三门峡水利工程举行了隆重的开工典礼。汪胡桢任总工程师之一，主要负责工程施工技术方面的工作。

❶　嘉兴市政协文史资料委员会．一代水工——汪胡桢［M］．北京：当代中国出版社，1997：48.

❷　嘉兴市政协文史资料委员会．一代水工——汪胡桢［M］．北京：当代中国出版社，1997：43.

❸　唐元海．中国连拱坝之父——汪胡桢［J］．治淮，1995（8）：44 - 47.

汪胡桢在国外留学时见识了国外先进的水利工程设施，有着丰富的阅历，而且已经有了设计佛子岭水库的成功经验，他对三门峡水利枢纽的设计信心十足，认为中国工程师有能力自己完成水库设计。他明确表示：可以请苏联专家把关，我们自己设计。综合各方面考虑，最后国家决定委托苏联列宁格勒水电设计院全面负责设计工作。尽管自己的建议没有被采纳，但汪胡桢在工作中对苏联专家十分尊重，但凡涉及技术问题，总是深入到施工一线，进行深入细致的调查研究，绝不盲信盲从。他对苏联提供的设计图纸都是亲自审看，总是在苏联的技术模式上寻找突破口，力求革新，以求得更好更快更省的方法。

汪胡桢不仅在技术上力求创新，在设计上也力求严谨，他认为一切都要实事求是，从实际出发。当时对于三门峡的泥沙问题，专家们认为通过植树造林、整修梯田等水土保持措施，减少上游的水土流失，可以有效控制渭河以下到三门峡的泥沙。汪胡桢对此有不同的看法，他认为对待黄河泥沙问题要实事求是，客观地、科学地论证泥沙问题，主张对排沙孔的设计要保留一定的余地，以保障水电站日后的正常工作运行。事实证明，汪胡桢的见解是正确的。

此外，汪胡桢一生为水利人留下了许多宝贵的科技成果和思想财富。中国水利工程学会成立后，汪胡桢多次被选为董事会成员，并长期担任出版委员会主任，负责主编会刊《水利》月刊。他主持出版了中国水利珍本丛书多种，如《河防一览》《问水集》《治河方略》《行水金鉴》《续行水金鉴》等。汪胡桢组织了一大批学者从事翻译外国水利书籍资料的工作，翻译了《中国矿业论》《实用土木工程学》《水利工程学》等。他亲自编撰了《中国工程师手册》《现代工程数学手册》等多部著作以及一系列水利科学论文。

二、汪胡桢的水利高等教育实践

汪胡桢酷爱水利事业，矢志根治我国的水患，开发我国的水利资源。一方面，他积极主动参与多项水利计划制定和水利工程建设，做出了卓越的成就；另一方面，他积极从事水利教育，辗转多校执教，倾其所有知识培育水利事业的接班人，受到水利人的景仰。

（一）在河海工程专门学校任教

1917年，从河海工程专门学校毕业后，汪胡桢被派到北京全国水利局当练习生，在此期间同荷兰水利专家方维因一起勘测海河流域地貌，计划建设滹沱河水库。由于北洋军阀政府政局大变，该项计划最终搁浅。汪胡桢未能如愿进行水利建设，于是在1920年的秋天，应许肇南校长之邀，他首次回母校河海工程专门学校任教。

回到母校后，汪胡桢先担任学校出版部总编辑，负责编辑《河海月刊》。后被许肇南校长破格聘用为数学教授，负责教授预科平三角法、弧三角法、高等代数、解析几何和微积分等课程❶。1922年，全国水利局年终考绩，汪胡桢和时任校长的沈祖伟、教务长李仪祉一起被晋给五等"嘉禾章"，杨孝述、张谟实和伏金门三位均被晋给七等"嘉禾章"。其他几位都是河海工程专门学校建校之初聘任的归国留学生，这足以证明汪胡桢在母校执教期间的辛劳和成绩。

受到当时向西方先进国家学习的时代思潮影响以及对水利知识和经验的渴望，汪胡桢经过考试获得南洋兄弟烟草公司老板简照南的资助，于1922年离开母校赴美留学。1924年，学成归国后，梦想在水利建设上大显身手的汪胡桢无奈于时局，受时任校长杨孝述力邀，再次回到母校任教。到任后，汪胡桢不再只是教授基础数学课，还负责水力学、水文学、水力实验、灌溉工学、给水工学、工用材料、地质学等专业课程的教学任务。

在教学中，他不采用"填鸭式"的教育，每节课都注重突出一个中心内容或者一个不易理解的难点，用一种由浅入深的教育方法激发学生的学习热情和学习兴趣。利用从美国购得的《水的故事》科教片，在课前放映给学生作直观教材；带回来美国胡佛坝的铝制模型及冲击式水利发电机组模型，供学生参观学习；为方便教学，他还专门定做了课堂上为学生演示而用的反击式水轮机模型，使学生能够直观学习到国外相对先进的水利工程建设知识和相关技能。

（二）在之江大学、中央大学、浙江大学等校任教

1941年，日军进入上海租界，之江大学宣告停办，数百学生顿失求学之所，在顾世楫、林汉达等人的共同努力下，租借民立中学开办了土木工程补习班，让这些失学的学子能够继续学习。根据他的学生须景昌回忆，汪胡桢主要为学生教授灌溉工程、给水工程和排水工程等课，并在教授水利专门技术学课时，要求学生学习他曾为中国水利工程学会第六届年会起草的《中国水利工程技术人员职业道德信条七则》。

1944年，西迁重庆的中央大学聘请汪胡桢前去教授水工建筑课，后因战事而滞留在安徽黄山一年多无法前往。等到中央大学回迁南京，汪胡桢已谋新职。

1949年8月，马寅初校长力邀汪胡桢担任浙江大学土木系教授，他自编水力发电和灌溉工程讲义，开始为学生讲授这两门课程。开课不久，因华东军政委员会在上海成立水利部，任命汪胡桢为华东水利部副部长，在一再催促下，汪胡桢于11月不得不离开杭州前往上海。

---

❶ 嘉兴市政协文史资料委员会．一代水工——汪胡桢［M］．北京：当代中国出版社，1997：13.

（三）在"佛子岭大学"任教

1950 年，汪胡桢任治淮委员会工程部部长，指挥设计施工。他带领着一批刚走出校门没有见过水库，也没有见过连拱坝的青年知识分子决心要在中国的大地上建设我国第一座连拱坝型水库。

佛子岭水库工地就是一所大学校，这群年轻人缺乏工程实践经验，但他们边干边学，边学边干，有着旺盛的求知欲，没有 8 小时内外之分，白天工作，晚上自发地组织各种专题讲座，召开专题研讨会，开展互教互学活动，学习氛围十分浓厚。人们亲切地称这个学习班为"佛子岭大学"，汪胡桢就是校长，戴祁为教务长，曹楚生、谷德振、张光斗等为教师。

"佛子岭大学"的课程和佛子岭水库的实际建设密切相关，学习的课题由戴祁和每一个开讲的教师提前约好，通过海报告知上课的具体时间，讲课内容一般先油印教材，便于大家上课学习。届时学生自觉自愿，不点名但几乎无人缺课。在这所工地大学里，每个担任教学任务的结束后都要在学习班上做一次报告，大家互教互学互促，不仅从中学到课本以外的知识，也有力促进了施工过程所遇到各种问题的顺利解决。

汪胡桢学识丰富，经验也多，自然也是大家求教的最主要教师。他曾采用循序渐进的方法为大家讲授了"坝工设计的通则"。根据技术室的规定，他还讲了"佛子岭连拱坝的初步设计"，解释了节约坝堤混凝土的主因是连拱坝的坝面上有很大的水的重量的存在。除了传授专业知识和经验外，他更注重对年轻人品德的培养，告诫他们"要结合施工多学习、多思考、多向工人和老技术人员学习。只有实践中积累经验，不断提高技术，才能搞好本职工作"。❶ 同时，他通过在施工中勇于创新的言传身教，教导他们"干工作要有上进心，还要有点冒险精神，这是动力。墨守成规，畏首畏尾，是干不了大事的"。❷

"佛子岭大学"采用边工作边学习以及技术知识互相交流的方法，为新中国培养出了一代知识比较全面的水利建设人才。这批人才在佛子岭水库竣工后，又参加了梅山、响洪甸、磨子潭等水库的建设，最后又分散到全国各处的水利机构工作，均成为骨干人员，为我国水利水电建设发挥了重要作用，做出了巨大贡献。

（四）在北京水利水电学院任教

1960—1978 年，汪胡桢任北京水利水电学院院长，这是他一生从教时间最长的一次教育经历。在他任职期间，提出要重视基础理论、基本知识、基本技能的讲授和训练，要在教学中逐步贯彻少而精、学到手、因材施教、劳逸结

❶ 嘉兴市政协文史资料委员会．一代水工——汪胡桢［M］．北京：当代中国出版社，1997：59.
❷ 嘉兴市政协文史资料委员会．一代水工——汪胡桢［M］．北京：当代中国出版社，1997：54.

合的方法，要逐步严格对学生的要求，教师认真备课，改进教学方法，改进教研工作，要加强对教师教学工作的指导。不仅这样说，而且是这样做的，他身体力行，认真贯彻这项教育工作方针。

汪胡桢在担任北京水利水电学院院长的 18 年间，积极倡导教学工作与水利工程实际相联系，因而经常带领师生到京郊的水利工地进行实地勘测和设计。1965 年，他不顾 68 岁高龄，根据周总理治理黄河泥沙的指示，亲自带领河川、地质专业和部分水力动力装置专业毕业班学生以及黎保琨、顾慰慈、张镜剑等专业教师，奔赴黄河中游位于山西省境内的碛口进行实地勘测，设计拦沙水库，以期缓解泥沙淤积对三门峡水库造成的压力，确保渭河平原及下游黄淮海广大地区的安全。他要求这些参与的毕业班学生以碛口水库为题，进行现场毕业设计。在 4 个月的勘测期间，他以身作则，带领师生奋战在黄河两岸，最终完成了《碛口拦沙水库设计方案》。

在教学工程中，他一般都是自编讲义，对自己严格要求，他严谨的治学态度和丰富的教学经验影响了许多教师。他十分重视教师业务水平的提高，要求教师采取学习政治理论与学习业务相结合、教学与科研相结合、校内自修与校外进修相结合的方法，不断提高自己的教学水平。同时，要求各系各专业的教师在教学中增加思想政治教学内容，宣传党的路线、方针和政策，寓德育于智育之中。他提倡青年教师虚心向老教师学习，老教师热心帮助青年教师过好"教学关"，胜任教学工作，大力培养新生力量。在他任院长的 18 年来，为学校的发展呕心沥血，对不断提高教师的政治觉悟和广泛开展科学研究起到了极大的促进作用，也为祖国培养了一代又一代政治思想好、业务能力强的高素质水利建设人才。

无论是担任北京水利水电学院院长时还是离职后，他一直情系学校，先后 3 次将自己珍藏的 2000 余册图书捐赠给学校图书馆。特别是在临终前几天，他又整理了几大箱子，除了留下一部分工具书，其余打算全部赠送了学校。书尚未送出，人已经离去。

此外，为了培养水利人才，1935 年，在全国经济委员会水利处任职时，汪胡桢建议茅以升利用工赈余款资助有关人才出国深造。凡经委员会直属机构的工程人员，服务满一年均可参加考试。考试通过者将有为期三年的出国深造，两年参加实际工作，一年进研究院攻读学位的机会。经秦汾秘书长的批准，汪胡桢担任主考，先后两届录取严恺、王鹤亭、张书农等分赴英、美等国留学，或到印度、埃及水利工地实习。这些人后来都成长为我国颇有影响的水利学家。

三、汪胡桢的水利高等教育思想

汪胡桢是我国著名的水利专家，也是水利教育专家。在汪胡桢人生的不同阶段，都参加过教学活动，每次教育活动他都为人师表、身体力行，为培养水利人才做出了突出贡献。从他参与的水利教育活动，不难看出他已经掌握了教学的真谛，主张从知识理论、实践能力、思想品德、政治素养等各个方面全方位地培养水利人才。水利高校是培养水利人才的摇篮，汪胡桢在教学过程中采用正确的教育方法，形成了符合水利工程需要的科学的水利教育思想，为国家水利工程建设培养了大批优秀的水利人才，他的水利教育思想对于当代水利高等教育的发展仍然具有借鉴意义。

（一）言教与身教并重

教师作为知识的传播者，应该注重言教与身教并重的教学方法。"言教"是"身教"的语言形式，"身教"是"言教"的有力证明，只注重言教，没有做到以身作则，就缺乏说服力；只注重身教，忽略言教，同样不会有好的效果。只有把言教和身教有机结合起来，教育工作才会起到最佳效果。

汪胡桢在他所从事的教育活动中，事事、时时、处处严格要求自己，凡事都能按照自己所说的要求严格完成。他身体力行、严于律己、严谨治学、为人师表，对学生影响深远。在"佛子岭大学"，汪胡桢告诫大家说："工程师的面前要有一块绘图板，一把丁字尺，遇事能够自己动手，这才称得上是工程师。"❶ 他这样教导大家要有实干精神，同时也用自己的实际行动为学生树立榜样。在北京水利水电学院任职期间，他极力倡导教学内容要与工程实际密切联系，68岁高龄的他还亲自带领学生到实地勘测，言教与身教相结合，极大地提高了教学效果。

他一生酷爱学习，在年老体衰视力严重衰退的情况下，还经常借助于放大镜一字一字地编写专著，真正做到了活到老学到老，为老师和学生树立了一个学习的榜样，至今还影响着他任教的每一所学校。

（二）专业与品德并重

教学的基本任务就是把人类长期积累的知识文化资源有效地传授给新生一代，并把它内化为个人的知识和技能。教师是教育者，承担着培养合格的社会成员、延续人类社会发展的重要职责，因而教师需要具备广博的文化知识、所教学科的专业知识及教育心理科学知识。合格的教师不仅要具备深厚的文化知识，高尚的道德情操和正确的政治追求是对教师的内在要求。教师的任务之一

---

❶ 嘉兴市政协文史资料委员会．一代水工——汪胡桢［M］．北京：当代中国出版社，1997：54.

是传授文化知识，任务之二是讲授正确的道德要求和思想政治教育，以期培养思想道德良好，专业知识能力强的高素质人才。

汪胡桢在教育过程中，以满腔热情精心专注于水利专门人才的培养，包括对学生知识的灌输和思想品德的培养，他任教时不仅注重传授专业知识和经验，更注重对学生品德的培养。良好的品德是做人的基础，首先做好一个人，才有机会把学到的文化知识应用到实践中去，将自己的能力发挥到极致，为我国的建设添砖加瓦。汪胡桢在任北京水利水电学院院长时期，要求教师首先具有高尚的道德情操，拥护党的路线、方针和政策，其次要有较强的专业水平。并且在各系各专业的教学中都增加思想政治教学内容，宣传党的基本理论，帮助学生培养正确的思想品德和政治素养，以形成正确的世界观、人生观和价值观。

水利事业关系国计民生，水利教育是水利发展的基础，在汪胡桢看来，水利教育应该培养具有创新精神和实干精神的水利人才。在教学中，汪胡桢尊重科学，对于学生提出的创新观点，他认为具有可行性的都大力支持，这是他对青年学生创新精神的鼓励和支持。

（三）理论与实践相结合

理论是人们从实践中总结出来的关于自然界和社会知识的系统概括。理论来源于实践，又反作用于实践。理论与实践相结合实际上包含两层含义，一是理论联系实际；二是实践联系理论。在学习过程中，要理论联系实际，将书本上所学到的知识与实际联系起来，用实践来检验理论；同时，又要实践联系理论，将各种实践活动上升到理论高度去思考，通过已有的较为完善的理论系统检验自己的实践活动，及时改进不足之处，促进理论不断发展。

"你走出大学校门才两三年的时间，就已经参加了铁桥抢修、淮阴船闸修复、润河工程等好几个大的工程项目，这是个了不起的好机遇。而我在课堂上教了好多年的钢筋混凝土，却没有亲手做过一个立方米。你这么好的机遇，我一辈子也没有过，真是令人羡慕！"❶ 从以上汪胡桢对"佛子岭大学"一位学生的谈话中，我们可以看出他不满足于自己理论知识丰富却没有实践经验，在教学中经常教导学生"只有在实践中积累经验，不断提高技术，才能搞好本职工作"。学习水利专业知识最终服务于水利工程建设，在学习过程中将理论与实际相结合，一方面检测到理论是否正确；另一方面为以后工作积累了实践经验。

1971 年，仍然处于"文化大革命"时期，学校里受到"斗、批、改"的

---

❶ 嘉兴市政协文史资料委员会．一代水工——汪胡桢［M］．北京：当代中国出版社，1997：54.

影响，教学工作无法进行，师生关系紧张。在这种情况下，汪胡桢提出：水利教育要结合实际，针对我国江河存在的主要问题，采用先进技术来开展教学与研究活动❶。根据这一意见，学校组建了专业小分队，在进行现场教学的同时，也有力地支持了地方水利建设。

---

❶　嘉兴市政协文史资料委员会．一代水工——汪胡桢［M］．北京：当代中国出版社，1997：113.

第五章 曲折："文化大革命"时期的水利高等教育（1966—1976 年）

1966—1976 年的十年"文化大革命"，彻底否定了新中国成立十七年来教育战线取得的成绩，全面废止了高考招生，高等教育管理处于全面失控状态，高等教育偏离了正常的轨道，走向了一条曲折而动荡的道路。文化大革命造成了人才培养中断、教学秩序混乱、教学水平和学术水平严重下降。在这一大背景下，水利高等教育出现了停滞和倒退，一些水利高校或停止办学、或多次搬迁、或改名重建，历经坎坷。尽管如此，一批教师仍然坚持水利教学和水利科研，为其后的水利高等教育发展保存了基本的力量。

第一节 "文化大革命"时期水利高等教育概况

一、"文化大革命"时期水利高等院校的变迁概况

"文化大革命"期间，涉水高校大都遭受到严重的影响和破坏，基本都停止了正常的招生，就水利本科高校来说，1972 年，长江工程大学被正式停办；北京水利水电学院从北京搬迁到河北岳城水库，再搬到邯郸，不仅实验设备、图书资料破坏严重，更流失了许多高质量的师资。

其他普通涉水高校也不同程度地受到影响，或更名，或重组。例如，1970 年，源于山东水利学院的山东工学院水利系并入山东省曲阜水利学校，1972 年，与泰安水利学校合并为山东省水利学校。河北水利学院 1966 年迁至石家庄平山县，更名为河北水利工读专科学校，1970 年迁至沧州市，更名为河北水利专科学校。1970 年，安徽水利电力学院并入合肥工业大学，水利系划入建筑系，设水利专业。1973 年，沈阳农学院更名为辽宁农学院，其水利系后迁到朝阳与辽宁省水利学校合并为朝阳农学院水利系。1966 年，云南农业劳动大学建立水利系，设水利水电工程建筑专业，1971 年，该校与昆明农林学院合并组建云南农业大学。1967 年，西北农学院水利专业独立成系，1972 年与陕西工业大学水利系合并组建西北农学院水利系。广东水利学院"文化大

命"中一度停办，1973 年复办后更名为广东省水利电力技术学校。

在"文化大革命"后期，1970 年，中共中央批转了北京大学和清华大学关于招生试点的请示报告后，清华大学开始招收工农兵学员。接着许多涉水高校纷纷开始招收工农兵学员，学制一般为 2 年或 3 年，例如大连工学院（1971—1976 年），太原工学院（1972—1976 年），河北农业大学（1972—1974 年），郑州工学院（1972—1976 年），重庆交通学院（1972—1976 年），等等。到 1976 年，独立设置的 3 所水利本科高校共招收工农兵学员 6368 人（见表 5-1）。

表 5-1　　"文化大革命"时期三所主要水利高校本专科招生情况表　　单位：人

年份＼学校	华东水利学院	武汉水利电力学院	北京水利水电学院	年份＼学校	华东水利学院	武汉水利电力学院	北京水利水电学院
1966				1972	315	474	225
1967				1973	413	585	157
1968				1974	499	624	117
1969				1975	395	492	279
1970			116	1976	435	576	304
1971		362		总计	2057	3113	1198

注　根据三校校史进行整理而得。

这一时期，教学体制改革的重要特征就是"开门办学"，就是要求学生走出课堂，走出学校，参加"学工、学农、学军"活动，按照毛主席的话就是"以学为主，兼学别样，即不仅要学文，也要学工、学农、学军"，其主要办学形式就是教育要与阶级斗争、生产劳动、科学实验三大革命相结合的前提下，以工厂、人民公社与学校挂钩为主，还可以让"学生教学生"。例如，1969 年，清华大学水利系教工赴河南三门峡等地"开门办学"。1970 年，郑州工学院在河南灵宝窄口水库工地举办水工专业课程的"开门办学"试点班。1975 年，北京水利水电学院到部队学军一个月，1976 年又到磁县辛庄营蹲点劳动，实行"开门办学"。但是，这种所谓的"教育革命"通过场校结合、场社结合等形式，在一定程度上密切了教学与生产实践的关系，虽然客观上有助于学生认识社会，但违背了高等教育规律，使教学偏离了正常的办学轨道，不仅严重扰乱了教学秩序，也大大降低了教学质量。这是一个深刻的历史教训。

二、"文化大革命"时期三所水利本科院校的办学概况

"文化大革命"中，华东水利学院、武汉水利电力学院、北京水利水电学院以及其他涉水专业的高校都受到了较大的冲击和破坏，人才培养中断、教学秩序混乱、科研研究停顿，水利高等教育因此偏离了正常的教育方向，走进了

泥沼。

（一）"文化大革命"中的华东水利学院

"文化大革命"一开始，华东水利学院就卷入这场史无前例的运动，1966年6月开始"停课闹革命"，学校党委主要领导、大多数中层干部以及许多普通教师、学生，都受到严重冲击。

1969年10月19日，华东水利学院被要求立即"战备疏散"到苏北，并限令全校师生员工在20日中午12时无条件离开学校。在毫无准备的情况下，大部分师生徒步向苏北疏散，并参加了开挖淮河入江河道的劳动。入江河道工程完成后，一部分师生留在金湖县办"五七农场"，一部分师生到苏北农学院、扬州师范学院和扬州水利学校暂住。接着，江苏省"革委会"核心小组下令华东水利学院搬迁至扬州。在周恩来总理的干预下，迁校一事被搁置，避免了迁校的损失。

1971年，《全国教育工作会纪要》提出了"两个估计"，完全否定了新中国成立十七年教育战线所取得的成绩，而且也否定了教育事业所固有的客观规律。

从1972年起，华东水利学院开始贯彻这一纪要精神。一是从1972年起，直接招收工农兵学员，到1976年止，共招收5届2057人❶。二是否定了学习基础理论的必要性和循序渐进的教学规律，取消了按照基础课、基础技术课、专业课的顺序组织教学。在"开门办学"和"以典型产品带教学"的口号下，完全打乱了原有的教学计划、课程设置和教学环节。三是撤销了教务处、科研处等教学科研管理机构，也撤销了系、专业和教研室等教学组织，成立了所谓的"教学连队"。四是彻底否定了培养高级工程技术人才的培养目标，提出了"培养普通劳动者"，如水文系就提出了"培养普通测工"的培养目标，从根本上否定了高等教育的必要性。

尽管在极端的困难下，广大教师从未放弃教书育人的责任，招收的绝大多数工农兵学员仍然受到了比较系统的教育，许多人逐渐成长为水利建设战线上的有用之才。除教学任务外，一部分教师坚持进行直接为社会主义建设服务的科研和委托试验，一部分教师参加了各种生产、科研小分队，直接到生产第一线去参加生产设计、施工和科研工作，为国家建设做出了自己的贡献。

（二）"文化大革命"中的武汉水利电力学院

1966年"文化大革命"开始后，武汉水利电力学院同其他高校一样受到了极大的冲击。一是许多教师、干部受到审查甚至迫害，教师队伍受到严重摧

---

❶ 刘晓群. 河海大学校史［M］. 南京：河海大学出版社，2005：161.

残，学院的教学质量严重下降；二是学院从 1966—1970 年停止招生 5 年，造成人才培养中断，水利事业后继乏人；三是许多教师被迫停止了科学研究，荒废了业务，造成教学、科研等各项工作停顿。

从 1971 年起，武汉水利电力学院开始招收第一届"工农兵学员"，至 1976 年共招收 6 届，共 3113 人。"文化大革命"后期，广大教师努力提高教学质量，科学研究结合生产实际，也取得了一些成果。为了弥补有关单位对人才的需求，武汉水利电力学院举办了各类短训班。1971—1976 年共举办 157 期，培养了 8527 名水利电力战线上的在职干部、技术人员和工人，在艰难的办学环境中为国家水利事业的发展和社会主义建设培养了急需人才。

（三）"文化大革命"中的北京水利水电学院

"文化大革命"时期，北京水利水电学院同全国所有高校一样在长达 10 年的时间内饱经了忧患和磨难，如果说教育界成为"文化大革命"的重灾区，而北京水利水电学院则是重灾区的重灾户。

"文化大革命"初期，北京水利水电学院接到停课通知，普招停止招生，函授部也通知函授生停止上课，停止招生达 4 年之久，教研室、实验室撤销的撤销，合并的合并，教学工作处于瘫痪状态。

1966 年 5 月，水利电力部致函河北省委，决定将北京水利水电学院迁往河北省磁县岳城水库工地。由于种种原因，一时未能实现。

1966 年 10 月，中央发出《关于大、中、小学复课闹革命的通知》。根据这一通知要求，1967 年 10 月，北京水利水电学院成立了革命委员会，成为学院的临时权力机构。迫于形势和学生的要求，进行了"复课闹革命"，不仅违背了教育规律，影响了学生的正常学习，也降低了人才培养的质量。

1969 年，北京水利水电学院战备疏散到林县，进而开始大规模搬迁到岳城水库工地办学，搬迁过程中学院人、财、物损失惨重。

1970 年 3 月，水利电力部军管会致文河北省革委会，将北京水利水电学院交由河北省领导。1970 年 12 月学校更名为河北水利水电学院，同时恢复了招生。在河北省 7 个地区和水利电力部所属 2 个工程局范围内，招收第一届工农兵学员共 116 名。1970—1976 年，除 1971 年没有招生外，一共招收 6 届工农兵学员，共 1198 名。

1972 年 11 月，根据水利部的意见，河北省革委会决定，河北水利水电学院在邯郸中华大街南头建校，岳城建教学点。

尽管短期内面对两次大规模搬迁，学校的师生仍然情系水利，在完成基本的水利教学任务的同时，参与了红旗渠的建设；董子敖、李作英、张以民等教师参加了东武仕水库的设计；罗景富、刘忠源等设计了东武仕水电站。张镜剑等设计了河北武安活水水电站的全部建筑物。张镜剑、黎保琨先后承担并完成了河北朱庄水库大坝、湖南双牌水库大坝和河北大黑汀三个水库的混凝土大坝抗滑稳定结构模型试验。

第二节　我国水利研究生教育的曲折

"文化大革命"开始不久，1966 年 6 月，中共中央、国务院发出《关于改革高等学校招生考试办法的通知》。该通知认为，高等学校招生考试，基本上没有跳出资产阶级考试制度的框框，研究生教育就是培养资产阶级特权阶层的教育，研究生制度必须进行彻底改革。接着，高等教育部发出通知：因"文化大革命"运动，1966—1967 年研究生招生工作暂停。

1967 年 1 月，教育部向国务院提出《关于废除研究生制度及研究生分配问题的报告》。该报告不仅认为研究生制度是抄袭西方国家和苏联，是资本主义、修正主义教育制度，甚至还保存着封建科举制度的苗圃，甚至断言研究生制度对发展我国科技事业没有积极作用，同毛主席的教育思想完全背离，应该予以废除。从此，研究生教育在我国教育体系中彻底消失了，停止招生达 12 年之久。

就水利研究生教育而言，在"文化大革命"前招收的一些水利研究生除了个别人在动荡中完成了学业，大部分都没有能够如期毕业。除了武汉水利电力学院在 1966 年招收 10 人外，华东水利学院、北京水利水电学院以及其他高等院校的水利专业和全国高校其他专业一样，中断研究生招生 12 年，少培养数以千计的高素质水利科技人才，也使我国水利水电系统高层次人才数量严重不足，层次结构畸形，严重影响到我国水利事业的健康发展。

第六章　跨越：改革开放时期的
水利高等教育（1976—2000 年）

"文化大革命"的结束、党的十一届三中全会的召开，标志着 10 年内乱的终结和国家工作重心的转移，是国家从内乱开始走向复兴的历史性转折。特别是改革开放政策的不断向纵深推进，开辟了一条具有中国特色的发展之路。"文化大革命"中备受摧残的高等教育经过拨乱反正，在实现恢复与发展之后，走上了跨越式发展的轨道。作为高等教育的重要组成部分，水利高等教育进入到一个稳定、健康、快速发展的新时期。

第一节　改革开放时期水利
高等教育发展概况

新中国高等教育事业经过"十七年"时期的探索发展和"文化大革命"10年的空前挫折，在为社会主义建设培养了大批各类专门人才的同时，也为发展高等教育留下了诸多颇具意义的经验与启示。在改革开放的大潮中，我国水利高等教育经历了初期的恢复调整阶段后，走向了发展的快车道。

一、改革开放时期水利高等教育发展背景

（一）改革开放时期高等教育发展概况

从"文化大革命"结束到 20 世纪末，我国高等教育经历了恢复与发展（1976—1985 年）和改革与发展（1985—2000 年）两个阶段。

在恢复与发展阶段，在拨乱反正、初步形成对外开放格局的历史背景下，有几件大事有力地促进了高等教育的恢复与发展，点燃了人们发展教育的希冀与激情。一是高考制度的恢复。1977 年 8 月，邓小平主持召开了科技与教育工作座谈会，明确宣布摒弃群众推荐，恢复从高中毕业生中直接招考学生。10月，国务院批转《关于 1977 年高等学校招生工作的意见》，正式恢复了全国统一高考制度，这不仅关系到民心向背，更是国家和民族走向振兴之路的关键举措。当年，全国共有 570 万人走进了中断 10 年之久的高考考场，最终录取了27.3 万人。二是全国科学大会的召开。在 1978 年 3 月召开的全国科学大会上，邓小平重点阐述了"科学技术是生产力"的著名论断，明确了知识分子的

政治地位，大会通过了我国第三个科学技术长远发展规划，对促进我国科技发展和教育发展具有深远的历史意义和重大影响。三是学位制度的建立。尽管20世纪20—30年代我国已开始探索研究生的招生与培养，但学位制度仍然缺位。20世纪80年代初，《学位条例》和《学位条例暂行实施办法》相继颁布施行，这是我国学位制度正式建立的重要标志，对高层次人才的培养和研究生教育的发展起到了重要的推动作用。四是《关于教育体制改革的决定》的颁布。党的十二大后，教育工作备受关注，成为国家发展规划的战略重点之一，1985年，《关于教育体制改革的决定》的颁布，开始了长达14年的全面的、系统的教育改革。高等教育改革也开始全面启动，其中，对高等教育的结构改革、招生计划和毕业生分配制度改革、高等学校办学自主权的扩大，都做出了明确规定。

在改革与发展阶段，继续推进高等教育体制改革和布局结构的调整是解决制约高等教育发展问题的关键因素。1992年，第四次全国高等教育工作会议以后，1993年，中共中央、国务院发布了《中国教育改革和发展纲要》，绘制了20世纪90年代和21世纪初我国教育改革和发展的宏伟蓝图。1998年颁布的《高等教育法》明确提出形成以省级政府统筹为主的条块有机结合的新体制。1999年，中共中央、国务院《关于深化教育改革全面推进素质教育的决定》强调到2002年左右基本完成高等教育管理体制改革与布局结构的调整，形成以中央和省级人民政府两级管理，以省级人民政府为主的高等教育管理体制。到2000年，改革涉及全国近千所高校，其中556所高校合并组建成232所，509所进行了管理体制调整，基本结束了我国长期以来的部门办学、行业办学，高等教育管理体制和布局结构发生了历史性的深刻变化。

1999年，教育部《面向21世纪教育振兴行动计划》出台以后，当年高等本专科教育共招生达275.45万人，普通高等教育在校生413.42万人，在校研究生23.35万人，其中博士生5.4万人，硕士生17.95万人。由此，我国精英化高等教育开始式微，走上了提高全民族教育素养的大众化之路。

（二）改革开放时期水利事业的发展概况

改革开放初期，水利建设也在反思和探索中前行，由于国家战略的重点是经济建设，水利投入不足，重点水利工程建设主要是已在建的葛洲坝工程和其后开工的黄河大堤建设、引滦入津工程建设。

进入20世纪90年代后，全国水旱灾害愈加频繁，90年代初期连续几年发生的洪涝灾害，凸显了过去一段时期水利建设的欠缺和兴修水利的重要性，国家投入逐渐增加，大江大河治理明显加快，一大批事关国计民生的重大水利项目陆续上马，如长江三峡工程、小浪底、万家寨等水利枢纽相继开工建设；

淮河治理、太湖治理、洞庭湖治理取得重要进展；农田灌溉、城乡供水、水土保持等方面也有了一定的进展。1998年，我国南方的长江流域和北方的嫩江、松花江流域特大洪灾，引起党和国家的高度重视。党的十五届三中全会强调要"加快以水利为重点的农业基本建设"；"要加大投入，加快长江黄河等大江大河大湖的综合治理，提高防洪能力"。国家加大了对水利的投入，掀起了以防洪建设为重点的水利建设高潮。

面对新时期水利建设的新变化、新任务、新思路，水利高等教育只有适应时代发展的要求，不断提高水利人才培养质量，为国家推进大江大河大湖治理和其他水利事业建设提供人力支撑和智力支持。

二、改革开放时期水利高等教育发展概况

（一）涉水高等院校的发展变迁

党的十一届三中全会后，根据"调整、改革、整顿、提高"的方针，涉水高等院校积极回应新时期水利建设的新需求，或新建、或复办、或更名，水利高等教育发展进入了一个全新时期（见表6-1）。

表6-1　　　　　1976—2000年部分涉水高等院校的变迁情况表

序号	校名	设立年份	变迁情况
1	河海大学	1985	1985年9月，华东水利学院更名为河海大学
2	武汉水利电力大学	1993	1993年，武汉水利电力学院更名为武汉水利电力大学；1996年，与葛洲坝水电工程学院合并组建新的武汉水利电力大学；2000年，武汉水利电力大学主体部分与武汉大学、武汉测绘科技大学、湖北医科大学合并组建新的武汉大学
3	华北水利水电学院	1978	1971年，北京水利水电学院更名为河北水利水电学院；1978年，更名为华北水利水电学院
4	葛洲坝水电工程学院	1978	1978年，葛洲坝水电工程学院建立；1996年，与武汉水利电力大学合并组建新的武汉水利电力大学；2000年，武汉水利电力大学宜昌校区与湖北三峡学院合并组建三峡大学
5	长江水利水电学校	1974	1960年创建的长江工程大学，1972年停办，1974年恢复建校，更名为长江水利水电学校
6	河北工程技术高等专科学校	1992	1992年，河北水利专科学校更名为河北工程技术高等专科学校

序号	校名	设立年份	变迁情况
7	黑龙江水利高等专科学校	1994	1977年，黑龙江水利工程学校（大专班）创建；1983年，升格为黑龙江水利专科学校；1994年，更名为黑龙江水利高等专科学校
8	扬州大学	1992	1984年，江苏水利工程专科学校建立；1992年，学校与扬州师范学院、江苏农学院、扬州工学院、扬州医学院、江苏商业专科学校联合组建扬州大学
9	黄河水利职业技术学院	1998	1998年，黄河水利学校与黄河职工大学组建黄河水利职业技术学院
10	安徽水利水电职业技术学院	2000	1984年，成立安徽水利职工大学；2000年，在5所水利院校合署办学的基础上，成立安徽水利水电职业技术学院
11	南昌水利水电高等专科学校	1992	1978年，江西水利电力学校恢复专科层次办学，1980年江西水利电力学校（大专部）更名为江西工学院水利分院；1983年、1987年、1992年，先后更名为江西水利专科学校、南昌水利水电专科学校、南昌水利水电高等专科学校
12	广东水利电力职业技术学院	1999	1979年，广东水利电力技术学校更名为广东水利电力学校；1999年，升格为广东水利电力职业技术学院
13	山东农业大学	2000	1984年，山东省水利学校改建为山东水利专科学校；2000年，与山东省林业学校并入山东农业大学，设立水利土木工程学院
14	四川大学	1998	1978年，成都工学院水利工程系更名为成都科技大学水利工程系；1994年，更名为四川联合大学能源与科学工程系；1998年，更名为四川大学水利水电学院
15	大连理工大学	1988	1988年，大连工学院更名为大连理工大学，1955—1985年设水利工程系，1985—1996年扩建为土木工程系，1996年，成立土木建筑学院
16	中国农业大学	1985	1984年，北京农业机械化学院农田水利系改建为水利与建筑工程系；1985年，北京农业机械化学院更为北京农业工程大学，1987年水利与建筑工程系改名为水利与土工程学院；1995年，成立中国农业大学水利与土工程学院

序号	校名	设立年份	变 迁 情 况
17	广西大学	1997	水利学科始建于20世纪30年代，1997年，广西大学与广西农学院合并组建新的广西大学，现设有土木建筑工程学院水利工程系
18	东北农业大学	2000	1975年，东北农学院成立水利系，1982年，与土地规划专业合并为农业工程系，1999年，东北农学院更名为东北农业大学，2000年，组建了水利与建筑学院
19	郑州大学	2000	1996年，郑州工学院更名为郑州工业大学，水利与环境工程系更名为水利与黄工程学院；2000年，学校与郑州大学、河南医科大学合并组建新的郑州大学，设环境与水利学院，后变更为水利与环境学院
20	西安理工大学	1994	1981年，西北农学院水利系变更为陕西机械学院水利水电工程系；1987年，更名为陕西机械学院水利水电学院；1994年，更名为西安理工大学水利水电学院
21	浙江水利水电专科学校	1984	1978年，浙江水利电力学校更名为浙江水利水电学校，1984年，更名为浙江水利水电专科学校

注 根据各校校史和学校概况综合而成。

（二）水利高等教育发展概况

1977年，恢复高考后，华东水利学院、武汉水利电力学院、北京水利水电学院、黑龙江水利工程学校、山东水利专科学校、南昌水利水电高等专科学校等6所独立建制的水利类院校和清华大学、北京农业机械化学院、北京地质学院、天津大学、河北农学院、河北地质学院、河北水利专科学校、太原工学院、内蒙古农牧学院、大连工学院、沈阳农学院、长春地质学院、江苏农学院、浙江大学、合肥工业大学、福州大学、抚州地质学院、郑州工学院、武汉地质学院、广西大学、成都地质学院、成都工学院、重庆交通学院、贵州工学院、云南农业大学、陕西机械学院、西北农学院、西安地质学院、甘肃农业大学、新疆八一农学院等31所涉水高等院校招收了"文化大革命"后第一批水利专业学生。

在恢复发展阶段，涉水高校积极修订教学计划、教学大纲，编写新教材，恢复教研室设置，规范教育教学管理，努力提高教学质量；解决水利高等教育师资代际断层、结构不合理、学科带头人缺乏等问题，多渠道提高师资水平。

在改革与发展阶段，涉水高校在管理体制改革、办学规模、办学层次、专业建设、科学研究等诸多方面都取得了显著的成就。

1. 管理体制改革取得重大突破

自1952年院系大调整后，我国水利高等教育基本是以部门办学为主，行业特色十分鲜明。在1999年，全国有独立建置的水利高等学校9所，其中水利部部属学校有河海大学、华北水利水电学院、南昌水利水电高等专科学校、黄河水利职业技术学院4所，武汉水利电力大学和郑州工业大学分别隶属于电力工业部和化学工业部。此外，全国还有50多所高等学校设置了水利系或水利专业，招收、培养水利专门人才。

20世纪90年代末，国家对高等教育管理体制与布局结构进行改革与调整，通过划转、合并、共建，我国水利高等院校的管理体制发生了巨大变化。例如，2000年，河海大学由水利部划归教育部管理；武汉水利电力大学与武汉大学等校合并，转为教育部主管；华北水利水电学院划转河南省，实行水利部与河南省共建、以河南省管理为主的管理体制；南昌水利水电高等专科学校、黄河水利职业技术学院由水利部划归地方管理；其他还有50余所涉水高校的管理体制发生了变动。

经过这次大的改革，20世纪50年代以来长期形成的部门和地方条块分割、重复办学的水利高等教育管理体制格局被打破，基本建立起符合市场经济体制和现代化建设需要的新的管理体制，对于水利院校调整办学思路、拓宽服务面向、不断办出特色，具有较大的推动作用。

2. 办学规模不断扩大

截至1999年，我国独立建制的水利类高校已有10所，即河海大学、武汉水利电力大学、华北水利水电学院、南昌水利水电高等专科学校、黄河水利职业技术学院、长春水利电力高等专科学校、河北工程技术高等专科学校、黑龙江水利高等专科学校、浙江水利水电专科学校、山东水利专科学校。此外，全国还有其他涉水高校51所。

就水利部主管的3所本科院校来说，到2000年，河海大学已发展为以工科为主，兼有理科、文科和管理等学科，拥有10个学院和一个系的多科性全国重点大学，并与南京水利科学研究院联合成立了研究生院（筹），在校生达11500余人，研究生1400多人。在与其他三校合并前，武汉水利电力大学共有9个教学院系，在校生10000余人，研究生1700多人，已发展成为一所水利电力行业专业齐全、多学科相互支撑、协调发展的全国重点大学。华北水利水电学院由建院初期的1200人办学规模发展到2000年的5600人，研究生近百人，已成为以北方水资源研究为学科特色、以工科为主多学科协调发展的高等工程院校。

就全国来说，1985 年，全国涉水高校招生共 1589 人，毕业 664 人，在校生 4269 人。2000 年，全国设置水利院系或水利专业的高校达 86 所，包括 25 所水利高职院校，招生达 9785 人，毕业生共 4121 人，在校生达 26892 人。可见，这一时期我国水利高等教育办学规模不断扩大。

3. 办学层次逐渐完备

1977 年以后，不少高校水利学科相继恢复本科招生，学制一般定为 4 年（清华大学水利系定为 5 年）。一些复办和新建的水利专科学校大力发展专科教育，学制为 2～3 年，如南昌水利水电高等专科学校、黑龙江水利专科学校、浙江水利水电专科学校、山东水利专科学校、河北水利专科学校等。许多本科院校也设置了专科专业，招收、培养专科学生。

1978 年，水利类研究生恢复了招生、培养制度，华东水利学院招收 51 人，武汉水利电力学院招收 80 人，华北水利水电学院招收 4 人。到 1985 年，共有华东水利学院、武汉水利电力学院、华北水利水电学院等 21 所涉水高校开始招收水利类硕士研究生。经过 1981 年、1983 年两次审核，华东水利学院、武汉水利电力学院、清华大学、大连工学院、成都科学技术大学、陕西机械学院等 6 所高校成为水利学科博士点授予单位。

1997 年，在国家修订的《授予博士、硕士学位和培养研究生的学科、专业目录》中，第一次把水利类专业从土木工程中分离出来，"水利工程"被确定为博士、硕士学位授予学科的一级学科。这一规定有力地促进了水利研究生教育的发展，高层次水利人才培养能力不断增强。

截至 1999 年，全国招收水利类专业研究生的高校和科研院所共有 74 个，其中博士点 58 个、硕士点 170 个、博士后科研流动站 9 个。

4. 专业建设不断完善

改革开放以来，我国在 1982—1987 年、1989—1993 年、1997—1998 年进行了 3 次本科专业目录修订与调整，基本方向是减少专业总数，进一步拓宽本科教育人才培养的口径，增强人才培养的适应性。

就水利专业来说，第一次修订的《普通高等学院校本科专业目录》中，水利类专业由 15 个调整为 7 个，即陆地水文、水利水电工程建筑、水利水电工程施工、水利水电动力工程、农田水利工程、河流泥沙与治河工程、水资源规划及利用。第二次修订时专业调整到 5 个，即水文与水资源利用、水利水电工程建筑、水利水电动力工程、港口航道及治河工程、海岸与海洋工程。第三次修订时缩减到 3 个，即水文与水资源利用、水利水电工程及港口、航道与海岸工程。

截至 1999 年，河海大学共设置本科专业 41 个，其中设置的水利专业有 7 个：水文与水资源工程、给水排水工程、水利水电工程、热能与动力工程、农业水利工程、港口航道与海岸工程、船舶与海洋工程。武汉水利电力大学共设置本科专业26个，其中设置的水利专业有5个：热能与动力工程、农业水利工程、港口航道与海岸工程、水文与水资源工程、水利水电工程。华北水利水电学院共设置本科专业12个，其中设置的水利专业有5个：给水排水工程、水利水电工程、港口航道与海岸工程、热能与动力工程、农业水利工程。可以看出，水利院校根据行业和社会经济发展需要，不断调整和增设新的专业，学科专业有了很大的拓展，基本由过去的单科性行业办学走向多科性综合办学。

1995年，国家"211工程"启动后，到2000年先后获批"211工程"建设的涉水高等院校有28所，水利、土建类学科获批国家重点学科达11个，涉及7所涉水高校，这对涉水高校进一步提升办学水平、拓宽学科领域建设具有重要意义。

5. 科学研究水平不断提高

科学研究是高等院校的重要职能之一，即便在"文化大革命"期间，一批水利人仍然情系水利教育与科研。在"文化大革命"后召开的全国科学大会上，华东水利学院、武汉水利电力学院、华北水利水电学院、重庆交通学院共22项优秀科研成果获得奖励。改革开放后，随着科研条件的不断改善、科研队伍的快速发展，科研水平不断提高。据统计，从20世纪50年代到2000年，先后有2项水利科技成果获国家科技进步特等奖，8项获一等奖，44项获二等奖。

在改革开放的新时期，许多涉水高等院校积极围绕国家经济社会发展需要和重点工程建设开展科学研究，在三峡工程、小浪底工程等建设中，许多涉水高校紧密结合工程实际进行科研，取得了多项研究成果，形成了一定的科研规模和鲜明的科研特色。如河海大学在1985—2000年的15年中，年新增科技合同经费由735万元增加到15915万元；获得国家级科技进步奖、国家发明奖共29项，水文学及水资源、岩土工程、水工结构工程三个国家重点学科集中体现了河海大学的科研优势与特色。武汉水利电力大学在1995—2000年合校前5年，学校共承担各类科技项目合同经费突破2亿元，获得国家科技进步奖7项，申请专利40余项，专利授权20项，农田水利工程、泥沙研究、水资源评价、碾压混凝土筑坝技术研究进入世界先进行列。华北水利水电学院20世纪90年代中期再次搬迁到郑州后，办学稳定下来，科研工作开始快速发展，在黄河泥沙运动基本理论、河床演变及河道综合治理、防汛抢险技术等专业领域研究凸显出自身特色。

总之，水利高等教育的发展为水利行业源源不断地输送了大量高素质科技人才，改善和提高了水利队伍素质，有力地促进了水利事业的发展。

第二节 河海大学的发展

1976年，"文化大革命"结束后，高等教育事业开始了新的转机，1985年，华东水利学院更名为河海大学，复名后的"河海"开启改革的步伐，使河海大学的发展进入一个新阶段。

一、恢复和发展阶段的河海大学

这一阶段通过拨乱反正，加强党的思想建设和组织建设，实事求是，全面落实新时期党的知识分子政策和干部政策，调动了广大教师、干部的积极性，学校教学、科研等工作开始恢复并步入正轨。

（一）恢复各类招生，恢复和修订各种制度，重建学校正常秩序

1977年，全国统一高考制度恢复后，河海大学通过政审、体检、文化课考试，录取了本科生583名，涉及水利水电建筑工程、水电站动力设备、农田水利工程、工程地质及水文地质、港口及航道工程、军港建筑工程、海洋工程水文、陆地水文、工业自动化、水工建筑力学、电子计算机应用等11个专业和数学、物理、政治理论、体育4个师资班[1]。

1978年，河海大学中断达12年之久的研究生招生开始恢复。通过笔试、面试、政审和体检，共录取工程水文及水资源、水工结构工程、水力学及河流、海岸动力学、岩土工程等专业学生51名[2]。这届研究生几乎都是"文化大革命"前考入大学，基础理论较强，后经历了一系列的社会实践，研究生期间学习自觉性强、使命感强，大多成为相关领域的领军人才。

为了保证学生成才，河海大学恢复和制定了一系列规章制度，强调教学是基础，学校工作必须以教学为主，大力提高教育质量。为此，学校加强教学的计划性，克服教学中的无政府主义；加强教学第一线的力量，保证主讲教师的质量；加强教学法研究，提高课堂讲授效果；整顿校风和校纪，建立正常教学秩序。

在科学研究方面，恢复校庆科学报告会，大力推动科学研究的广泛开展。1977年10月，学校召开了第八届科学报告会。同时，在全国科学大会上，学校参与的《苏北引江工程》《中国湿润地区洪水预报方法》《火电厂供水工程温差异重流理论的研究与应用》《水坠法筑坝及水力冲填技术》《大坝应力计算分析法和改进》《月牙形内加强肋岔管及无梁岔管》《水轮机组暂态速率上升和过

---

[1] 刘晓群. 河海大学校史（1915—1985）［M］. 南京：河海大学出版社，2005：175.

[2] 刘晓群. 河海大学校史（1915—1985）［M］. 南京：河海大学出版社，2005：176 - 177.

渡过程的研究》《"75·8"河南特大暴雨成因分析和华北内陆台风预报》《全国可能最大暴雨等值线图》等9项成果获得奖励❶。这些,鼓励和推动了河海大学科学研究的广泛开展。

(二)恢复"河海"校名,开启改革步伐,促进学校发展

经过一段的恢复与发展,河海大学在招生规模、专业设置、教学结构、师资队伍、基本建设和对外交流等各方面,都发生了新的变化。1985年,经国家教委批准,恢复"河海"校名,学校发展势头十分强劲。

1. 根据发展需要,不断设置新的专业、新的院系

"文革"前,河海大学设有水电、水港、水文、农水、力学5个系和水利水电工程建筑、港口及航道工程、陆地水文、农田水利工程、水利水电动力工程、工程力学、海洋工程水文、军港建筑工程8个专业。"文化大革命"后到1985年,为了适应国民经济和社会发展的需要,学校增设了自动化系、勘测系、工民建系、管理系、社会科学系和基础部6个系部以及工业电气自动化、计算机及应用、工程地质及水文地质、水资源规划及利用、工业与民用建筑、工程测量、工业管理工程等7个新专业。

为了积极应对新时期水利电力系统干部教育的需要和水利电力事业发展的需要,1984年,河海大学筹建了管理干部学院,不仅招收了多个大专班,也举办了27期进修班、研讨班和短训班,有效地提高了水利电力系统干部的管理素质和业务水平。1985年,河海大学以常州机械职工大学和常州电力机械厂为基础筹建机械学院,实现多种形式办学,开始向多科性大学的方向发展。

2. 多层次、多规格、多形式培养各类人才

自从1977年高考招生制度正式恢复以后,河海大学招生逐年增加,层次、规格、类型多种多样。1977年,恢复本科生招生;1978年,恢复专科生和研究生招生;1980年,第一次招收干部专修科;1981年,恢复函授生招生,开始招收首届博士研究生;1985年,试招成人教育本科班。至此,河海大学已具有博士研究生、硕士研究生、本科生、专科生和短训班5个结构层次;博士、硕士、学士3个学位等级;普通教育与成人教育2个办学方向;全日制、业余函授、各种培训班3种培养方式,形成了多层次、多规格、多方向的比较完整的办学体系。

3. 加强实验室及科研机构建设,努力提高科研水平

随着新系、新专业、新课程的设置,河海大学不仅相应地增加了教研室和实验室的数量,也逐步恢复成立了学校学术委员会和学位评定委员会。为了推

---

❶ 刘晓群. 河海大学校史(1915—1985)[M]. 南京:河海大学出版社,2005:182-183.

动学校科研工作的深入开展，全国科学大会后，学校紧密结合国家需要和生产实际进行科学研究，一些新兴、边缘、综合性强的重大课题，必须多学科联合攻关，为此，围绕水利、水电、水文、水运、海洋等建立跨学科科研组，如混凝土断裂科研组、结构可靠度科研组、水工结构抗震科研组、大运河船闸机构科研组、三峡科研组等，充分发挥多学科综合技术力量的优势，开展科学研究，取得了一批在国内居于领先地位的学术成果。

4. 适应改革大趋势，开启河海改革的大幕

1982 年，根据"积极而又稳妥，全面而又有序"的精神，河海大学把改革工作列入学校的重要议事日程，充分借鉴其他院校的改革经验，结合学校的实际，由试点性局部改革、全校性的单项改革，逐步发展到 1984 年学校教学、科研、行政管理、总务后勤等方面的全面改革。一是制定事业发展规划及改革计划，进行体制改革。1982 年，河海大学制定了事业发展规划，提出学校加强建设以水利为中心的理工科大学的发展方向。1985 年更名河海大学后，提出把学校建设成为以水资源的综合利用开发为重点，兼有理、工、管、文各类学科的综合性大学。二是加快教育教学和学生培养的改革步伐，发挥师生的主动性和积极性。采取措施加强学生专业能力、外语水平、计算机应用等能力的培养；试行计划学分制、主讲教师聘任制，改革教学综合奖金分配办法，进行全面教学改革试点；推荐优秀生攻读硕士学位，改进研究生培养工作。三是改革科研管理，提高科研管理水平。坚持"统、分、合"原则调整科研体制，即学科专业要分工、人力调度要统一、科研设备要合用。面向经济建设，疏通多种渠道，多方面地为经济建设直接服务。下放权力、分级管理，加强协调，分工负责。此外，在人事管理以及总务、基建、财务等方面的改革也全面展开。

二、改革和发展阶段的河海大学

党的十一届三中全会召开后，教育在社会主义现代化建设中的地位得以确认，河海大学在办学规模、专业建设、科学研究等方面，都发生了很大的变化，得到了迅速的发展。

一是办学规模不断扩大。1977 年，学校本科生招生人数为 596 名，1985 年，本科生招生人数为 975 名，硕士研究生 131 名，博士研究生 8 名。此时，在校学生总数 5526 人，其中全日制在校生 4389 人。到 2000 年，河海大学办学规模有了很大发展，学生总数达 18561 人，在校普通本、专科生达 11579 人，研究生 1438 人。

二是专业和院系设置不断增加。1985 年，学校复名"河海"，邓小平同志亲笔题写校名，迎来了河海大学快速发展的新阶段。1988 年、1995 年、2000

年，学校对院系机构进行三次重大调整。1988 年，结合学科专业发展需要，学校重新划分系、所、专业的隶属关系，设 15 个系。1995 年，面对"211 工程"建设的机遇和深化改革的大形势，学校根据学科集中、特色鲜明、优势突出的原则，把学校原有的 20 多个院、系、所组建成水文水资源及环境资源学院、水利水电工程学院、港口航道及海岸工程学院、土木工程学院、电气工程学院、计算机及信息工程学院、机电工程学院、国际工商学院、技术经济学院和人文学院 10 大学院。2000 年，为了进一步理顺教学科研组织管理体制，促进学科发展，学校强化学院下设系、所、室的建设，对系、部、所、中心等实行学科、教学、科研与实验四位一体的运行机制。这时，学校的学科、专业覆盖面有了很大拓宽。本科涉及 6 个专业门类 19 个二级类的 35 个专业；博士学位授权培养点涉及 2 个学科门类 5 个一级学科的 10 个二级学科；硕士学位授权培养点达到 6 个学科门类 23 个一级学科的 37 个二级学科。

三是科研工作取得了长足进展。20 世纪 80 年代以后，学校加强科研条件建设和科技队伍建设，出台了一系列科研改革措施与政策，学校科研规模有了很大的增长，科技工作处于快速发展的状态。1995 年 1 月 6 日，河海大学通过了由水利部组织的"211 工程"部门预审。以水利部总工程师、教授级高工朱尔明为组长的专家组一致认为，国家已经把水利列为国民经济基础设施建设的首位，河海大学在实现水利现代化的长远目标中具有重要地位。特别是 1998 年"211 工程"立项建设后，学校学科建设上了新的台阶，为科技工作的腾飞奠定了坚实的基础。在这期间，学校建有国家级专业实验室——水资源开发利用实验室。学校编有高校教材《弹性力学》、英文专著《应用弹性力学》，我国第一部《水工设计手册》、我国第一部《中国海岸工程》等；学校自 1984 年开始进行"节水高产水稻控制灌溉技术试验研究"，到 1995 年该研究项目取得突破性进展，自 1990 年起的 5 年间在全国水稻灌溉区推广应用面积达 24 万平方公里，直接经济效益 4.11 亿元。1996 年，学校筹建全国水稻控制灌溉技术推广中心。到 90 年代末，河海大学已经成为我国水利系统高校中拥有国家级、部省级重点学科最多，硕士、博上授予点最多，研究生、本科生培养规模最大，教学科研实力最强，水利特色和优势明显，在国际上具有一定影响的全国重点高校。

几十年来，河海大学以服务水利发展、促进国家建设为己任，遵循"致高、致用、致远"的育人理念，走出了一条独具水利特色的发展之路，逐步成为国内办学规模最大、综合实力最强的水利高等学府，为我国水利水电事业做出了突出贡献。河海大学始终以优化学科布局、突出办学特色为重点，不断强化优势学科、新兴学科和交叉学科建设，形成了以工科为主、多学科协调发展、水利特色鲜明的学科体系。河海大学始终以提高办学质量、培养优秀人才为根本，为我国现代化建设输送了 10 多万高级技术和管理人才。几十年来，河海大学始终以加强队伍建设、提升师资水平为基础，形成了以院士、杰出专家、学科带头人和骨干教师为主的师资梯队，涌现出一批学术精湛、造诣深厚、师德高尚、声名远播的名师大家。几十年来，河海大学始终以立足科技前沿、增强创新能力为支撑，承担了一大批国家重点科研项目，为推动我国水利水电科技进步做出了重要贡献。

第三节　武汉水利电力大学的发展

"文化大革命"结束以后，全国教育工作开始了拨乱反正和调整改革，从根本上改变了教育战线的形势，武汉水利电力学院在恢复和发展之后，各项事业蓬勃发展，1993 年，根据学校发展需要和相关程序，学校更名为武汉水利电力大学。

一、恢复和发展阶段的武汉水利电力大学

1977 年，全国高等学校统一招生考试制度恢复后，提高了新生质量，调动了学生学习的积极性，武汉水利电力学院逐步全面恢复教育质量。随着改革开放的不断深入，20 世纪 70—80 年代中，武汉水利电力学院进入一个新的大发展阶段。

（一）大力提高教育教学质量

1978 年，教育部颁布《全国重点高等学校暂行工作条例（试行）》，根据其精神，武汉水利电力学院全面拨乱反正，整顿教学秩序，提高教学质量。一是全面修订教学计划和教学大纲，健全教学规章制度，实现规范化管理。二是积极编写新教材。1976—1985 年，武汉水利电力学院正式出版教材 70 种。其中，1980 年，编印教材达 1200 余万字，由电力出版社和水利出版社出版教材 11 门，自编教材及补充教材 94 门。1985 年出版的《农田水利学》获国家优秀教材特等奖。三是加强实践教学。武汉水利电力学院在国家大型水利电力工程丹江口、葛洲坝、陆水等地先后设立校外教学基地，承担水利电力各专业进行认识实习、生产劳动实习、课程设计、毕业实习等，这种"产学研"相结合极大地提高了师资水平，锻炼了学生的实际动手能力，促进了基地单位的科技进步。四是开办多种形式师资培训班。1978—1984 年，武汉水利电力学院为青年教师开办了 4 期进修班，脱产补习基础理论和专业基础课。此外，还举办了工程数学、计算机、外语等培训班，大力提高师资整体素质。

（二）学科专业建设不断完善

武汉水利电力学院十分重视学科专业建设，在抓好现有水利电力类专业调整改造的同时，适当增设适合经济社会发展对人才的需求、有特色的专业。1981年，增设机电排灌专业。1982年，增设水资源规划及利用专业。1988年，农田水利工程系更名为水利工程系、水利水电工程建筑及施工系更名为水力发电工程系、河流力学及治河工程系更名为河流工程系。学校学科专业不断加快，办学规模持续扩大，到1994年，建校40周年时，学校由初建时的2个系，发展到共设有2个学院，16个系（部），由2个本科专业发展到29个本科专业和15个专科专业，1个全国重点学科，在校学生由建校时的861人发展到1万余人，为办好多科性大学积累了较为丰富的经验。

（三）研究生教育不断发展

1978年，学校恢复招收研究生。1981年，成为国家首批博士、硕士和学士学位授予单位，工程水文及水资源、水力学及河流动力学、水工结构工程、农田水利工程等4个专业经国务院批准为全国首批有权授予博士学位的学科；发电厂工程、电力系统及其自动化、高电压工程、岩土工程、工程水文及水资源、水力学及河流动力学、水工结构工程、农田水利工程等8个专业成为第一批有硕士学位授予权的学科。1981年，叶守泽、张瑞瑾、谢鉴衡、王鸿儒、张蔚榛等为首批博士生指导教师。1984年，经国务院学位委员会批准，刘祖德、冯尚友为第二批博士生指导教师。新增岩土工程学科博士学位授权。

到1994年，研究生教育发展喜人，硕士专业发展到20个，博士专业6个，博士生导师达18人，专业分布在力学、土木水利、电工、动力、计算机、机械、管理等学科，在100多个研究方向上培养研究生。

（四）科研水平不断提高

在恢复和发展时期，武汉水利电力学院积极面向经济建设，在加强教学工作的同时，采取有力措施，开创科研工作新局面。例如，建立科研机构，充实科研队伍；贯彻科技方针，提高科研水平；提倡科学道德，加强团结协作；发挥学校优势，狠抓重点突破等。这一时期，学校承担了多项国家重点工程建设的科研工作，科学研究和学术水平不断提高，取得了一批高质量的科研成果。例如，1978年，武汉水利电力学院有9项科研成果获得全国科学大会奖。1985—1994年，武汉水利电力学院共有10项成果获国家科技进步奖，其中张瑞瑾等完成的"葛洲坝二、三江工程及其水电机组"1985年获特等奖；方山峰主持的"丰满水电站泄水洞进水口水下岩塞爆破"1985年获一等奖；"福建坑口碾压混凝土筑坝技术"获1988年国家科技进步一等奖。

二、改革和发展时期的武汉水利电力大学

进入 20 世纪 90 年代中期以后，武汉水利电力学院在教学、科研、人才培养等方面励精图治，深化改革，取得了显著的办学效果。1993 年，根据国务院有关规定，经国家教委批准，学校更名为武汉水利电力大学；1996 年，学校与葛洲坝水电工程学院合并组建成新的武汉水利电力大学，标志着学校师资力量、学科设置、办学规科研水平等达到一个新阶段，学校发展进入了快车道。

（一）教学工作的改革和发展与时俱进

一是转变教育思想和教育观念。1996 年，武汉水利电力大学通过"211 工程"部门预审；1997 年通过了"211 工程"建设项目立项审核；1999 年正式获得国家批复，完成国家立项工作，成为当时唯一一所电力部门的 211 院校。结合立项后的要求，武汉水利电力大学组织开展教育思想与教育观念大讨论，在人才培养模式、教育教学质量观、教学内容和课程体系、教育理念和教学管理方面实现了"四个转变"，即从单一过窄的专业人才培养模式向宽口径理工融合、文理交叉复合型人才培养模式转变；从注重知识传授向传授知识、提高素质、培养能力，融"知识、素质、能力"为一体的教育教学质量观转变；从教学内容偏旧、知识结构单一向综合进行教学内容与课程体系改革，采用现代化教学方法与手段转变；从塑造"千人一面"、知识灌输式教育向因材施教，注重学生个性发展，加强创新能力培养转变❶。

二是不断完善人才培养方案。为了进行教学内容及课程体系的改革，学校遵循德智体全面发展、因材施教、整体优化、增强学生适应性、注重素质与能力培养的原则，先后对 1995 级、1997 级本科培养计划进行了全面的修订，并对工科专业学生的外语、计算机、数学的教学内容进行了改革。1998 年教育部颁布新的专业目录之后，学校根据加强基础、拓宽专业、优化知识结构、加强素质教育和培养创新能力的要求，再一次全面修订人才培养计划，制定与此相适应的人才培养方案。新方案体现教学内容和课程体系的整体优化，总体教学计划和各项教学环节的安排整体优化，以及本科教育总过程和专业培养方案衔接整体优化，努力做到基础性、综合性、实践性与前瞻性相结合。在新方案实施过程中，武汉水利电力大学通过按照水利水电类组织招生，按"打通"与"分段"的方式进行培养，取得了较好的反响❶。

三是加强教学基本建设和教学基地建设。学校十分重视开展教学基本建设

---

❶ 胡鹏，李远华，杨波. 培养求实创新的新世纪人才［J］. 武汉水利电力大学学报（社科版），2000（3）：16-18.

与教学研究，设立了"教学改革基金"，用于课程、教材、实践教学环节和教学管理等教学基本建设。结合国家"面向21世纪高等工程教育教学内容和课程体系改革计划"，重点进行专业课程建设。结合水利电力行业专业的特色，在校内建设了水工试验大厅、建筑结构试验大厅、喷灌试验场等重要教学实验基地；在湖北富水水库、蒲圻陆水水库以及丹江口、葛洲坝等地建立了可靠的校外教学基地。

改革开放以来，学校在教学建设、教学改革和教学管理等方面取得了丰硕的成果，共获国家级教学成果奖3项，省（部）级教学成果奖43项；获国家级优秀教材特等奖1项，国家级优秀教材奖1项，省（部）级优秀教材奖36项；先后有17门课程被授予部级一类（优质）课程称号，有15门课程被评为湖北省优质课程；有8个教研室被评为湖北省先进教研室。

（二）学科专业建设特色鲜明

改革开放以后，特别是20世纪90年代中期以后，武汉水利电力大学以拓宽专业口径、改变专业过窄为重点，一方面对已有专业进行调整改造，另一方面增加适应社会急需的新专业。2000年与武汉大学等校合并前，武汉水利电力大学已发展成为一所以水利、水电、电气、动力机械等工科学科为主体，文、理、法、经、管等学科相互支撑、协调发展的全国重点大学。此时，学校设有水利水电、电气信息、动力机械、土木建筑、经济管理5大学院和政法系、数学物理系、外语系、体育教学研究部4个教学系部；拥有34个本科专业，29个硕士点、10个博士点，并设有博士后流动站。

（三）科学研究成果丰硕

在科研方面，合校前学校已拥有1个国家级重点学科，14个省级重点学科和5个部级重点建设实验室。学校立足服务水利电力，根据"经济建设必须依靠科学技术、科学技术必须面向经济建设"的战略方针，学校发挥各学科优势，集中水利电力科学研究的主要力量，瞄准行业科技发展的重点，积极为经济建设和社会公益事业服务。学校先后参与了包括葛洲坝水利枢纽工程、长江三峡工程、黄河治理工程、南水北调工程、小浪底工程等绝大部分水利水电工程的科学研究、方案论证、工程建设等工作。1998年夏季，我国长江流域，嫩江、松花江流域相继发生特大洪水。在这关键时刻，学校组织水利水电等学科的专家教授积极投入到科技防洪和灾后重建的工作，发挥了重要作用。结合我国城网改造、农网改造的实际需要，组织相关学科的专家编辑了《城网、农网改造科技项目汇编》，对推进电力科技进步起到了积极作用。此外，在碾压混凝土筑坝技术、农田水利工程、河流泥沙、高电压合成绝缘子、紧凑型输电线路研究、四湖地区水资源系统优化调度以及地基应力解除纠偏技术等方面也取得了丰硕成果，为国民经济建设和发展做出了贡献。具体来说有以下几个方面：

其一，依靠科研群体，积极承担重大科技项目。随着我国高等学校科技体制改革的深入，不同学科、不同行业的联合攻关已成为科学工作的主流。科技项目的构成更加强调综合性、前沿性和创新性。针对这一新的发展趋势，学校积极组织跨院系、跨专业的科研合作群体，承担了大量水利电力行业的重大科技项目，取得了令人瞩目的成绩：1997 年学校与华中电力集团公司签订 1018 万元的技术开发合同；1998 年在参加三峡工程安全监测投标中，"三峡水利枢纽大坝及厂房二期监测工程"一举中标，合同经费达 1572 万元；1999 年与东北电力集团公司签订了"水库调度自动化"的技术开发合同，总合同经费达 1250 万元。2000 年学校承担百万元以上的大型科技项目共有 15 项。

其二，注重科技创新，强化科技成果推广应用。学校把转变机制、调整结构、科技创新作为进一步增强科技实力的突破口。进入"九五"以来，学校科技工作打破了传统的相对封闭的学院式科技模式，建立了灵活多样的、面向市场的开放式科技模式，初步形成了产学研相结合的运行机制。学校先后与长江三峡开发总公司、长江水利委员会、华中电力集团公司、葛洲坝集团公司、湖北清江水电开发有限责任公司、东北电力集团公司等单位在人才培养、科技协作等方面建立了长期合作关系，开拓了科研工作渠道，增强了市场竞争力。同时，学校还加强了科技成果转化的力度，1998 年科技成果转让经费突破 1000 万元，部分成果在转化后已形成了产业化。

其三，加强科学管理，科研成果效益显著。四校合并前几年，学校共承担各类科技项目合同经费突破 2 亿元，获国家科技进步奖 7 项，省部级科技进步奖 8 项；申请专利 42 项，专利授权 20 项；获湖北省自然科学优秀论文奖 144 项；在国内外刊物上发表论文 4000 余篇；成功召开了各类国际国内学术会议；1995 年以来，荣获湖北省教委、省科委授予的"八五"科学技术工作"先进高等学校"等多项称号。

（四）人才培养成效显著

在人才培养方面，合校前，学校重视学生实践动手能力培养，从教育必须适应社会主义经济建设发展，理论同生产实践相结合，教学、科研、生产必须三结合，培养德智体全面发展的人才的战略高度出发，大力建设校内外实践教学基地，提升学生实践能力和水平。提倡和鼓励大学生毕业设计在保证专业教学质量的前提下结合生产和科研项目进行，每年都有相当数量毕业设计结合国家生产建设的实际课题真刀真枪地进行，均取得良好的效果，受到生产单位的欢迎。通过开展大学生科研立项推进学生课外学术科技创新，积极引导学生树立热爱科学、献身水利的志向。建校 40 多年，学校先后为国家培养了 9 万余名各级各类专门人才，其中研究生 3000 名，大多数毕业生成为国家水利水电行业的专业技术骨干，如中国工程院院士谢鉴衡、张蔚榛、康绍忠等。

存续时期，武汉水利电力大学参与了国内几乎所有大中型水利、水电及大批电力工程的实验、技术论证工作，为举世瞩目的长江葛洲坝工程、长江三峡工程、南水北调工程等工程的科学研究和建设做出了重要贡献。

2000年，武汉水利电力大学与武汉大学、武汉测绘科技大学、湖北医科大学合并组建新的武汉大学。武汉水利电力大学主体部分组建为武汉大学工学部，宜昌校区（原葛洲坝水电工程学院）与湖北三峡学院合并组建成三峡大学。自此，武汉水利电力大学完成了时代赋予的历史使命。

第四节　华北水利水电学院的发展

"文革"结束后，华北水利水电学院正常的教学体系得以恢复，学科建设进一步完善，在不断搬迁中，形成了"育人为本，学以致用"的办学理念，"情系水利，自强不息"的办学精神，"下得去、吃得苦、留得住、用得上"的人才培养特色，逐渐明确了自身的办学定位和办学目标，为区域经济建设和国家水电事业做出了重要贡献。

一、恢复与发展时期的华北水利水电学院

"文革"结束后，经过拨乱反正，华北水利水电学院很快恢复了正常的教学秩序，师资队伍建设初见成效，科学研究走上轨道，在这一过程中，办学主体实现两次整体搬迁，各项事业在恢复中得到了一定发展。

（一）两度搬迁的不同考虑

1. 从岳城到邯郸

从北京搬迁至岳城办学后，在教学、交通等方面存在诸多问题。1970年3月，水利电力部将北京水利水电学院交由河北省管理，1971年，学校更名为河北水利水电学院。1972年，根据水利电力部意见，河北省召开了河北水利水电学院建校问题座谈会，决定在邯郸市中华大街南头建校，岳城设教学点，并获得河北省委的批准。1973—1976年，经过3年的建设，根据建校进展情况，1977年学校办事机构正式进驻邯郸新校址办公。1978年，在岳城的全部学生搬迁至邯郸上课。同年，学校更名为华北水利水电学院。

2. 从邯郸到郑州

1984年，华北水利水电学院新一届领导班子上任后，考虑到人才稳定和学校发展的需要，向水利电力部提出迁校意见，在各方综合权衡后，1986年，水利电力部、河南省人民政府向国家教委提出华北水利水电学院迁往郑州的申请，并于1987年获得正式批准。1990年，华北水利水电学院办学主体正式迁

往郑州，时任国务院总理李鹏为学校题写了校名。

（二）学科、招生逐渐扩大

1977 年，恢复高考后的第一届招生，华北水利水电学院水利工程机械系、水电站动力设备系、水利水电工程建筑系 3 个系，水利施工机械、水电站动力设备、水利水电工程建筑、农田水利工程、水工建筑力学 5 个专业共招收 447 人。1978 年，学校恢复了工程地质与水文地质专业，增设了电厂厂房建筑专业，7 个专业共招生 266 人。到 1989 年，学校共有 5 个系 11 个专业，当年招生 360 人。自此，在校生已达 1684 人。1979—1989 年，学校招生在稳定中逐渐扩大（见表 6 - 2）。

表 6 - 2　　1979—1989 年华北水利水电学院本专科招生数和在校生数　　单位：人

年份	1979	1980	1981	1982	1983	1984	1985	1986	1987	1988	1989
招生人数	354	300	302	300	388	361	492	513	479	400	360
在校生数	1091	1397	1686	1279	1317	1360	1575	1794	1747		1672

资料来源：严大考《华北水利水电学院院史》，陕西人民出版社，2001。

华北水利水电学院是全国第一批硕士学位授权点高校之一。1978 年，经国务院批准，水工结构工程、水力学及河流动力学、农田水利工程 3 个专业招收研究生 4 名。1979 年，华北水利水电学院北京研究生部成立，到 1983 年，共招收硕士研究生 51 名。1983 年，邯郸本部开始招收硕士研究生。到 1989 年，邯郸本部有水工结构工程、水力学及河流动力学、农田水利工程、岩土工程和水力发电工程 5 个专业招生。

（三）教学工作逐渐恢复

1977 年，华北水利水电学院恢复招生。1978 年，全国教育工作会议和党的十一届三中全会相继召开，为学校恢复正常教学秩序，提高教学质量创造了条件。一是恢复教研室建制，强化系部教学管理。1977 年，学校及时恢复了基础部，建立了 21 个教研室。1980 年，推行系（部）主任负责制，加强对教研室的领导。二是优化教学计划，规范教学活动。1978 年，学校各专业都修订了教学计划和教学大纲；1979 年，学校所有课程都制定了教学日历，规范了教学笔记的编写；1983 年，为了尽快提高青年教师的教学水平，学校定期举办教学观摩活动和教学观摩评议会。三是加强实践性教学，强化工程素质培养。由于学校几经搬迁，实验设备破坏严重，从 1979 年起，学校把基础实验室和体育运动场所建设列为学校重点建设项目；到 1980 年，已建成力学、光弹、水工结构等 24 个实验室，建筑面积 6548 平方米；1982 年，各种实验室已达 34 个；1984 年，为了加强实验室管理，学校制定了设备管理制度，设置了实验实习管理科。四是加强学风和教风建设。应用《综合计分法》，建立科学的学生评价奖惩制度；完善学籍管理，实现学风建设制度化；开展教育思想大讨论，明确教风建设的重要性；健全教学检查制度，如期中教学检查制度、民意测验制度、教研室教学研究制度、三级听课制度等，通过优秀教研室、优秀教学成果和优秀青年教师的"三优"评选，发挥榜样在教风建设中的作用。

（四）科研工作走上轨道

科学研究是高等学校的重要职能，为了做好科研工作，华北水利水电学院逐渐完善科研机构。1979 年，成立了由学校党委书记任组长的科级领导小组，并制定了 8 年科学研究规划和近期的科研计划。1978 年，根据水利电力部批准，建立了独立的水利水电科学研究所，下设多个研究室。1988 年，成立了科研处。

尽管学校一直处于不断搬迁过程中，但广大教师仍然情系水利科研，做出了许多重要成果。在 1978 年的全国科学大会上，段昌国、施钧亮、田园分别主持完成的科研成果"水轮机组暂态速率上升公式和过渡过程的研究""喷灌技术""综合治理旱涝碱技术措施"获奖。1985 年，张镜剑主持完成的"复杂地质重力坝深层抗滑稳定非线性有限元程序""激光散斑技术在水工模型实验中的应用"，以及黎保琨主持完成的"地质力学模型试验技术及其在坝工建设中的应用"分别获得国家科技进步二等奖。

二、改革与发展时期的华北水利水电学院

（一）办学定位的基本确立

1990 年，迁郑之初，时任水利部部长杨振怀为华北水利水电学院提出了"面向三北，重点黄河，新校新办，办出特色"的指导思想❶。

1990 年，学校围绕学院应办成一个什么样的学校？怎样理解"新校新办"、如何"办出特色"等议题，开展了一次广泛、深入的学校办学定位的大讨论，统一了思想，凝聚了共识。

1993 年，在学校暑期改革与发展研讨会上，《华北水利水电学院改革与发展大纲》（讨论稿）明确提出学校未来办学定位，即建成以水利水电专业为主的、适应市场经济的多层次、多学科的综合性大学❷。在以后的几年中，学校先后设立了经济管理系、信息工程系、外语部等适应社会需求的系部，特别是1994 年设置贸易经济专业并成立了经济管理系，打破了华北水利水电学院几十年单一工科办学的局面。

1998 年，华北水利水电学院第四次教代会审议通过的《改革与发展纲要

❶ 严大考. 华北水利水电学院院史［M］. 西安：陕西人民出版社，2001：95 - 96.

❷ 同上。

（1990—2010）》正式确立了学校的办学定位和发展方向，学校迈向多科性综合大学的步伐进一步加快。

（二）各项事业的健康发展

一是学科专业不断完善，招生规模稳步扩大。"文化大革命"结束时，华北水利水电学院仅设水利工程建筑和水利机电2个系以及水利水电工程建筑、农田水利工程、水利施工机械、水电站动力装置4个专业。

1977年，华北水利水电学院设水利工程机械系、水电站动力设备系和水利水电工程建筑系，拥有水利水电工程建筑、农田水利工程、水利施工机械、水电站动力设备、水工建筑力学5个专业。1978年，学校恢复工程地质与水文地质专业，增设电厂厂房建筑专业。到1989年，学校共设水利系、机械系、动力系、土木系、地质系5个系，共有农田水利工程、水利水电工程建筑、管理工程、水利施工机械、水电站动力设备、计算机应用、热能与动力工程、工程地质与水文地质、工业与民用建筑、给水排水11个本（专）科专业。

1993年，学校设立环境工程系，1994年设经济管理系，1999年成立信息工程系，到2000年，华北水利水电学院已发展到8个系，16个本科专业，形成了较为齐全的专业体系。

研究生教育发展相对缓慢。1993年，工程地质与水文地质获得硕士学位授予权；1998年，水文学及水资源专业获得硕士学位授予权；2000年，农业水土工程获得硕士学位授予权。自此，华北水利水电学院共有6个硕士学位授权点，研究生招生规模不断扩大（见表6-3）。

表6-3 　　　1990—2000年华北水利水电学院研究生招生数　　　单位：人

年份	1990	1991	1992	1993	1994	1995	1996	1997	1998	1999	2000
人数	5	4	4	3	6	7	8	8	10	16	40

资料来源：严大考《华北水利水电学院院史》，陕西人民出版社，2001。

1977年高考招生恢复当年，华北水利水电学院招生人数为447人，在校生达1035人。1987年，学校招收479人，在校生达1747人。1997年，学校招收1060人，在校生达3743人。到2000年，学校开始扩招，招生2800人，普通在校生规模已达5612人（见表6-4）。

表6-4 　1990—2000年华北水利水电学院本专科招生数和在校生人数　　单位：人

年份	1990	1991	1992	1993	1994	1995	1996	1997	1998	1999	2000
招生人数	420	480	556	950	1225	1215	1130	1060	1280	1280	2800
在校生数	1550	1502	1770	2689	3940	3221	3372	3743	4045	4204	5612

资料来源：严大考《华北水利水电学院院史》，陕西人民出版社，2001。

二是教学管理日益规范，教学水平不断提高。第一，加强教学管理，建设优良教风学风。华北水利水电学院始终坚持"教学第一"的思想，通过抓考风促学风，抓教风促学风，抓学风促质量，严格管理，使日常教学工作运行正常。第二，改革教学内容和方法，不断提高教学水平。多次修订教学计划和教学大纲，使各门课程的教学内容以及各专业课程之间的衔接、内容进一步优化。改进基础课、专业基础课和专业课授课方法，提高教学效果。改进教学手段，搞好多媒体教学。第三，实施主辅修制和学分制，培养复合型人才。第四，建立督导和评价机制，加强教学质量监控。第五，加强指导，严格要求，做好毕业设计工作。

三是推进产学研结合，努力提高科研水平。华北水利水电学院三次搬迁，四易校址，每搬一次，教学科研骨干流失一次，严重影响了学校科研队伍的建设和科研成果的涌现。迁郑以后，学校十分重视科研工作，坚持教学、科研、产业相结合，形成了较为合理的科研梯队；制定优惠、科学、合理的科研管理政策，鼓励教师积极从事科学研究；面向经济建设主战场，积极承担高层次研究项目，集合国家重点工程如长江三峡工程、南水北调工程、黄河小浪底工程、节水灌溉工程等有针对性地开展科学研究，"八五"期间承担省部级以上重大科研项目 53 项，"九五"期间承担省部级以上重大科研项目 75 项，获得多项省部级以上科研奖励。经过多年持久的努力，在水文水资源、农田水利、河渠泥沙及河流动力学、水工结构等方面，形成了自身的科研特色。

第五节　改革开放时期的水利研究生教育

自 1978 年恢复研究生招生到 20 世纪末，我国学位与研究生教育走过 20 余年的改革历程。20 多年来，研究生招生与培养教育制度日臻完善，其规模、结构和质量都获得了前所未有的发展。随着中国研究生教育事业进入改革与发展的新时代，水利研究生教育也进入一个持续发展的新时期。

一、改革开放以来研究生教育的发展

改革开放以来，以恢复研究生招生为起点，我国基本建立起符合我国国情的学位与研究生教育制度，建立了学科门类基本齐全、结构与布局相对合理的学位授权体系，为国家各项事业的建设输送了一批合格的高层次专门人才，取得了令人瞩目的成就。

（一）恢复初建期

随着高考制度的恢复，1978 年，中断了 12 年的研究生招生也恢复了，我国研究生教育发展新的一页从此掀开了。

1979 年，教育部组织召开了研究生工作座谈会，讨论了研究生教育的招生条件、学习年限、培养目标、硕博阶段划分等一系列问题。

1980 年，第五届全国人大常委会审议通过了新中国成立以来的第一部教育法律——《学位条例》。1981 年，国务院颁布了《学位条例暂行实施办法》，出台了《高等学校和科研机构授予博士、硕士学位学科、专业目录（试行草案)》。同年，又发出《关于做好应届毕业研究生授予硕士学位工作的通知》和《关于下达首批博士和硕士学位授予单位的通知》，进一步规范学位制度实施初期的学位授予工作。至此，学位与研究生招生培养制度得以恢复建立。

1984 年，教育部开始在全国 22 所实力较强的高等院校试办研究生院。1985 年，国务院批转《关于试办博士后科研流动站报告的通知》，一些高等学校和科研院所招收了第一批博士后研究人员。此外，国家还出台了成立省级学位委员会、开展学位质量评估、硕士生提前攻读博士学位等促进研究生教育发展的政策措施。自此，我国研究生教育不仅得以恢复与发展，也逐渐进入持续、稳定、健康发展的轨道。

（二）调整改革期

尽管在恢复初建时期我国研究生教育取得了一些进展，但也也出现了诸如管理过于集中、学科结构以及人才培养类型比较单一等问题。

1986 年，国家教委针对研究生教育发展中出现的新问题，提出"稳步发展，保证质量"的方针，于是其后一段时间研究生教育在严格控制数量的同时，重点是调整优化专业结构，转变研究生培养模式，实现研究生培养多样化。在这一思路下，国家开始下放学位审批和授予权，授权部分学位授予单位审批硕士学位授予的学科、专业。1991 年出台有关规定，规范授予与研究生毕业同等学力的在职人员硕士、博士学位工作。1993 年《中国教育改革和发展纲要》提出了"扩大研究生培养数量""完善研究生培养和学位制度"等任务，学位和研究生教育发展由此呈现出新的特点，主要表现为：进一步扩大下放硕士学位授权学科专业点的调整；试办研究生院；22 个省市学位委员会和军队学位委员会共审批通过了 1237 个硕士学位授予点；设置了 7 种新的专业学位，实际开展 5 种专业学位教育；授予同等学力硕士学位数共 14284 人❶。

世纪之交，信息技术和高新科技快速发展，对世界经济、社会、文化的影响日益加强，全球化、国际化越来越成为世界发展的潮流。研究生教育既是全球化与国际化的重要领域，同时也是适应全球化和国际化的重要手段。为此，

---

❶ 廖湘阳.研究生教育发展战略研究［M］.北京：清华大学出版社，2006：177.

我国确定了"深化改革，积极发展；分类指导，加强建设；注重创新，提高质量"的指导方针，并在《中国学位与研究生教育发展战略报告（征求意见稿）》中从总体目标、发展与调节机制、培养模式、培养及办学环境以及国际竞争力等方面描绘了今后十年我国学位与研究生教育事业发展的前景。自 1999 年起，我国研究生教育进入了快速增长期，基本形成了多元化办学的有中国特色的研究生教育体系。

"十七年"时期，我国总共招收研究生不到 2.4 万人；1966—1977 年，12 年没有招收研究生；1978 年恢复招生，当年仅仅招生 1.07 万人。到 2000 年，全国招收研究生已达 10.3 万人，已基本涵盖了理、工、农、医、文史哲等诸多学科门类，共培养硕士 50 万多人，博士 6 万多人，为我国的经济社会发展做出巨大的贡献。

二、我国水利研究生教育的发展概况

在这一时代大背景下，我国水利专业研究生教育开始恢复招生，并不断走向繁荣。

（一）水利研究生教育持续发展概况

首先，规模逐渐扩大。1978 年国家恢复招收研究生后，华东水利学院立即恢复研究生教育，当年就招收了 51 名硕士研究生；武汉水利电力学院当年招收硕士研究生 72 名；华北水利水电大学招收 4 名。其他综合性院校的水利专业也相继恢复招收研究生。到 1987 年，河海大学、武汉水利电力学院、华北水利水电学院北京研究生部、东北电力学院、水利水电科学研究院、电力科学研究院、南京自动化研究所、西安热工研究所、武汉高压研究所、南京水利科学研究院、电力建设研究所、长江水利水电科学研究院、黄委会水利科学研究院、南京水科所等 17 个单位 57 个专业共培养硕士毕业生 1600 人，年增长率为 12.3%。至 1999 年，全国共有 74 所高等学校和科研单位招收水利类专业的研究生，有 58 个博士点、170 余个硕士点。其中，水利普通高校在校硕士研究生达 3600 人，博士 1545 人（见表 6 - 5）。

表 6 - 5　　　1950—1999 年部分水利普通高校研究生基本情况统计表　　　单位：人

学　校	研　究　生　数				
	1950—1978 年毕业生数	1979—1999 年毕业生数		1999 年在校生数	
		博士	硕士	博士	硕士
河海大学	20	133	1484	238	796
武汉水利电力大学	72	460	3059	162	1421
华北水利水电学院	3		302		36

学　校	研　究　生　数				
	1950—1978 年 毕业生数	1979—1999 年毕业生数		1999 年在校生数	
		博士	硕士	博士	硕士
清华大学	69	68	428	62	98
北京水利水电管理干部学院			253		57
中国农业大学		17	149	6	20
北京林业大学		54	98	23	25
天津大学				8	62
河北农业大学			38		20
太原理工大学		21			18
内蒙古农业大学			20		6
大连理工大学	20	150	440	17	40
东北农业大学			6		5
扬州大学			41		10
浙江大学			126	68	38
合肥工业大学			158		58
广西大学			62		32
四川大学	400	35	44	9000	587
重庆交通学院			47		19
云南农业大学					4
西安理工大学	4	28	318	42	134
西北农业大学		11	12	19	34
山东工业大学			20		18
郑州工业大学			62		30
新疆农业大学			23		32
总数				1545	3600

注　根据《中国水利教育50年》和《中国水利高等教育100年》相关内容制成，略有修正。

　　其次，类型逐渐完善。一是硕士研究生教育。1978 年，华东水利学院、武汉水利电力学院、华北水利水电学院、清华大学、四川大学、大连工学院等恢复了硕士研究生招生，到 1985 年，已有 21 所高校获得水利学科硕士授权点（见表 6-6）。二是博士研究生教育。经过国务院学位委员会 1981 年、1984 年（1985 年对极少数高校进行一次特殊批准）两次审核，有 6 所高校获得博士学位授权点，22 人获批为博士生导师（见表 6-7）。1985 年，在借鉴国外博士后制度和培养高端人才经验的基础上，我国开始试行博士后制度。1985—1999年，我国涉水院校清华大学、大连理工大学、河海大学、四川大学、武汉水利电力学院、天津大学、西安理工大学等高校先后设立了水利学科博士后科研工作流动站。三是工程硕士。1984年，清华大学、武汉水利电力学院等11所工科院校发起面向生产单位培养工程硕士研究生的倡议，1985年开始进行试点。1997年，国务院学位委员会审议通过了《工程硕士专业学位设置方案》，决定在我国设置工程硕士专业学位。部分设有水利学科博士、硕士点的高校纷纷申请水利工程领域的工程硕士学位授予权。到1999年，全国共有74所招收水利类研究生的高校和科研单位，分布在东西南北中各个地区。

表 6-6　　具有水利学科硕士学位授权点的高校（截至 1985 年）

学校 ＼ 授权点	工程水文及水资源	水力学及河流动力学	海岸工程学	水工结构工程	农田水利工程	水力发电工程
华东水利学院	√	√	√	√	√	
武汉水利电力学院	√	√		√	√	√
华北水利水电学院		√		√	√	
清华大学	√	√		√		√
天津大学		√	√	√		√
河北农业大学					√	
大连工学院		√	√	√		√
哈尔滨建工学院		√				
江苏农学院					√	
浙江大学						
合肥工业大学	√	√		√		
福州大学				√		
郑州工学院				√		
华中工学院						√
广西大学				√		
成都科技大学	√	√		√		
西南交通大学		√				
贵州工学院				√		
陕西机械学院	√	√		√	√	√
西北农业大学					√	
新疆八一农学院					√	

资料来源：姚玮明《中国水利高等教育 100 年》，中国水利水电出版社，2015。

179

表 6-7　　具有水利学科博士学位授权点的高校与导师（截至 1985 年）

学校＼授权点	工程水文及水资源	水力学及河流动力学	海岸工程学	水工结构工程	农田水利工程
华东水利学院	刘光文、叶秉如、赵人俊	张书农、顾兆勋、郭子中	严恺	徐芝纶	
武汉水利电力学院	叶守泽、冯尚友	张瑞瑾、谢鉴衡		王鸿儒	张蔚榛
清华大学		钱宁、夏震寰		张光斗、刘光廷	
大连工学院			邱大洪	林皋	
成都科技大学		吴持恭			
陕西机械学院	沈晋				

资料来源：姚玮明《中国水利高等教育 100 年》，中国水利水电出版社，2015。

再次，学科得到认可。1996 年国务院学位委员会启动修订授予博士、硕士学位学科、专业目录的征求意见稿，将原土木、水利一级学科合并为土木工程一级学科，将水利学科作为土木工程的二级学科设置。一些学校认为在现阶段这个方案将严重损害水利学科的发展，对我国高层次水利人才培养以及水利事业发展都将产生不良后果，为此，在水利部有关部门主持下，召开了有河海大学、清华大学、大连理工大学、四川大学、西安理工大学、武汉水利电力大学和华北水利水电学院等学校水利学科专家参加的座谈会，起草了单独设置水利工程一级学科的建议，并上报给国务院学位办公室。建议强调了水利在国民经济建设中的地位和重要性，以及水利行业对高层次人才的迫切需求，阐明了授予博士、硕士学位学科专业目录中设置水利一级学科的必要性，水利部副部长还专程赴国务院学位办面谈，同时严恺院士、张光斗院士等多名院士也支持这项工作，他们联合写信建议设立水利工程一级学科。国务院学位委员会最终采纳了建议，在 1997 年公布的《授予博士、硕士学位和培养研究生的学科、专业目录》中，在学科专业总量压缩的情况下，将水利类专业从土木工程中分离出来，明确"水利工程"为博士、硕士学位授予学科的一级学科，下设水文学及水资源、水力学及河流动力学、水工机构工程、水利水电工程和港口、海岸及近海工程等 5 个二级学科。在随后的本科专业目录修订中，水利工程也被列为工科门类的一级学科，进一步提高了水利学科的地位。

最后，质量不断提高。在人才培养上，80 年来，我国已培养数以千计的水利专业研究生，他们大多活跃在水利教学、水利科研、水利管理与建设第一线。例如，我国第一个水利专业研究生方宗岱 1937 年获硕士学位并留武汉大学任教，成为新中国泥沙科学事业的创始人之一；我国第一个水利史研究生周魁一，1966 年毕业后，潜心研究中国水利史，成就颇丰；陈雷 1985 年研究生毕业于华北水利水电学院农田水利工程专业，历经多岗位锻炼，现为共和国水利部部长；王光谦1985年、1989年先后获得清华大学水利工程硕士和博士学位，现为中国科学院院士。在科学研究上，很多水利专业研究生学有所成，一批标志性学术研究成果获得国家科技进步奖等奖项，并应用在三峡、小浪底等水利水电工程建设方面，产生了显著的经济效益和社会效益。例如，方宗岱、王咸成、吴正平等成为三峡工程论证专家，土光谦建立的水沙两相流动力学模型和流域泥沙动力学模型，为解决黄河治理及长江三峡工程泥沙问题发挥了重要作用。正因为这些杰出的贡献，水利学科也得到了国家的认可。

综上所述，我国水利专业研究生教育发展历程体现出鲜明的时代特点，其产生与发展都是基于时代发展的需要。没有一个稳定的社会环境，水利专业研究生教育进一步发展就是一句空话。但无论何时，研究生教育的质量是第一位的，要求我们不仅要注重水利专业研究生教育的规模，更要重视水利专业研究生教育的质量，不断为我国快速发展的水利事业培养更多高素质复合型人才。

（二）三所水利本科高校的研究生教育概况

1. 河海大学的研究生教育

华东水利学院1955年就开始招收研究生，研究生教育起步较早，"文化大革命"期间中断。改革开放后，研究生教育进入一个新的历史时期，从1978年恢复研究生招生到1985年恢复河海大学校名，主要是恢复发展期，1986—2000年主要是调整改革期。

在恢复发展期，1978年，华东水利学院恢复培养研究生制度，并招收了51名硕士研究生。1981年，被国务院批准为首批具有博士、硕士学位授权的单位。具有博士学位授予权的学科有5个：水工结构工程、工程水文及水资源、岩土工程、水力学及河流动力学、海岸工程学；具有硕士学位授予权的学科有9个：水工结构工程、工程水文及水资源、岩土工程、水力学及河流动力学、海岸工程学、固体力学、水力发电工程、港口及航道工程、农田水利工程。这一时期研究生规模总量不是非常大，1978—1985年，招收了9个学科25个研究方向的硕士研究生501名、博士研究生25名。到1985年，在校研究生数已达368名。

20世纪80年代，为了培养更多高层次水利专门人才，华东水利学院采取了一些加强研究生教育的措施。1984年，开始在1981级学生中进行推荐优秀生攻读硕士学位的工作；1985年，在研究生办公室的基础上建立了研究生部，同年，试办了岩土工程、水力发电、海洋工程3个专业研究生班。

1986年之后，随着国家对研究生教育规模的控制，研究生教育进入调整改革时期。河海大学研究生招生规模不但没有增加，反而略有减少，1989—1991年招生人数降至最低点，1989年硕士研究生招生人数76人，博士研究生招生人数 10 人；1991 年硕士研究生招生人数 77 人，博士研究生招生人数 6 人。1991 年学校在校硕士研究生仅 256 人，在校博士生研究生仅 27 人，在校研究生总数不足 300 人。

这一阶段的学科建设也相对缓慢，至 1990 年，授予硕士学位的学科专业点只有 17 个，其中 12 个分布在土木、水利一级学科，1 个在大气科学一级学科，1 个在机械工程一级学科，1 个在动力工程及工程热物理一级学科，2 个在力学一级学科；授予博士学位的学科专业点中博士点只有 6 个，且全部在土木、水利一级学科，博士研究生导师仅有 14 名。

这一时期培养研究生的学科专业布局和培养规模制约着河海大学研究生教育的进一步发展。尽管如此，1986—2000 年仍然是河海大学研究生教育发展的重要时期。在这 15 年期间，无论是研究生培养规模还是能授予博士、硕士学位的学科、专业都得到了显著的发展，其中 1986 年至 20 世纪 90 年代初是研究生教育的调整巩固阶段。当时研究生教育规模较小，1990 年前后，在校硕士研究生不到 300 人，在校博士研究生不足 30 人；授予博士、硕士学位的学科专业较少，研究生指导教师尤其是博士生指导教师紧缺。

20 世纪 90 年代初至 2000 年是研究生教育发展较快的阶段，以召开河海大学第一次研究生教育工作会议为标志，确立了研究生教育与本科生教育并重的指导思想，结合"211 工程"建设，首次提出了研究生教育发展目标和计划，同时提出了争取试办研究生院的目标。研究生教育发展目标确定到 2000 年研究生在校规模要达到 960 人。为实现这一目标，学校采取多种措施，逐步落实研究生教育发展目标和计划，通过开展学科评议活动，确立了学科建设目标和计划，加强了学科建设，授予博士、硕士学位的学科点总数比 1986 年增加了 23 个。

在调整改革时期，1986 年，河海大学成立了研究生部，专门负责研究生的招生、培养和管理工作。1988 年，学校实行校、院两级负责并以学院为基础的研究生培养和管理的新的工作机制。20 世纪 90 年代，河海大学开展"211 工程"建设后，为了进一步适应水利高等教育的发展和高层次人才培养的需要，河海大学提出了到 2000 年在校研究生规模达到 960 人的发展目标，并争取试办研究生院。据统计，2000 年，河海大学招收博士研究生 127 人，硕士研究生 439 人，在校研究生规模达到 1438 人；1986—2000 年，博士研究生招生总计 588 名，硕士研究生招生总计 2526 名；授予博士学位总计 158 名，授予硕士学位总计 1674 名。各项指标表明河海大学研究生教育已跃上了一个新台阶，具备了建立研究生院的基本条件。

随着研究生招生规模的扩大，学校适时修订了研究生培养方案和各项研究生培养质量保障制度，使研究生教育进一步制度化、规范化。学校培养的博士和硕士研究生大多在水利、电力、土木、交通和其他行业工作，在水利等各类事业的发展中发挥着重要作用，其中有相当一批人已经成为各相关行业中的骨干力量。

2. 武汉水利电力大学的研究生教育

进入20世纪80年代后，武汉水利电力学院的研究生教育迎来了新的发展阶段。

一是招生规模有了较大发展。1978年恢复招收研究生以来，招生规模不断扩大。1978年招收硕士研究生72人，1981年经国务院批准成为首批博士、硕士和学士学位授予单位，1982年开始招收博士研究生，当年招收3人。2000年合校前在读研究生总数达1700多人，其中博士200多人。近20年来，向社会输送了毕业研究生近3000人。

二是招生学科进一步扩大。1981年，高电压工程、工程水文及水资源、水力学及河流动力学、水工结构工程、农田水利工程等5个专业经国务院批准为全国首批有博士学位授予权的学科；发电厂工程、电力系统及其自动化、高电压工程、岩土工程、工程水文及水资源、水力学及河流动力学、水工结构工程、农田水利工程等8个专业为第一批有硕士学位授予权的学科。到1988年，学校设置硕士生专业点15个，博士生专业点6个。到1999年，已有硕士专业点29个，博士专业点10个，此外还建立了1个博士后科研流动站，并在6个工程领域有工程硕士授予权，且在部分学科建立了本硕连读制度。

三是培养类型趋于多样化。首先，为了适应国家经济发展对高层次专门人才的需求，1984年，武汉水利电力学院联合清华大学等11所工科院校发起面向生产应用部门培养工程硕士研究生的倡议。1985年，武汉水利电力学院招收6名工程硕士研究生进行试点，到1994年，招收超过100名促进了我国培养应用型研究生工作的开展。其次，与黄河水利委员会等单位合作，积极开展在职工程硕士研究生的培养试验，有力地促进了产学研联合体的形成。另外，1986年，经国务院学位办公室批准，武汉水利电力学院开始开展在职人员申请学位工作试点，到1988年，已授硕士学位89人。

四是研究生培养工作进一步规范。武汉水利电力大学研究生教育工作坚持智育高层次与德育高层次的有机统一，着眼于培养高素质、高层次人才；坚持面向经济建设主战场，多模式、多类型地培养研究生，实现培养学术型人才与应用型人才的有机统一；坚持解放思想，拓宽办学思路，在教育观念、办学思想、办学模式、培养方式、管理手段、思想教育、毕业就业等方面进行认真总结，大胆改革，不断创新。1997年学校通过了国家教委组织的前四批博士、硕士学位授权点的合格评估并达到A等。1999年研究生部被国家教育部授予"全国学位与研究生教育管理工作先进集体"。

可以说，作为国家首批硕士、博士学位授予单位，武汉水利电力大学不仅培养了一批水利电力类高级专门人才，而且在人才培养类型、培养模式上进行了许多有益的探索，为国家工程高级技术人才培养提供了借鉴经验。

3. 华北水利水电学院的研究生教育

1978 年，北京水利水电学院搬迁至河北邯郸办学，并更名为华北水利水电学院。同年，经国务院批准，决定成立华北水利水电学院北京研究生部，隶属华北水利水电学院，由华北水利水电学院与水利水电科学研究院（现中国水利水电科学研究院）联合举办，规模定为 800 人，地址在原北京水利水电学院校址北京市西郊花园村。

1979 年，水利电力部党组召集华北水利水电学院北京研究生部及华北电力学院北京研究生部的负责人开会，正式宣布两个研究生部成立，并任命南新旭为华北水利水电学院北京研究生部主任，李志斌为副主任。

从 1979—1983 年，北京研究生部共招收硕士研究生 51 名。另外，1978 年，华北水利水电学院在邯郸招收的水工结构工程专业及岩土工程专业的 4 名研究生，在研究生部成立后转到北京，共 55 名。其后，水利水电科学研究院单独招收的 24 名也转到研究生部就读。截至 1983 年，北京研究生部在校研究生达 100 人。

1981 年举行了第一届研究生毕业典礼。1982 年，首次颁发硕士学位证书，共有 19 名 1981 届、1982 届毕业生获得了工学硕士学位证书。截至 1983 年，北京研究生部毕业研究生 27 名，其中授予硕士学位的有 25 名；水利水电科学研究院毕业研究生 59 人被授予硕士学位。

为了提高研究生培养质量，1981 年，水利电力部党组召开扩大会议，专题研究了北京研究生部建设和人员回京问题，决定将原来北京下去的 270 人分期分批从邯郸转回北京研究生部。1982 年，华北水利水电学院成立学位委员会和学术委员会，研究生部相应成立分委会，由南新旭任学位委员会和学术委员会主席。

1983 年 10 月，由原水利电力部干部学校、华北水利水电学院北京研究生部、北京水利水电学校和电力科学研究院动力经济研究所合并成立北京水利电力经济管理学院。在此之前，研究生部共有教职工 180 余人。

华北水利水电学院北京研究生部 1978 年开始招生时设有 5 个专业，即农田水利工程（包括灌溉新技术）、水力学与河流动力学（包括水力机械）、水工结构工程（包括水工建筑力学）、工程机械和岩土工程。其中农田水利工程、水力学与河流动力学专业，在 1981 年经国务院学位委员会批准，具有硕士学位授予权。1984 年，水工结构工程专业获批硕士学位授予权；1988 年，水力发电工程专业获批硕士学位授予权；1993 年，水文地质与工程地质专业获得硕士学位授予权，同年，经国家教委批准，水工结构工程、水力学及河流动力学2个专业具备硕士研究生单独考试命题权；1998年，水文学及水资源专业获得硕士学位授予权；1999年，国家教委调整专业设置，原农田水利工程和水力发电工程专业合并为水利水电工程专业，水文地质与工程地质专业改为地质工程专业；2000年，农业水土工程专业获得硕士学位授予权。至此，华北水利水电学院共有6个硕士学位授权点。

1983年，华北水利水电学院邯郸本部开始招收研究生，专业为结构工程，当年招生2名。1984年，岩土工程专业、水力发电工程专业开始招收研究生，当年各招收2名，水工结构工程专业招生1名。到1989年，学校邯郸本部共有5个硕士学位授予点，它们分别是：水工结构工程专业、水力学及河流动力学专业、农田水利工程专业、岩土工程专业和水力发电工程专业。

尽管是国家首批硕士学位授予权单位，由于受学校多次搬迁影响，高水平师资流失严重，华北水利水电学院研究生教育一直在徘徊中前行，与同期获得硕士学位授予权单位的河海大学、武汉水利电力大学相比，不仅长时间博士学位授权点没有实现突破，硕士研究生招生规模也一直在低端运行，在1978—2000年23年中，除了1979年招收17人，1982年、1983年、1998年分别招收10人，1999年招收16人，2000年招收40人外，其余17年每年招生不超过10人。这也从一个侧面说明稳定的办学环境对一所高校发展的重要性。

第六节　严恺的水利高等教育思想

严恺（1912—2006），福建闽侯人，我国著名水利海岸工程专家，1955年被遴选为中国科学院学部委员，1995年被选为中国工程院院士，是华东水利学院创始人之一，1958—1983年担任华东水利学院院长，曾任中国水利学会理事长、国际大坝委员会中国委员会主席等职。严恺一生致力于国家的大江大河治理、海岸工程研究和水利高等教育，为祖国的水利工程建设、水利教育发展、海洋科学研究做出了重大贡献。

一、严恺生平及水利活动

严恺祖籍福建闽侯，1912年出生于天津一个知识分子家庭。1929年考入交通大学唐山工学院（现西南交通大学）土木系，1933年毕业后到沪宁铁路任实习员。1935年，在中央研究院公费赴荷兰留学学习水利工程技术资格考试中，严恺以优异成绩入选，并于当年秋前往荷兰德尔夫特科技大学求学。留学期间，严恺在勤奋地学习语言以及土木、海岸工程理论知识的同时，积极考

察荷兰的海港、水利设施，并到德尔夫特水工试验所实习，积累了丰富的水利实践经验。1938年，在完成各门课程的毕业考试后，完美地通过毕业面试，严恺顺利获得海岸工程学工程师职称（相当于副博士学位）。

1938年，正值全面抗战时期，留学归来的严恺辗转越南来到云南，在云南省农田水利贷款委员会任工程师，一年多的时间，他跑了大半个云南，对云南的农田水利建设作了规划，而且独立设计了好几项水利工程。1939年年初设计的弥勒县竹园坝灌溉工程不仅在当时被视为杰作，直到今天仍然在发挥着作用。

1943年，应恩师李书田的诚挚邀请，严恺到战时迁到西安的黄河水利委员会供职，受聘为简任技正兼设计组主任。在其后的一年多，他率领人员对黄河沿岸进行地形测量和水文测验，到宁夏灌区进行实地勘测，高质量地完成了黄河下游治理、宁夏灌区计划以及宝鸡峡水电站等重要水利工程项目的规划设计工作。1946年，严恺随黄河水利委员会一起迁回开封办公，出任研究室主任，并兼任河南大学水利工程系教授。

新中国建立后，严恺主持或参与了多项国家大江、大河、大湖、大港的治理与工程建设工作。1951年，政务院委任严恺作为塘沽新港建港委员会委员，参加了新港的修复和扩建工作。1958年，他负责的天津新港回淤研究被列入国家科研重点项目，这一项目不仅攻克了天津塘沽回淤的难题，也开创了我国淤泥质海岸的研究工作。1960年，他担任长江口整治研究领导小组组长，切实地解决了长江航道改善的难题。1973年，葛洲坝水利枢纽工程建设面临一系列科技难题，在周恩来总理的指示下，严恺率领中国水利考察团赴美进行相关考察，为葛洲坝水利枢纽建设收集了具有重要参考价值的科技信息。20世纪80年中后期，在三峡水利工程论证和建设过程中，严恺先后出任工程论证泥沙专家组顾问和三峡工程开发总公司技术委员会顾问，为顺利推进三峡工程建设贡献了自己的专业经验和聪明智慧。

2012年8月10日，水利部部长陈雷在严恺百年诞辰纪念大会上全面回顾了严恺院士一生为水利事业做出的重要贡献。陈雷指出："严恺同志主持了国家重点项目'天津新港回淤研究'，长期致力于长江口深水航道治理和珠江三角洲整治的研究工作，牵头对我国海岸带和海涂资源开展综合调查，首创了钱塘江斜坡式海塘和海堤，为我国河口海岸科学研究奠定了重要基础；严恺同志参与了黄河治理、淮河治理、太湖治理以及葛洲坝、三峡枢纽、南水北调等重大工程的技术咨询和论证工作，为我国江河治理和重大水利工程建设做出了突出贡献；严恺同志创建了新中国第一所水利高等学校华东水利学院，使学校逐渐成为我国水利人才培养的摇篮和重要科研基地，先后组建了上海交通大学、南京大学、浙江大学、同济大学等高校的水利专业，还捐款设立了'严恺教育科技基金'，为新中国水利高等教育事业倾注了毕生心血。"❶

二、严恺的水利高等教育实践

严恺一生执教过我国多所著名高等学府。新中国成立前，他先后执教过国立中央大学、国立河南大学、上海交通大学。新中国成立后，他受命负责组建华东水利学院，其后长达20多年担任学院院长一职，为我国水利高等教育发展砥砺前行，积累了丰富的水利高等教育管理经验，形成了自己富有特色的水利高等教育思想，对推进新时期水利高等教育的繁荣与发展具有重要的现实意义。

（一）执教国立中央大学

1940年，时年28岁的严恺从云南抵达已搬迁重庆的中央大学，在他人的推荐下受聘为水利工程系教授。1942年，30岁的严恺被聘为中央大学"水利讲座"。当时能够被聘为"水利讲座"者，如黄文熙、张冲、余文照等都是水利专业的学术权威。他在那里度过了几年教书生涯，讲授水工设计、河工学、港口工程、农田水利工程等多门课程。他的课丰富、扎实、有创造性，他的要求严格甚至于严厉，却很受欢迎。

1943年，因为不满蒋介石兼任中央大学校长，严恺愤而辞去中央大学"水利讲座"。

（二）执教国立河南大学

辞去中央大学"水利讲座"后，严恺到西安出任黄河水利委员会简任技正，参与黄河治理工作。1946年，黄河水利委员会迁回开封后，严恺受聘河南大学教授，出任工学院土木工程系主任，还曾任水利工程系主任。他在教学活动中强调理论联系实际，要求学生走出课堂，把书本中学到的知识与社会实

❶ 王鑫．纪念严恺院士诞辰100周年座谈会召开［OB/OL］．http：//www.mwr.gov.cn/slzx/slyw/201208/t20120815_327891.html

践密切结合起来，学以致用。当时，工学院院长闫振兴兼任黄河堵口工程局工程处处长，严恺协助闫振兴设计黄河堵口工程，并带领学生参加现场设计与施工。他的教学突出黄河特色，重视实践能力培养，有力地促进了河南大学水利工程系学生养成面向水利实际的动手能力。

（三）执教上海交通大学

1948 年，受上海交通大学邀请，严恺担任上海交通大学水利工程系教授，同时，被上海市公用局聘为"港工讲座"。他为交通大学学生编写了治河工程、海港工程等多种讲义，开设港口工程、河工学等专业课程，并担任校务委员会常务委员，直接参加学校的建设与管理❶。

（四）执教河海大学

1952 年，他受命负责筹建华东水利学院，其后曾长期担任学院院长，是河海大学里程碑式的人物。在华东水利学院初创时期，一切工作千头万绪，严恺以巨大的热情、过人的魄力、旺盛的精力抓师资队伍的建设、校舍的建设、校风的建设，并使学校很快走向健康的办学轨道。从此，他把宝贵的精力都倾注在学校的建设上，致力于学校的战略性发展，使其从无到有，从小到大，终于使这所曾经的中国第一个水利高等学府成为我国规模最大、学科最齐全的水利人才培养的重要基地。

三、严恺水利高等教育思想

严恺在办学实践中深知，要建设一流的水利高等学府，更重要的在于大学精神和大学文化建设。1982 年，在华东水利学院建校 30 周年之际，他对自己多年的教学经验进行总结和升华，系统提出并精辟阐述了"艰苦朴素，实事求是，严格要求，勇于探索"十六字的河海校训。他说："水利是艰苦的事业，所以在生活上一定要艰苦朴素。作为一名科技工作者，要坚持实事求是的原则，科学是严肃认真的，不能马虎，还要要严格要求。还要有创新精神，才能取得独特成就。"可以说，河海大学十六字校训正是严恺水利高等教育思想的高度浓缩和精华所在。

（一）艰苦朴素

华东水利学院建校初期，师资队伍数量不足，教学科研用房捉襟见肘。在这样艰难的条件下，严恺以上率下，率领师生员工艰苦创业，在草棚搭建的校舍中给学生上课，在简陋的运动场上同学生一起参与竞走项目，朴实、民主、以身作则的作风，建校伊始就给师生留下了极好的印象。他在接受中国教育电

---

❶ 吕娜．一代水利界师表［N］．中国水利报，2006－05－18．

视台的采访时说:"水利本身就是一件艰苦的事,你一定要有艰苦朴素的精神。"

尽管在工作和生活中,他十分简朴,但事关人才培养、师资队伍建设,他十分大方。创业艰难,筚路蓝缕,师资为贵。史料记载,初创时期的华东水利学院,没有独立的办公场所,暂借南京大学空余房舍办公,全校高级职称的师资仅有 16 名教授,5 名副教授,讲师和助教一共只有 25 人。严恺认识到,仅靠租借校舍这样简陋的条件,不可能吸引来有名气的教授。为了能够给教师创造必要的教学、科研、生活条件,严恺力排众议,宁可在其他方面艰苦一些,也要下大力气先改善教师的住宿条件,解除一些教授的后顾之忧。在严恺不辞劳苦的劝说和努力下,终于为新生的华东水利学院"挖"来了一支水利高等教育的精英之队。感佩于他的艰苦朴素的办学精神和以师生为本的办学理念,以著名水利学家郑肇经教授、著名力学家徐芝纶教授等为代表的一批国内水利行业顶尖学者都汇聚到新生的华东水利学院。

(二) 实事求是

无论是在教学还是科研上,严恺身体力行,大力倡导实事求是的原则。他经常说:"作为一名科技工作者,要坚持实事求是的原则,科学来不得半点马虎。"在求学时,他不满足于课本知识,更注重实际运用,所以他在荷兰读书期间就非常注重实地考察,经常利用假期和挤出时间到荷兰一些重要海岸工程和水工研究所以及德、法、比等国参观学习或实习。在科学研究和治水实践中,他十分注重深入实际进行调查研究,真正做到严谨治学,坚持理论与实践相结合。在黄河水利委员会履职时,为了更深入地了解黄河第一手资料,他多次沿黄河考察、到西北灌区勘测;在天津塘沽港回淤、珠江三角洲整治、长江口开发整治以及三峡工程论证等过程中,都留下他实事求是的踪迹。在学校管理中,他要求教师严谨治学,真正以真知灼见教授学生。在几十年的教学与科研工作中,他更是把实事求是这一思想贯彻始终。

(三) 严格要求

钱正英在为《严恺传》所写的序言中对严恺作了高度的评价:"他姓严,确实是严字当头,严于律己,严于治校。他身体力行地实践'十六字校训',一丝不苟地求学问,一丝不苟地工作,一丝不苟地做人,几十年如一日。他不仅为河海大学,也为水利界树立了一个光辉榜样。"❶

在严于律己上,严恺从小对自己的要求就十分严格,他熟练掌握了荷兰语、英语、法语等多种外国语言,这都是他利用暑假和业余时间自学的,为学习外国先进科学技术打下了坚实的基础。20 世纪 40 年代初,在重庆中央大学

---

❶ 钱正英.我和我的师友们 [M].北京:中国水利电力出版社,1993:108.

水利系任教期间，虽然在往返于家和中央大学之间有时会遇到日军的狂轰滥炸，但他从没有耽误过学生一节课。

作为一名高度负责任的教师，严恺十分重视水利学生思想与作风的养成，对他们提出了极为严格的要求，根本没有任何通融的余地，他上课没人敢迟到，考试没人敢作弊，他从来也不给人情面，不及格就是不及格。曾任中国海洋工程学会副理事长的黄胜教授在中央大学师从严恺教授，他回忆严恺治学严谨，对学生要求极严。

华东水利学院创建初期，有个系向他汇报时说有3个学生因条件艰苦闹情绪，不好好上课，影响很坏，且屡教不改。严恺认为，水利是艰苦的事业，现在这点苦都吃不了，将来工作后怎么为人民服务，他在深入调查后，对3个学生作了严肃处理。

严恺的"严"是一视同仁，对己对人、对差生好生一个样。20世纪80年代初期，他曾指导一名研究生，并对选修科目和科研实验、收集数据等工作制定了非常严格的计划表，然而，这个研究生自认为有大名鼎鼎的导师指导，平时学习不用心，该做的科研实验偷工减料，数据收集得比较马虎。他写的论文经严恺多次审查并责令修改，始终不符合质量要求，最后坚持不让他参加论文答辩。而他在指导另一名博士生时，他为这个博士生选定了一个很有价值的研究方向，在当时国内的部分实验研究手段跟不上、资料缺乏的情况下，具有现代开放意识和学术观念的严恺打破门户之见，主动与丹麦一所大学熟悉的教授联系，商定派这个博士生到该国大学去，接受国外同行的指导，共同完成培养高级人才的任务。后来，这个博士生学成回国后顺利通过博士学位论文答辩。

（四）勇于探索

严恺认为，做好水利人，必须敢为人先，勇于创新。1946年，在参加钱塘江治理和海塘工程设计时，严恺针对传统岸壁式直墙海塘的弱点，大胆创新，设计了新型斜坡式海塘，经过几十年的风雨考验，至今依然屹立于杭州湾北岸。在20世纪50年代，他主持天津新港回淤问题研究，科学有效地解决了困扰天津新港的泥沙回淤难题，开创了淤泥质海岸科学研究这一崭新领域。随着在广度和深度上不断拓展中国淤泥质海岸研究，严恺创新性地提出了两个新的边缘交叉学科，即"海岸动力学"和"海岸动力地貌学"。不仅如此，他也著作等身，例如《中国海岸工程》《海港工程》《海洋工程》等都是具有开创性的学术专著，为中国治水事业留下了宝贵的学术成果。正是鉴于他在水利科学研究上的勇于探索精神和取得的巨大成就，他获得了首届中国工程科技奖、何梁何利基金技术科学奖、中国水利学会功勋奖等奖项。

第七章 繁荣：改革开放时期的水利高等教育（2000—2015 年）

伴随着 20 世纪 90 年代末的高等教育的改革洪流，我国高等教育进入充满希望的 21 世纪；伴随着国家综合实力的全面提升，工业化、城市化进程的加快，对水利发展提出了更高的要求，中国水利发展进入到了一个新的机遇期，水利高等教育也在高等教育发展和水利事业发展蔚为壮观的形势下得到了快速、健康的发展。

第一节 21 世纪初期水利高等教育发展概况

一、21 世纪初期水利高等教育发展背景

（一）21 世纪初期我国高等教育的发展概况

为了满足人民群众日益增长的接受高等教育的需求，从 20 世纪 90 年代末开始发端的高等教育扩招，一直延续到现在。持续的高等教育扩招无论从招生规模还是毕业生数量、在校生总量，都达到了历史的高点，例如，2000 年，全国普通高等教育本专科招生 220.61 万人、毕业生 94.98 万人，在校生 556.09 万人，到 2015 年，上述数据已分别达到 737.85 万人、680.89 万人、2625.30 万人，高等教育毛入学率已从 2000 年的 11.2% 增长到 2015 年的 40.0%，稳步进入高等教育大众化阶段。从研究生教育看，2000 年，全国研究生招生 12.85 万人、毕业生 5.88 万人，在校研究生 30.12 万人，到 2015 年，研究生教育的上述数据已分别达到 64.51 万人、55.15 万人、191.14 万人（见表 7-1）。据联合国教科文组织 2003 年发表的世界高等教育情况报告显示，2001 年中国高等教育体系已经形成世界最大规模，首次在高等教育规模上超过美国❶。可以看出，进入 21 世纪，我国高等学校高层次人才培养能力得到了较大提升，为实施人才强国战略、建设人才资源强国做出了巨大贡献。

---

❶ 邹友峰. 我国高等教育发展现状与学校面临的发展机遇与对策［J］. 河南理工大学学报（社会科学版），2014（2）.

表 7-1 2000—2015 年普通高等教育发展状况表 单位：万人

年份	招生			毕业生		在校生	
	本专科	硕士	博士	研究生	本专科	研究生	本专科
2000	220.61	10.34	2.51	5.88	94.98	30.12	556.09
2001	268.28	13.31	3.21	6.78	103.63	39.33	719.07
2002	320.50	16.43	3.83	8.08	133.73	50.10	903.36
2003	382.17	22.02	4.87	11.11	187.75	65.13	1108.56
2004	447.34	27.30	5.33	15.08	239.12	81.99	1333.50
2005	504.46	31.00	5.48	18.97	306.80	97.86	1561.78
2006	546.03	34.20	5.6	25.59	377.47	110.47	1738.84
2007	565.92	36.06	5.80	31.18	447.79	119.50	1884.90
2008	607.66	38.67	5.98	34.48	511.95	128.30	2021.02
2009	639.49	44.90	6.19	37.13	531.10	140.49	2144.66
2010	661.76	47.44	6.38	38.36	575.42	153.84	2231.79
2011	681.50	49.46	6.56	43.00	608.16	164.58	2308.51
2012	688.83	52.13	6.84	48.65	624.73	171.98	2391.32
2013	699.83	54.09	7.05	51.36	638.72	179.40	2468.07
2014	721.40	54.87	7.26	53.59	659.37	184.77	2547.70
2015	737.85	57.06	7.44	55.15	680.89	191.14	2625.30

注 根据全国教育事业发展统计年度公报的数据整理。

经过 15 年的快速发展，我国高等教育发展呈现出鲜明的时代特征。

第一，提高高等教育质量，建设人力资源强国成为全社会的共识。党和国家历来高度重视高等教育工作。党的十八大强调："推动高等教育内涵式发展""优先发展教育，建设人力资源强国"。《国家中长期教育改革和发展规划纲要（2010—2020 年）》强调要"办好人民满意的教育，建设人力资源强国""建立高校分类体系，实行分类管理"，引导高校合理定位，在不同层次、不同领域办出特色，争创一流。这些为高等教育的持续快速发展创造了良好的社会环境。

第二，高等院校办学条件得到根本性完善。一是随着国民经济的快速发展和综合国力的不断提高，国家对教育的投入大幅度增加。2000 年，全国教育经费为 3849.08 亿元，普通高校生均公共财政预算教育事业费为 7309.58 元，到 2015 年，全国教育经费总投入为 36129.19 亿元，普通高校生均公共财政预算教育事业费达 18143.57 元，高校生均拨款水平达到历史最高水平。二是全国高校占地面积，教学及辅助用房、实验实习以及行政办公用房面积，教学科研固定资产都有大幅增长。三是高校教师队伍持续壮大，高校教学基本建设得到加强，高校实验室空间得到了拓展。

第三，高等学校科技创新能力不断提高，服务社会能力显著增强。2005—2013年，高等学校承担科研项目成倍增加并超过同期其他科学研究与开发机构。高校基础研究在全国占绝对优势，基础研究经费在全国占比超过一半。高等学校科技成果占据70％以上。2010—2014年，高校共获国家自然科学奖583项，获技术发明奖1328项，获科技进步奖3577项。高校获得的国家科技奖励三大奖占比为70％左右。2005—2013年，高校科技论文占全国比例一直占据70％以上。高等学校专利授权数从8843件增加到84930件，增加了8.6倍。这些成就显示出高校科技创新能力得到持续提升。

但是，从精英教育向大众化教育的转变，必然带来教育对象、教育组织、教学手段、教学内容等一系列深刻变化，由此对高等教育改革提出了更为迫切的要求。高等学校必须创新人才培养机制，激发大学生创新创业活动，不断提升高等教育公共治理能力，有效激发高等学校办学活力，实现人才培养质量的真正提升。

（二）21世纪初期我国水利事业的发展概况

进入21世纪，我国水利事业面临新的形势。一方面，我国经济社会以前所未有的速度向前发展，在这一过程中，人口的不断增长、城市的不断扩大，对水资源的科学利用提出了新的要求。另一方面，水旱灾害频繁发生，沙尘暴、雾霾严重肆虐，这就要求我们切实转变治水与用水思路，加强水利设施建设，加大水环境治理力度，持续推进水生态修复工作。

2011年，中央一号文件《关于加快水利改革发展的决定》明确提出水利是国家基础设施建设的优先领域，突出了水利建设和水资源管理在经济社会发展中的全局性地位。同年，中央召开全国水利工作会议，全面部署了水利改革，明确提出水利改革发展应坚持民生优先、统筹兼顾、人水和谐、政府主导、改革创新5大原则，着力加强农田水利建设、提高防洪保障能力、建设水资源配置工程、推进水生态保护和水环境治理、实行最严格的水资源管理制度等5项重点任务。这些给新时期的水利事业发展提供了新的历史机遇，也对水利高等学校人才培养如何适应新形势、新要求提出了新挑战。

二、21世纪初期我国水利高等教育发展概况

进入21世纪，起始于20世纪90年代末开始的高校管理体制改革和布局结构调整取得了重大进展，我国水利高等教育发生了许多重大变化，突出地体现在管理体制的变化和水利高等教育的快速发展方面。

（一）涉水高校管理体制改革取得重大进展

从 20 世纪 90 年代开始，中国高等教育进入调整高校结构布局，提高办学实力的改革时期。在这一阶段的改革主要是以政府为主导，重点调整高校结构布局，规范高等学校办学主体，打破计划经济体制下行业办学所造成的条块分割、专业狭窄、重复设置、规模偏小等弊端，不断提高高等教育办学质量和效益。1995 年，经国务院同意，国家教委颁布了《关于深化高等教育体制改革的若干意见》，明确了共建、联合、合并、协作、划转五种改革形式，逐步形成了中央和省级人民政府两级管理、分工负责，以省级人民政府统筹为主、条块有机结合的新体制。

就几所主要水利高等院校而言，2000 年，武汉水利电力大学与武汉大学、武汉测绘科技大学、湖北医科大学合并组建新的武汉大学，主管部门由电力部变更为教育部；武汉水利电力大学（宜昌）与湖北三峡学院合并组建三峡大学，主管部门为湖北省。同年，几所水利部直属高校管理体制进行改革，河海大学由水利部直接管理整建制划归教育部管理；华北水利水电学院和南昌水利水电高等专科学校由水利部直接管理改为水利部与学校所在省进行共建、以所在省管理为主的管理体制；黄河水利职业技术学院也下放到河南省管理。自此，水利部已没有直接管理的水利高等院校，水利行业办学不复存在。其他一些涉水高校管理体制在这一时期也发生了重大变化（见表 7-2）。

表 7-2　　　2000—2015 年部分涉水高校管理体制变更情况表

学校名称	原主管部门	现主管部门	批复年份	备　注
河海大学	水利部	教育部	2000	由河海大学、常州水电机械制造职工大学组建
华北水利水电学院	水利部	河南省	2000	邯郸分部划归河北省
南昌水利水电高等专科学校	水利部	江西省	2000	2004 年升格并更名为南昌工程学院
黄河水利职业技术学院	水利部	河南省	2000	由黄河职业大学、黄河水利学校组建
武汉大学	电力部、湖北省	教育部	2000	由武汉大学、武汉水利电力大学、武汉测绘科技大学、湖北医科大学合并组建
三峡大学	电力部、湖北省	湖北省	2000	由武汉水利电力大学（宜昌）、湖北三峡学院合并组建
四川大学	教育部、卫生部	教育部	2000	由四川大学、华西医科大学合并组建

学校名称	原主管部门	现主管部门	批复年份	备　注
大连水产学院	农业部	辽宁省	2000	
西南交通大学	交通部	教育部	2000	
长沙交通学院	交通部	湖南省	2000	
重庆交通学院	交通部	重庆市	2000	
哈尔滨工程大学	中国船舶工业总公司	国防科技工业委员会	2000	
中国地质大学	国土资源部	教育部	2000	
长安大学	交通部等	教育部	2000	由西安工程学院、西北建筑工程学院、西安公路交通大学合并组建
吉林大学	地矿部、吉林省等	教育部	2000	由长春科技大学、吉林大学、吉林工业大学、白求恩医科大学、长春邮电学院合并组建
长春工程学院	电力部等	吉林省	2000	由长春水利电力高等专科学校、长春建筑高等专科学校、长春工业高等专科学校合并组建
福建农林大学	农业部、林业部	福建省	2000	由福建农业大学、福建林学院合并组建
山东大学	山东省等	教育部	2000	由山东大学、山东工业大学、山东医科大学合并组建
东南大学	教育部、交通部等	教育部	2000	由东南大学、南京交通高等专科学校、南京铁道医学院、南京地质学校合并组建
成都理工大学	国土资源部、四川省	四川省	2001	由成都理工学院、四川商业高等专科学校、成都有色地质职工大学合并组建
长沙理工大学	交通部、国家电力公司	湖南省	2003	由长沙交通学院、长沙电力学院合并组建
长江大学	中国石油天然气集团公司	湖北省	2003	江汉石油学院2000年由中国石油天然气集团公司划归湖北省；2003年，与湖北农学院、荆州师范学院、湖北省卫生职工医学院合并组建

学校名称	原主管部门	现主管部门	批复年份	备　注
河北工程大学	河北省、水利部	河北省	2003	由河北建筑科技学院、邯郸农业高等专科学校、邯郸医学高等专科学校、华北水利水电学院（邯郸）合并组建河北工程学院，2006年更为现名
兰州理工大学	机械工业部	甘肃省	2003	1998年，甘肃工业大学由机械工业部划归甘肃省，2003年更名为兰州理工大学
兰州交通大学	铁道部	甘肃省	2003	2000年兰州铁道学院由铁道部划归甘肃省，2003年更为现名

注　根据各学校网站主页"学校概况"整理。

（二）水利院校的转型发展取得一定进展

伴随着高等教育管理体制改革的大潮，我国主要水利高校，如河海大学、华北水利水电大学、南昌工程学院、三峡大学、浙江水利水电学院等基本打破了行业办学培养行业人才的模式，转型发展取得一定进展。

一是水利高校办学规模不断扩大，人才培养体系日益完备。据统计，截至2015年，全国共有79所招收水利类研究生的院校和科研院所，其中有52所培养机构招收水利工程专业学位硕士。全国共有127所高等院校开设水利类本科专业，其中78所开设了水利水电工程专业、49所开设了水文与水资源工程专业、26所开设了港口航道与海岸工程专业、37所开设了农业水利工程专业、20所开设了水土保持与荒漠化防治专业。全国共有91所高校开设水利类专科专业，包括16所普通高等院校和75所高等职业院校，其中16所开设了水文水资源类专业、74所开设了水利工程与管理类专业、24所开设了水利水电设备类专业、13所开设了水土保持与水环境类专业。2015年全国水利类招生规模6万多人，本专科毕业生5.4万人，在校生规模达22万人。可见，水利高等教育具备了专科、本科、研究生三个办学层次和学士、硕士、博士三个学位层次，人才培养规模不断增加，有力地支持了水利事业的健康发展。

二是在坚持水利特色的基础上，走多学科协调发展之路。我国水利高等院校基本是在新中国成立初期的院校大调整中通过整合各高等院校相关水利专业而组建的，基本属于单科性行业院校。在20世纪90年末到21世纪初的高等教育管理体制改革过程中，虽然水利高等院校隶属关系在改变，但仍然保持了水利专业特色，就设置本科专业的高校看，河海大学设置了5个水利类本科专业；华北水利水电大学等11所高校设置了4个水利类本科专业；昆明理工大学等 17 所高校设置了 3 个水利类本科专业；中国农业大学等 20 所高校设置了 2 个水利类本科专业；清华大学等 78 所高校设置了 1 个水利类本科专业。

国家与地方政府在调整高等院校布局的过程中，一些水利特色鲜明的高校合并到综合性大学，如武汉水利电力大学合并到武汉大学，另外一些水利院校，如河海大学、华北水利水电大学、三峡大学等已逐步发展为水利特色显著的多科性大学，其他一些涉水高校要么本身就是综合性大学，要么也在向多科性或综合性方向发展（见表 7-3）。

表 7-3　　　主要涉水高校开设水利类本科专业和其他专业情况表

序号	学　校	水利类本科专业	共有本科专业/个
1	河海大学	水利水电工程、水文与水资源工程、港口航道与海岸工程、水务工程、农业水利工程（5 个）	52
2	华北水利水电大学	水利水电工程、水文与水资源工程、港口航道与海岸工程、农业水利工程（4 个）	61
3	三峡大学		71
4	扬州大学		116
5	南昌工程学院	水利水电工程、水文与水资源工程、农业水利工程、水土保持与荒漠化防治（4 个）	48
6	西北农林科技大学		64
7	新疆农业大学		89
8	黑龙江大学		81
9	内蒙古农业大学		76
10	西藏大学农牧学院		36
11	武汉大学	水利水电工程、水文与水资源工程、水务工程、农业水利工程（4 个）	124
12	河海大学文天学院	水利水电工程、水文与水资源工程、港口航道与海岸工程、水务工程（4 个）	50
13	昆明理工大学	水利水电工程、水文与水资源工程、农业水利工程（3 个）	96
14	太原理工大学		77
15	太原理工大学现代科技学院		76
16	西安理工大学		62
17	东北农业大学		75
18	四川大学		133
19	青海大学		71
20	石河子大学		86
21	长春工程学院		51

序号	学　　校	水利类本科专业	共有本科专业/个
22	沈阳农业大学	水利水电工程、农业水利工程、水土保持与荒漠化防治（3个）	57
23	甘肃农业大学		53
24	四川农业大学		86
25	云南农业大学		66
26	贵州大学	水利水电工程、水文与水资源工程、水土保持与荒漠化防治（3个）	137
27	山东农业大学		86
28	河北工程大学	水利水电工程、水务工程、农业水利工程（3个）	71
29	长沙理工大学	水利水电工程、水文与水资源工程、港口航道与海岸工程（3个）	61
30	中国农业大学	水利水电工程、农业水利工程（2个）	65
31	河北农业大学		70
32	宁夏大学		76
33	沈阳工学院		56
34	浙江水利水电学院		13
35	河北农业大学现代科技学院		55
36	华北电力大学（北京）	水利水电工程、水文与水资源工程（2个）	62
37	天津农学院		46
38	山东科技大学		83
39	长安大学		78
40	郑州大学		108
41	天津大学	水利水电工程、港口航道与海岸工程（2个）	57
42	大连理工大学		87
43	浙江工业大学		70
44	重庆交通大学		59
45	天津大学仁爱学院		28
46	长沙理工大学城南学院		31
47	大连海洋大学	水文与水资源工程、港口航道与海岸工程（2个）	40
48	中国海洋大学		69
49	河北工程大学科信学院	水利水电工程、水务工程（2个）	27

序号	学　校	水利类本科专业	共有本科专业/个
50	清华大学		74
51	福州大学		78
52	华中科技大学		94
53	湖南农业大学		72
54	华南理工大学		81
55	华南农业大学		94
56	西昌学院		62
57	铜仁学院		37
58	合肥工业大学		86
59	南昌大学		116
60	山东大学		117
61	广西大学		95
62	西南交通大学		75
63	西华大学		80
64	兰州理工大学		55
65	兰州交通大学	水利水电工程（1个）	63
66	青海民族大学		56
67	绥化学院		38
68	蚌埠学院		43
69	昆明学院		47
70	湖南农业大学东方科技学院		38
71	三峡大学科技学院		36
72	新疆农业大学科学技术学院		22
73	青海大学昆仑学院		20
74	扬州大学广陵学院		37
75	吉林农业科技学院		30
76	兰州理工大学技术工程学院		31
77	兰州交通大学博文学院		30
78	昆明理工大学津桥学院		24
79	贵州大学明德学院		23
80	成都理工大学工程技术学院		83

序号	学　　校	水利类本科专业	共有本科专业/个
81	北京工业大学	水务工程（1个）	57
82	厦门理工学院		52
83	安徽建筑大学城市建设学院		19
84	北京林业大学	水土保持与荒漠化防治（1个）	61
85	福建农业大学		72
86	安顺学院		27
87	辽宁工程技术大学		66
88	吉林农业大学		59
89	西南林业大学		72
90	南京大学	水文与水资源工程（1个）	86
91	中国矿业大学（徐州）		59
92	东华理工大学		57
93	济南大学		89
94	长江大学		94
95	中国地质大学（北京）		40
96	中国地质大学（武汉）		62
97	中山大学		125
98	兰州大学		91
99	辽宁师范大学		51
100	吉林大学		125
101	安徽理工大学		66
102	河南理工大学		75
103	中南民族大学		82
104	桂林理工大学		52
105	西南大学		105
106	石家庄经济学院		52
107	东华理工大学长江学院		25
108	河南城建学院		42
109	同济大学	港口航道与海岸工程（1个）	75
110	上海海事大学		45
111	东华大学		56

序号	学　　校	水利类本科专业	共有本科专业 /个
112	东南大学		75
113	江苏科技大学		56
114	鲁东大学		76
115	广东海洋大学		68
116	哈尔滨工程大学		55
117	上海交通大学	港口航道与海岸工程（1个）	62（2010 年停办）
118	浙江海洋学院		46
119	天津城建大学		50
120	淮海工学院		62
121	宁波大学		75
122	山东交通学院		53
123	江西农业大学		65
124	河西学院		46
125	河套学院	农业水土工程（1个）	18
126	安徽农业大学		77
127	塔里木大学		46

注　根据《中国水利高等教育100》和相关高校网站信息统计整理。

　　三是推进涉水高校省部共建工作，不断提升办学实力。在新一轮的高校管理体制改革和布局调整过程中，由于隶属关系的调整，一些水利院校与水利主管部门以及各流域机构的联系不断弱化，行业办学的属性不断淡化，水利主管部门对水利高校缺乏直接的政策支持和必要的经费投入。一些水利高校为了促进学科融合和水利交叉学科发展，在走向综合性或多科性办学的同时，水利办学特色也不可避免地受到较大影响。为了积极面对新形势下的办学难题，国家开始推进教育部、水利行业主管部门与水利高校的省部共建或部部共建工作。2005 年，教育部、水利部签订了两部共建河海大学协议书；2008 年，水利部与江西省人民政府共同签署共建南昌工程学院协议书；2009 年，水利部分别与河南省人民政府、湖北省人民政府签署共建华北水利水电学院、三峡大学战略协议；2010 年，水利部与河北省人民政府正式签署共建河北工程大学备忘录；2011 年，为了进一步加强水利高等教育，教育部、水利部签署协议，决定共建河海大学、武汉大学、清华大学、中国农业大学、天津大学、大连理工大学、四川大学、西北农林科技大学 8 所高校；2014

年，水利部与浙江省人民政府正式签署共建浙江水利水电学院备忘录。通过省部共建、部部共建，有助于切实加快水利学科的健康发展，不断提升水利高校整体办学实力，为水利建设和水利科学发展提供高素质的创新人才和较大的智力支撑。

四是积极更新教育理念，不断创新人才培养模式。进入 21 世纪，我国水利事业处于从传统水利转向现代水利的关键阶段，现代水利对水利人才培养规格提出了新要求，为了适应国家治水思路的转变，许多涉水高校积极深化教育教学改革，高度重视水利学科建设，积极创新水利人才培养模式，确保水利人才培养质量。清华大学水利系突破传统水利水电工程陈腐的教育理念，致力于在通识教育的基础上进行宽口径的水利专业教育，形成了水科学、水工程与水管理相均衡的现代水利课程体系，多层面、全覆盖的实习实践教育体系，全过程的就业工作体系，实现了水利人才培养科学精神与人文素养、全面发展与个性发展、国家需要与个人成才的有机统一。华北水利水电大学确立了"厚基础、宽专业、强素质、重实践、有创新"的水利人才培养目标，构建了"平台＋模块"的本科教育课程结构体系，深化了"基础、实践、创新"的三位一体人才培养模式，建立了"目标明确、信息全面、评价合理、过程严密"的本科教学质量监控与评价体系，有效保障了教育教学质量和人才培养质量。三峡大学积极开展校企联合培养水利人才的人才培养模式的改革，主要有"一体化五共同"的校企合作型人才培养模式和校企深度联合的"3＋1"人才培养模式。第一种模式基于"高素质、强能力、应用型"人才培养目标，形成校企共同确定人才培养目标、共同编制人才培养方案、共同实施人才培养过程、共同保障人才培养条件、共同评价人才培养质量的一体化模式。第二种模式则是根据人才培养需要，在学校学习时间为 3 年，主要采取基于课程、基于问题的培养方式，强化工程专业基础教育；有计划、分阶段地将学生派到企业中学习、实践，且时间累计不少于 1 年，主要基于项目、基于工程实践的培养方式，强化学生能力培养。正是基于这种改革与探索精神，各所水利高校在水利教育教学中取得了一系列颇有影响的教学成果，在 2001—2014 年，共有 34 项水利教学成果获得国家教学成果奖，其中张光斗等完成的"紧密结合重大水利水电工程建设，培养具有创新能力的高层次人才"，余建星等完成的"工程创新人才培养体系的研究与实践"，钱易等完成的"环境类专业人才培养方案及教学内容体系改革的研究与实践"，朱跃龙等完成的"服务行业需求提升实践能力——水利领域专业学位研究生培养的创新与实践"分别于 2001 年、2005 年、2009年、2014 年获得一等奖。

五是大力加强应用研究，水利科研成果累累。在新世纪初，水利高等院校为了提升科研创新能力，积极加强重点科研基地与科技创新平台建设，创建了 10 个高质量、有特色的国家重大科技创新平台，如清华大学的"水沙科学与水利水电工程国家重点实验室"，武汉大学的"水资源与水电工程科学国家重点实验室"，天津大学的"水利工程仿真与安全国家重点实验室"，四川大学的"水力学与山区河流开发保护国家重点实验室"，大连理工大学的"海岸和近海工程国家重点实验室"，河海大学和南京水利科学研究院联合建设的"水文水资源与水利工程科学国家重点实验室"，中国水利水电科学研究院的"流域水循环模拟与调控国家重点实验室"，河海大学的"水资源高效利用与工程安全国家工程研究中心"，三峡大学的"湖北长江三峡滑坡国家野外科学观测研究站"，重庆交通大学的"国家内河航道整治工程技术研究中心"。

在创建科技创新平台的同时，涉水高校坚持开放办学，以重大水利问题为主攻方向，加强应用研究，不断提升服务社会、服务重大水利工程的能力。据统计，在 2000—2014 年，涉水高校共获得国家级重大奖项 87 项，其中，国家科技进步一等奖 2 项、二等奖 81 项，国家自然科学二等奖 2 项，国家技术发明奖二等奖 2 项。获得国家科技进步一等奖是李国英等完成的"黄河调水调沙理论与实践"和王浩等完成的"流域水循环演变机理与水资源高效利用"；获得国家自然科学二等奖的是王超等完成的"不同水动力条件下污染物输移过程及系统耦合模型研究"和程春田等完成的"复杂防洪调度系统的多目标决策及径流预报理论"；获得国家技术发明奖二等奖的是许唯临等完成的"高水头大流量泄水建筑物分级防冲防蚀成套技术"和王超等完成的"多功能复合的河流综合治理与水质改善技术及其应用"。

第二节　河海大学的持续发展

作为我国第一所水利高等院校，在 21 世纪初期，河海大学积极适应管理体制变更，进一步明确学校发展目标，积极加强学校内涵建设，走出了一条推进高水平特色研究型大学建设的成功之路。

一、管理体制的变更与共建

2000 年，在全国高等学校管理体制改革中，河海大学结束了长期隶属于国家水利部管理的行业办学模式，整建制划归教育部管理。在管理体制发生变化后，为了推进河海大学建设"水利特色，世界一流"的办学目标，教育部先后与国家水利部、江苏省人民政府签署共建河海大学协议，有力地推动了河海大学学科建设、人才培养、科学研究等方面持续发展。

（一）推进教育部、水利部共建河海大学

为了保持并发展河海大学的办学特色，不断推进研究型大学建设，在河海大学整建制划转教育部主管以后，教育部、水利部先后 3 次联合发文或正式签署共建协议。

2001 年 8 月，在河海大学划转教育部不久，教育部和水利部就共建河海大学经过商讨达成重要共识并联合发布文件，主要内容包括：教育部支持河海大学根据水利事业发展需要，继续保持水利特色，大力发展水利学科、专业以及相关支撑学科、专业；水利部继续对河海大学在相关学科建设与专业设置、人才培养规格与教学质量、科研项目申报、国际合作交流、信息沟通等方面给予指导和支持等。

2005 年 10 月，在河海大学建校 90 周年大会上，时任教育部部长周济和时任水利部部长汪恕诚签署了教育部水利部继续共建河海大学协议书。根据该协议书，教育部支持河海大学积极推进"211 工程"建设，保证中央专项经费落实到位，充分考虑水利行业的艰苦性和河海大学水利专业的特殊性，在学科建设、人才培养、科学研究等方面给予必要的政策支持；水利部继续保持对河海大学办学的指导与支持，根据行业发展需要，结合水利事业发展规划，在人才培养、学术研究、科技攻关、科技成果转化、对外交流合作等方面给予河海大学更多的政策支持❶。

2011 年 11 月，教育部与水利部在北京签署共建河海大学等 8 所涉水高校。根据共建协议，教育部和水利部将支持 8 所涉水高等院校在人才培养与学术交流、科技咨询与科技合作、学科与创新平台建设等方面的改革发展，并建立定期磋商机制。

（二）推进江苏省、教育部共建河海大学

在推进教育部、水利部实现部部共建河海大学的同时，教育部和江苏省人民政府积极就省部共建河海大学进行协商。根据 2009 年双方签署的教育部江苏省人民政府共建河海大学协议书，教育部和江苏省人民政府建立共建河海大学的协商议事机构，通过共建支持河海大学强化办学特色，加大师资队伍建设投入力度，不断提高办学水平和科技创新能力，努力把河海大学建设成为国内一流、在水利学科领域具有重要国际影响、特色鲜明的高水平大学❷。

二、明确学校发展目标

1995 年河海大学第十次党代会上明确提出，到 21 世纪初，将河海大学建

---

❶ 赵建春. 教育部水利部继续共建河海大学［N］. 中国教育报，2005 - 10 - 28.
❷ 顾雷鸣，陆峰，任松筠. 教育部与江苏省共建河海大学［N］. 2009 - 11 - 25.

设成为水利行业的示范带头学校，具有国内一流及广泛影响的全国重点大学。为了实现这一目标，提出了争取进入"211 工程"等 7 项主要任务。

在新的世纪，为了进一步明确河海大学的发展方向、办学定位和人才培养、科学研究、社会服务、文化创新的内涵建设，河海大学结合国家战略发展方向、社会经济发展需求和自身的特色与优势，不断调整与完善学校的发展战略目标。

2003 年，河海大学第十一次党代会明确提出学校的发展目标：到 2010 年前后，在保持、发展水利特色与优势的基础上，把河海大学初步建成以工科为主、理工结合、多学科协调发展、具有一定国际影响的高水平研究型大学；到 2020 年前后，将河海大学建成具有国际一流水利学科与若干优势学科、多学科综合发展、具有广泛国际影响的高水平研究型大学❶。

2010 年，河海大学第十二次党代会制定了学校"两步走"的发展战略：第一步，到 2015 年建校 100 周年时，形成高水平特色研究型大学格局，水利学科在国际上具有广泛影响，若干优势学科在国内达到一流，围绕学校特色的支撑及相关学科发展更加协调，整体办学水平位居行业特色大学前列；第二步，到 2020 年前后，建成高水平特色研究型大学，水利学科国际一流，若干优势学科具有国际先进水平，各支撑及相关学科可持续发展，人才培养质量、科学研究水平、服务社会能力等方面基本达到国际知名大学的要求❷。为了实现这样的宏伟蓝图，该次会议提出了河海大学需要完成的主要任务：一是高标准开展学科建设，巩固和强化水利学科优势，做多做强其他优势学科；二是高质量培养创新人才，培养出一批未来的学术精英、工程精英和管理精英；三是高水平提升科技创新能力，主持国家重大科技项目和成果，获奖、获专利数明显增加；四是高强度推进师资队伍建设，建设一支师德高尚、数量充足、结构优化、水平高超的师资队伍；五是高要求深化内部管理改革，构建充满活力、富有效率、更加开放、有利于科学发展的内部管理体制；六是高起点加快校园环境建设，加快硬环境和软环境建设进程，迎接百年校庆。

三、积极加强学校内涵建设

（一）高标准开展学科建设

学科建设是学校建设和发展的核心，为了进一步加强学科建设，河海大学通过制定学科建设规划，明确学科建设方向，完善学科组织、学科队伍、重点

❶ 果天阔，高立兴，段连红，张长宽. 结缘河海 30 载［N］. 中国水利报，2005 - 06 - 11.
❷ 王乘. 发挥行业特色优势，大力提高培养质量［N］. 中国教育报，2012 - 11 - 18.

学科建设以及"211 工程"建设和学科基地建设，促使学科建设快速发展和整体水平不断提高。

在河海大学"十一五"发展规划中，要求始终坚持以学科建设为龙头，设计并实施学科建设工程，要遵循重点建设、集群建设、统筹建设和特色发展的原则，大力加强学科建设，完善学校多科性学科体系，同时围绕国家目标寻求突破。

在河海大学"十二五"发展规划中，河海大学提出了明确的学科建设目标，即围绕学校特色，优化由传统优势、新的优势、后发优势学科构成的学科点的结构和层次布局，使水利学科在国际上具有广泛影响；若干优势学科在国内达到一流；围绕学校特色的支撑学科、相关学科发展更加协调；人文社科和自然科学等基础学科有较大发展，并设定了具体的发展指标要求。

2014 年，为了显著提升学科建设水平，坚持走内涵式发展道路，大力推进协同创新，促进学校跨越式发展，河海大学出台了《河海大学学科建设行动计划》。该行动计划有明确的指导思想，规划了总体目标，提出了在构筑高水平学科平台、培育高水平学科成果、加强高水平学术交流等方面的重点任务。

目前，河海大学已建立起国家、省、校三级重点学科建设体系，其中有10 个国家级重点学科，包括 1 个一级学科国家重点学科，即水利工程；7 个二级学科国家重点学科，即工程力学、岩土工程、水文学及水资源、水力学及河流动力学、水工结构工程、水利水电工程和港口、海岸及近海工程；2 个二级国家级重点学科培育点，即环境工程、技术经济及管理。

（二）高质量培养创新人才

2015 年，河海大学拥有各类学历教育在校学生 50000 多名，其中研究生15000 多名，普通本科生 20000 名，成人教育学生 14000 名，留学生近600 名。

为了把不同类型、不同规格的学生培养成国家需要的高素质人才，河海大学始终紧跟国家高等教育发展要求和国际高等教育发展趋势，主动适应国民经济和水利现代化建设需求，认真践行"致高、致用、致远"的教育理念，积极开展教育教学改革，着力培养品德好、基础牢、能力强、素质高且具有国际视野的现代水利事业的建设者和接班人，形成了具有河海特色的人才培养模式。

本科教育在学校教学工作中具有主导地位，是学校教学工作的中心。近年来，河海大学不断健全完善教学管理制度，积极加强高质量本科教育。一是借鉴 ISO9000 质量管理理念和国内外高校质量管理的成功经验，积极构建河海特色的本科教学质量保障体系。二是积极加强专业建设。2001 年，河海大学发布《关于品牌专业、特色专业建设意见》，以品牌专业和特色专业建设为突破口，科学制定本科专业设置与发展规划，不断优化学校的专业设置和专业内涵建设。三是通过实施《河海大学关于培养学生创造力的工作意见》《河海大学本科教学改革实施意见》，着力打造本科生教育特色。四是围绕国家工科基础课程（力学）教学基地建设和国家大学生文化素质教育基地建设，积极建设本科生基础教育基地。

（三）高水平提升科技创新能力

为了迅速提升学校的科技实力，河海大学在新的世纪不断加快科技创新体系建设。一是积极加强科研管理办法和相关制度建设。2000 年以来，围绕科技成果创新、科技成果规范化管理以及科技成果产出等方面制定或修订了《河海大学科技成果奖励办法》《河海大学知识产权保护管理办法》《河海大学关于专利成果转化的若干意见》等。二是积极申报国家和省级科研基地，成立和调整校内科研机构。截至 2014 年，河海大学共有 2 个国家级重点实验室或工程研究中心，35 个省部级科研基地，7 个与境外合作科研机构，132 个校内科研机构。另外，还与江苏省地方政府联合建立了多所研究院。三是大力支持科研人员根据国家需求或重大科研项目组建研究团队。目前，河海大学已形成了一批有实力、有影响的科研团队。其中水资源演变机理与高效利用、水旱灾害形成机理及防灾减灾、水生态与水环境演变规律及保护、河口海岸综合治理与保护、水工程安全与新材料 5 支实力雄厚的研究团队，以及入选教育部"长江学者和创新团队发展计划"的 5 支教育部创新团队最为耀眼。四是科研规模持续、快速增长，在国家自然科学基金、国家社会科学基金、国家"863 计划"和"973 计划"等方面取得重大突破，获得一批具有国际、国内领先水平的研究成果。据统计，2001—2014 年，河海大学获得国家科技进步奖一等奖 2 项、二等奖 28 项，国家自然科学二等奖 1 项，国家发明奖二等奖 3 项，省部级奖582 项。共获得授权专利 990 件、授权实用新型专利 1358 件、软件著作权 498件、授权外观设计 14 件。❶

此外，为了充分发挥特色学科的领先优势和多学科的综合优势，河海大学不断探索适应经济社会发展的办学模式、体制和机制，积极加强国内和国际的合作与交流，使学校在提升服务社会能力的同时，进一步提高了学校的办学水平和社会影响。在国内合作交流方面，河海大学积极与全国水利水电系统、地方政府、海军武警部队以及相关企事业单位开展多层次、多领域的合作，主动为国家水利水电事业、地方经济社会发展服务。在国际合作交流方面，河海大学进一步加大了国际化办学力度，在聘请外籍教师来校讲学任教、选派教师干部出国学习考察、鼓励教师积极参加国际学术会议、推进与境外高校合作办学

---

❶ 郑大俊．百年河海发展史［M］．南京：河海大学出版社，2015：255 - 257.

等方面不断推出新举措。

（四）高强度推进师资队伍建设

一流的师资是学校良性发展的必要条件，为了建设一支学术基础扎实、创新能力强、发展潜力大的师资队伍，河海大学高强度推进这一建设工程。一是高度重视师资队伍建设规划。2004年，河海大学召开了全校师资工作会议，明确了师资队伍建设的目标、思路、政策和措施，通过了《河海大学加强师资队伍建设的若干意见》等7个文件，在"十一五""十二五"发展规划中也提出了学校师资队伍总体发展目标。二是加大对骨干教师的培养力度。河海大学针对学术带头人和青年骨干教师培养人选、学科建设第一线学术带头人培养人选以及在教学、科研第一线的青年骨干教师培养人选等，制定和采取各有侧重的培养措施。三是重视高层次人才的引进与培养。河海大学以建设高素质、高水平师资队伍为目标，以改革创新为动力，紧紧围绕高层次人才的引进、培养和使用三个重要环节，通过实施《河海大学人才引进实施办法》《高层次人才计划入选者出国研修方案》《河海大学"领军人才培养支持计划"实施意见》《河海大学"优秀创新人才支持计划"管理办法》等，积极构建河海人才高地。

河海大学在师资队伍建设上成效显著。截至2015年8月，河海大学共有专任教师1682人，其中教授387人，占23%，副教授616人，占36.6%，博士生导师364人，博士1120人，占。66.6%。高层次师资中，有2名中国工程院院士、8名国家"千人计划"入选专家、8名"长江学者奖励计划"特聘教授和讲座教授、8名国家杰出青年科学基金获得者、10名国家"千百万人才工程"入选专家以及18支省部级创新团队等。

（五）高要求深化内部管理改革

河海大学高度重视内部管理改革，新世纪以来的15年是河海大学内部管理改革从纵深发展到全面深化的15年，河海大学秉承与时俱进的精神，锐意改革，在内部管理机构的设置、内部管理制度的制定、内部管理举措的落实等各个方面都有新进展。一是推进管理机构改革。2000年，《河海大学新一轮校部管理机构改革实施意见》正式实施，目的是通过理顺关系、转变职能、明确职责、合理分工，做到规范管理、降低管理重心，提高管理效率。二是进一步改革完善人事聘用制度。为了实施"人才强校"战略，河海大学于2000年全面启动了岗位聘任工作，按照工作范围、职责和任务的不同，对教学科研主体岗、教学科研辅助岗、党政管理服务岗制定考核指标体系，进行分类量化考核。三是深化学校分配制度改革。2000年，《河海大学深化分配制度改革方案》正式颁布实施，在此后10多年里，河海大学持续推进这一改革充分发挥制度的激励作用，不断促进学校的内涵建设和可持续发展。

（六）高起点加快校园环境建设

进入新世纪，河海大学加快了学校硬环境和软环境建设的进程。在硬环境建设上，2000 年，河海大学开始江宁校区的建设，学校基本建设力度不断加大，尤其是 2005—2015 年，河海大学工开工基建项目总建筑面积超过 60 万平方米，总投资近 20 亿元，从根本上改善了学校的办学条件。在软环境建设上，河海大学十分重视校园文化建设，通过积极弘扬十六字校训、建设开放校史陈列馆传承河海精神文化；通过举办以学校逢十校庆为契机，以举办冯仲云、顾兆勋、刘文光、徐芝纶、严恺、钱家欢等著名领导、校友百年诞辰纪念活动为抓手，传承历史、弘扬传统；通过营造水文化氛围、推进水文化教育、开展水文化研究、普及水文化知识，发展学校的水利特色文化；通过举办文化艺术节、科技文化节等活动引领校园文化建设。

2013 年，河海大学启动了《河海大学章程》的编制工作。经过前期准备、专题推进、初稿起草、征求意见、审议审定等阶段，形成了具有鲜明特色的学校章程，并于 2015 年 3 月由教育部核准正式颁布，对推进学校现代大学制度建设，促进学校依法治校、科学发展具有划时代意义。

第三节　华北水利水电大学的持续发展

进入 21 世纪，特别是 20 世纪末 21 世纪初的国家教育改革向纵深发展，华北水利水电大学办学体制、办学定位都有了巨大改变，学校学科建设、人才培养、科学研究和文化传承与创新都迈入了持续发展的快车道。到 2015 年，学校在校生已由 2000 年的 5612 人发展到 25424 人，其中在校研究生由 2000 年的 68 人发展到 2015 年的 2074 人。2013 年，成功实现大学更名和博士授权单位获批的重要进展，学校内涵建设进入到了一个新的时期。

一、办学体制的转变

从 1951 年建校至 2000 年，华北水利水电学院属于典型的行业办学，绝大部分时间隶属于国家水利主管部门领导。"文革"时期，水利电力部于 1970 年将北京水利水电学院（华北水利水电大学前身）交河北省领导，1978 年更名为华北水利水电学院后再次划归水利电力部领导。20 世纪 90 年代初迁往郑州办学后，学校确立了"立足黄河，面向三北"的服务面向。

20 世纪 90 年代末，为了消除行业办学存在的条块分割、学科单一、规模过小、重复建设等诸多弊端，国家采取有力措施对高等学校管理体制进行重大调整，形成了"中央和省级政府两级办学，以地方统筹管理为主"的新的体制架构。在这一时代背景下，2000 年，华北水利水电学院被划转河南省管理，彻底脱离了与主管部门水利部近半个世纪的行政隶属关系。

行政隶属关系发生重大改变后，华北水利水电学院根据高等教育的发展趋势和学校面临的新的办学形势，及时重新调整了学校的服务定位。

在新的管理体制下，水利部门主管部门与水利院校的沟通机制不断弱化，对水利院校缺乏连贯性和前瞻性的政策、项目和经费支持，一些水利院校不得不追求规模化效应和综合化发展，为水利行业服务的主动性大大降低，传统的水利特色专业要么被调整，要么被撤销，削弱了水利特色学科的核心竞争力，也限制了水利高校继续为水利行业服务的能力。

为了大力推进特色鲜明的高水平教学研究型大学搭建更为广阔的平台，继续保持和发展学校的水利办学特色，华北水利水电学院积极主动地采取应对措施。2005 年，学校积极向河南省人政府和国家水利部提出实现学校省部共建的战略构想和具体政策建议，得到省部领导的积极回应和高度重视。2009 年，水利部陈雷部长和时任河南省省长郭庚茂在北京正式签署《共建华北水利水电学院协议》。时任华北水利水电学院党委书记朱海风高度评价了省部共建协议签署对促进学校发展的重要意义："省部共建协议的签订为学校搭建了一个支撑发展、多做贡献的好平台，提供了一个特色办学、提升内涵的好契机，打下了一个扩大影响、赢得支持的好基础，在学校发展史上具有里程碑式的意义。"❶

二、办学定位的确定

进入 21 世纪，国家高度重视高等院校的办学定位，《国家中长期教育改革和发展纲要（2010—2020）》明确要求各高等院校"在不同层次、不同领域办出特色。"高等学校要办出特色，前提与基础就是要明确办学定位，这是学校推进各项事业改革和发展的基本依据。因此，高等学校有必要根据自身实际及优势进行科学定位，并逐步形成独特的办学特色。

在这一时期，华北水利水电学院大力加强其他学科的建设，进一步加快了迈向多科性综合大学建设的步伐。2002 年，学校设立外国语言系（现更名为外国语学院），2004 年，成立了法学系（现更名为法学与公共管理学院），先后开设了英语、对外汉语以及法学、行政管理、劳动与社会保障等本科专业，加上管理与经济学院的经济学、会计学、市场营销、物业管理等专业。至此，华北水利水电学院在原来相对单一的水利电力学科的基础上着力发展了理、工、农、经、管、文、法等学科，构建了水利电力学科特色突出，工科实力比

---

❶ 李见新，饶明奇. 华北水院：省部共建迈出坚实步伐［J］. 河南教育，2009（10）：32－33.

较优势明显的多学科协调发展的学科架构。

在建校后的半个世纪里，华北水利水电学院一直把教学型大学作为自己的办学定位和建设目标。在长期的人才培养过程中，学校历来高度重视本科教学的中心地位，秉承"育人为本，学以致用"的办学理念，坚持"从严执教、从严治校"的"两严"方针。值得一提的是，"两严"管理思想伴随着北京水利水电学院的建立而逐渐萌芽、生长，它孕育于学校早期的办学历程中，形成于20世纪90年代初，丰富、发展、完善于21世纪初。在学校历经磨难聚而不散、艰难困苦矢志不移的办学实践中，其内涵不断得以深化，凝结为一代代华水人的文化共识，成为华水文化不可或缺的组成部分，融入到学校人才培养的全过程，渗透到学校管理的全方面。50多年教学型大学建设的历史积淀，为今天华北水利水电大学迈向教学研究型大学打下了坚实的基础。

21世纪初期，世情、国情、校情都发生了巨大变化，国家高等教育发展趋势和区域经济社会发展要求学校办学定位必须与时俱进。2004年，在学校制定战略规划中明确提出"逐步把学校由教学型大学建设成教学研究型大学"。2005年，在学校"迎评促建"的过程中，为了更加突出自己的办学优势和办学特色，学校多次深入剖析自己的办学现状，进而明确了努力建设教学研究型大学的办学目标。

2006年，学校把建设教学研究型大学正式列入制定的"十一五"发展规划中。2008年，华北水利水电学院暑期发展研讨会强调要"在既定规划的时间，将学校建设成一所工科优势突出、水电特色鲜明、多科性协调发展的高水平教学研究型大学"[1]。

在教学研究型大学办学定位确定的过程中，学校时任党委书记朱海风教授不仅在实践中大力推进，而且从理论上对学校确立这一办学定位进行了科学阐释。2007年，他说："我们的目标是要把华北水利水电学院建设成富有鲜明特色的水利电力大学，我们的定位是要逐步从教学型大学向教学研究型大学转变。这既是我们长期的奋斗目标，又是我们面临的主要任务。"[2] 2008年，他再次强调："加快学校的内涵提升和协调发展，加快建设高水平多科性教学研究型大学的决策。这不仅是国家实施创新战略的客观要求，也是我国高等教育合理布局的要求，更是我校自身建设与发展的内在需要。"[3] 2009年，签署省

---

[1] 宋孝忠. 华北水利水电学院办学定位的历史脉络和逻辑走向 [J]. 华北水利水电学院学报（社科版），2011（4）：47.

[2] 朱海风. 在办学实践中把树立科学发展观同加强党的先进性建设紧密结合起来 [J]. 华北水利水电学院学报（社科版），2007（3）：1-6.

[3] 朱海风. 关于加快建设高水平多科性教学研究型大学的思考及建议 [Z]. 2008-12-01.

部共建协议后，他撰文进一步强调，省部共建是学校进一步加快高水平教学研究型大学建设的契机，需要坚定特色鲜明的办学目标与发展战略[1]。至此，建设特色鲜明的高水平教学研究型大学，已经成为华北水利水电大学全校师生员工的共识。

通过几年的强力推进，华北水利水电大学已经处于教学研究型大学的初级阶段。随着学校获批博士授予单位，并在3个一级博士授权学科招收博士研究生，华北水利水电大学在本科教学和研究生教育方面向更高目标开始了新一轮的追赶。

三、内涵建设的加快

（一）本科教学评估

2002年，根据教育部的相关要求，华北水利水电学院召开教学工作专题会议，正式启动本科教学工作水平评估的迎评工作。最初，学校确定了"争优保良"的迎评目标。2005年，在迎接本科教学工作评估的最后关头，河南省调整了华北水利水电学院主要领导，时任党委书记朱清孟调往河南科技大学，河南科技学院党委书记朱海风教授接任华北水利水电学院党委书记。

新的领导班子在深入调研的基础上，决定调整学校本科教学工作评估的目标，由原来的"争优保良"调整为"力争优秀"。此后，学校广大教职员工心往一处聚，劲往一处使，在时间短、任务重、目标高的情况下，恪尽职守，勇于奉献，学校本科教学工作评估最终如愿获得"优秀"，不仅为学校办学赢得了良好的声誉，也进一步激发了广大师生干事创业的热情，为学校科学谋划办学定位、办出特色打下了坚实的基础。

（二）龙子湖校区建设

华北水利水电学院在管理体制上划归河南省以后，2000年开始扩大招生规模，但是，花园校区560亩的办学空间难以满足学校进一步扩招的需要。2001年，河南省委组建了华北水利水电学院新一届党政领导班子，进一步拓展办学空间成了学校的头等大事，也成为新一届党政领导班子的重要任务。

2003年，经过多方努力，华北水利水电学院在河南省确定的郑东新区龙子湖高校园区毗邻金水东路获批一块1770亩办学土地。同年6月，学校举行了隆重的新校区开工建设奠基仪式。2005年，新一届学生正式入驻龙子湖新校区。

---

❶ 朱海风. 以省部共建为契机，加快高水平教学研究型大学建设［J］. 华北水利水电学院学报（社科版），2009（6）：1-8.

历经 10 多年的精心建设，2015 年，华北水利水电大学龙子湖校区已完成建筑面积达 66 万平方米，一个现代气息浓厚、规划布局合理且颇具规模的美丽校园已成为众多莘莘学子理想的求学之所和郑东新区一道亮丽的风景。

（三）省部共建的推进

众所周知，在 20 世纪 90 年代末的高校管理体制改革中，众多的中央部属行业高校或划归教育部，或直接下放给地方管理。2000 年，华北水利水电学院由水利部划转河南省，结束了长达近半个世纪的水利行业办学历史。

由于这一时期我国高等教育规模的持续扩张，高等教育的办学质量和办学特色广受质疑。于是，提高办学质量，不断办出特色成为国家和人民群众对高等教育发展的重要要求。华北水利水电学院在办学实践中认识到，学校要发展就不能丢掉水利特色，必须继续传承"情系水利，自强不息"的办学精神，必须继续强化水利专业人才培养质量，必须继续加强与水利行业的密切联系，这样才有助于学校办出水利特色，更有能力服务于国家水利事业。基于这样的思考，学校积极向河南省人民政府和水利部提出实现学校省部共建的战略构想和具体政策建议，得到河南省人民政府和国家水利部高度重视和积极回应。

2009 年 8 月 12 日，水利部和河南省人民政府共建华北水利水电学院协议由水利部部长陈雷和时任河南省省长郭庚茂在北京正式签署，明确了河南省人民政府和国家水利部从政策、人才培养、科学研究等诸多方面共同支持华北水利水电学院坚持特色发展。陈雷部长在协议签署后强调指出："河南省与水利部共建华北水利水电学院，是一举三得的大好事，既有利于促进华北水利水电学院提升办学水平，又有利于促进河南省经济社会发展，也有利于充分发挥高等院校在水利科技创新和人才培养中的支撑作用，为推动水利科学发展提供人才保障和智力支持。"❶

（四）更名大学的成功

进入 21 世纪，我国综合国力不断提升，对高素质创新型、复合型人才的需要进一步增强，特别是我国治水思路的调整和河南省区域经济社会的发展，客观上要求学校必须更好地适应中原经济区建设和全国水利电力建设对人才和科学技术的需要。

作为一所办学半个多世纪的水利高等院校，厚重的办学传承、鲜明的办学特色、突出的行业优势、现实的发展需求，使得学校更名为华北水利水电大学成为历史发展的必然选择。特别是，经过 60 年的发展，学校已经由单一的水利学科，发展成为一所拥有本科专业 55 个，一级硕士授权点 13 个，工学、理

---

❶ 李见新，饶明奇. 华北水院：省部共建迈出坚实步伐 [J]. 河南教育，2009（10）：32-33.

213

学、管理学、社会学科、人文学科和农学等多学科协调发展的综合性大学。水利部陈雷部长在 2011 年庆祝华北水利水电学院建校 60 周年大会上明确要求学校建设一流高等院校，培养一流水利人才。华北水利水电学院更名为华北水利水电大学，通过多学科的交叉与融合，全面提升服务水利事业和地方经济社会发展的能力，提高培养水利及相关领域科技人才的质量，是推动我国水利行业发展的特殊需要。

2006 年、2009 年，华北水利水电学院先后两次申请更名大学，由于种种原因最后未能如愿。2012 年，学校第三次启动更名大学的各项准备工作。7 月中旬顺利通过河南省高校设置专家组的考察，12 月初全国高校设置专家组到校现场考察。2013 年 1 月 18 日，在成都召开的全国高校设置评议委员会六届二次会议表决通过了华北水利水电学院更名为华北水利水电大学的申请，并于 2013 年 4 月获得教育部正式批准。这是华北水利水电大学 60 多年办学历史的一个重要里程碑，实现了几代华水人念兹在兹的夙愿。如何在新的起点上努力开创学校发展的新局面，需要全体华水人着眼于"建设特色鲜明的高水平教学研究型大学"的总体目标，按照"办一流特色大学，创一流办学业绩"的总体要求，加压驱动，继续以务实进取的精神，脚踏实地走出一条特色办学之路。

（五）博士授权点成功建设

1963 年，北京水利水电学院开始招收培养研究生，1978 年在原北京校址成立了研究生部，恢复招收研究生，1981 年获得国家首批硕士学位授予权。1986 年起，与中国科学院地质研究所、中国农科院农田灌溉研究所、清华大学、同济大学等 20 余所高等院校和科研院所联合培养博士研究生。2001 年，华北水利水电学院北京研究生部并入北京工业大学。同年学校成立研究生处。2009 年成为博士学位授予权立项建设单位。2011 年通过了国务院学位委员会中期检查验收。

2013 年年初，华北水利水电大学立项建设的水利工程、地质资源与地质工程、管理科学与工程 3 个博士学位授权一级学科全部通过国务院学位委员会的最终验收。2013 年 7 月，经国务院学位委员会第三十次会议审议批准，华北水利水电大学正式获得了博士学位授予单位资格，水利工程等 3 个一级学科获批为博士学位授权学科。经过几代华水人的不懈努力，学校在学科建设和高层次人才培养上终于实现了历史性的突破，迈进了一个新的历程。学校及时制定了博士研究生管理与培养文件，出台了《华北水利水电大学博士生指导教师遴选与管理办法》，第一批遴选了 25 名博士研究生指导教师，编制了 2014 年博士研究生招生专业目录，并顺利招收了第一届博士研究生。

第四节 21世纪初期水利研究生
教育的发展

进入21世纪，伴随着管理体制改革和布局调整的基本完成，我国高等教育在办学规模、办学层次、办学质量等方面都有了新的跨越。同时，治水思路的转变，重大水利工程、民生水利建设大力推进，给水利高等教育的发展提供了良好的契机，水利研究生教育也在新世纪有了新的发展。

一、21世纪初期我国研究生教育的新发展

在我国全面推进改革的过程中，在我国综合国力不断提升的过程中，国家对高等教育在经济社会发展中的重要性认识也愈加清晰，对高等教育的投入不断增加。研究生教育是高等教育的塔尖，肩负着培养具有创新精神的高素质研究型人才的重要任务，新世纪的研究生教育制度逐步健全，发展成果令人瞩目。

根据全国教育事业发展统计公报，2000年，全国研究生培养单位共有738个，其中高等学校415个，科研机构323个；到2014年，全国研究生培养单位共有792个，其中普通高校575个，科研机构217个。从表7-1中可以看到，2000—2015年，全国研究生招生从12.85万人增长到64.5万人，毕业研究生从5.88万人增加到55.15万人，在校研究生规模从30.12万人达到191.14万人，上述三项指标分别增长了5.0倍、9.4倍、6.3倍。数据显示，我国的研究生教育不仅增长迅速，而且从规模上已进入世界大国行列，这为我国加快推进创新型国家提供了巨大的人才支撑。

毋庸讳言，我国研究生教育在规模扩张的同时，教育质量还存在一些突出问题。一是研究生教育模式滞后于社会的需求，教育质量亟待提高；二是研究生教育层次结构、科类结构、类型结构不合理，需要进一步深化改革；三是研究生教育区域发展不平衡，难以有效助推区域经济发展。但这些问题都是发展中的问题，也需要在发展中不断得以解决。

二、21世纪初我国水利研究生教育概况

(一) 水利研究生教育结构趋向合理

2011年，为了使研究生教育更好地适应经济社会发展要求，国务院学位委员会修订并颁布了《学位授予和人才培养学科目录》，建立了研究生学科的动态调整机制，推动了学位授权审核办法的进一步改革，适应了高等院校扩大研究生教育办学自主权的客观要求，有助于增强高等院校提高研究生教育和学

位授予质量的积极性和自觉性。

根据新的学位授予和人才培养学科目录，工学门类下设水利工程一级学科，包含水文学及水资源、水力学及河流动力学、水工结构工程、水利水电工程以及港口、海岸及近海工程 5 个二级学科。据统计，截至 2015 年，全国共有 79 所水利专业研究生培养机构，其中河海大学等 25 所高校与科研院所具有水利工程一级博士点学科，这些高校和科研院所可以自主设置与调整学科目录内的二级博士学科和硕士点学科；中国海洋大学等 53 所高校与科研院所具有水利工程一级硕士点学科，这些高校与科研院所可以自主设置与调整学科目录内的二级硕士点学科；南昌工程学院等 52 所高校与科研院所获得水利工程专业硕士培养资格（见表 7－4）。此外，清华大学等 26 家单位设置了水利学科博士后流动站。

表 7－4　　　　　全国水利专业研究生培养单位学科分布情况表

序号	学　　校	博士点学科		硕士点学科		专业硕士
		一级	二级	一级	二级	
1	河海大学	水利工程				水利工程
2	华北水利水电大学	水利工程				水利工程
3	三峡大学	水利工程				水利工程
4	清华大学	水利工程				水利工程
5	太原理工大学	水利工程				水利工程
6	大连理工大学	水利工程				水利工程
7	西北农历科技大学	水利工程				水利工程
8	新疆农业大学	水利工程				水利工程
9	中国地质大学（北京）	水利工程				水利工程
10	吉林大学	水利工程				水利工程
11	扬州大学	水利工程				水利工程
12	郑州大学	水利工程				水利工程
13	浙江大学	水利工程				水利工程
14	武汉大学	水利工程				水利工程
15	华中科技大学	水利工程				水利工程
16	中国地质大学（武汉）	水利工程				水利工程
17	重庆交通大学	水利工程				水利工程
18	西安理工大学	水利工程				水利工程
19	长安大学	水利工程				水利工程
20	宁夏大学	水利工程				水利工程

序号	学　　校	博士点学科		硕士点学科		专业硕士
		一级	二级	一级	二级	
21	三峡大学	水利工程				水利工程
22	四川大学	水利工程				水利工程
23	天津大学	水利工程				水利工程
24	中国水利水电科学研究院	水利工程				
25	南京水利科学研究院	水利工程				
26	中国海洋大学		港口、海岸及近海工程	水利工程		水利工程
27	长沙理工大学		港口、海岸及近海工程	水利工程		水利工程
28	南京大学		水文学及水资源			
29	北京工业大学			水利工程		
30	北京师范大学			水利工程		
31	华北电力大学（北京）			水利工程		
32	河北工程大学			水利工程		水利工程
33	内蒙古农业大学			水利工程		水利工程
34	沈阳农业大学			水利工程		水利工程
35	合肥工业大学			水利工程		水利工程
36	福州大学			水利工程		水利工程
37	东华理工大学			水利工程		水利工程
38	南昌大学			水利工程		水利工程
39	山东大学			水利工程		水利工程
40	华南理工大学			水利工程		
41	广西大学			水利工程		水利工程
42	昆明理工大学			水利工程		水利工程
43	兰州交通大学			水利工程		
44	青海大学			水利工程		
45	石河子大学			水利工程		水利工程
46	大连海洋大学			水利工程		水利工程
47	哈尔滨工程大学			水利工程		水利工程
48	同济大学			水利工程		水利工程

序号	学　　校	博士点学科		硕士点学科		专业硕士
		一级	二级	一级	二级	
49	上海海事大学			水利工程		水利工程
50	东南大学			水利工程		水利工程
51	济南大学			水利工程		水利工程
52	中山大学			水利工程		水利工程
53	桂林理工大学			水利工程		水利工程
54	长江科学院			水利工程		
55	首都师范大学				水文学及水资源	
56	湖南师范大学				水文学及水资源	
57	中国矿业大学（北京）				水文学及水资源	
58	辽宁师范大学				水文学及水资源	
59	山东科技大学				水文学及水资源	
60	东北农业大学				水文学及水资源	
61	中国矿业大学（徐州）				水文学及水资源	水利工程
62	河南理工大学				水文学及水资源	
63	兰州大学				水文学及水资源	
64	山东农业大学				水文学及水资源、水利水电工程	水利工程
65	河北农业大学				水力学及河流动力学	水利工程
66	哈尔滨工业大学				水力学及河流动力学	
67	贵州大学				水工结构工程	
68	西藏大学农牧学院				水利水电工程	
69	黑龙江大学				水利水电工程	水利工程
70	江苏大学				水利水电工程	
71	西华大学				水利水电工程	水利工程
72	兰州理工大学				水利水电工程	水利工程
73	上海交通大学				港口、海岸及近海工程	
74	华东师范大学				港口、海岸及近海工程	

序号	学　　校	博士点学科		硕士点学科		专业硕士
		一级	二级	一级	二级	
75	青岛理工大学				港口、海岸及近海工程	
76	国家海洋局第二海洋研究所				港口、海岸及近海工程	
77	国家海洋技术中心				港口、海岸及近海工程	
78	南昌工程学院					水利工程
79	长春工程学院					水利工程

注　根据中国学位与研究生教育信息网及各校网站资料整理。

(二) 水利研究生教育规模快速增大

从表 7-1 可以看出，进入新世纪以后，伴随着国家经济的高速增长和人民群众对高层次教育的追求，我国研究生招生规模快速壮大。同时，由于这一时期我国水旱灾害频发，水资源利用效率低下，国家水利投入巨大，尤其是2011 年中央一号文件，明确提出要大力培养各类专业技术人才、高技能人才。在这一背景下，我国水利研究生教育规模快速增大。以河海大学为例，2001年，河海大学招收研究生 764 名，在校研究生共有 2312 名；到 2015 年，河海大学招收研究生 3000 多名，在校研究生达 15406 名。

三、主要水利高校研究生教育概况

在新的时期，河海大学研究生教育继续担当水利研究生教育的排头兵，研究生教育规模、结构都达到了新的高度。华北水利水电大学、三峡大学在2013 年获批为博士学位授权单位，南昌工程学院开始招收水利工程专业硕士，研究生教育实现了新突破。其他涉水高校的水利研究生教育也都有了进一步发展。

(一) 河海大学的研究生教育

进入 21 世纪，为了建设具有水利特色的研究型大学，河海大学不断加强学科建设，博士、硕士学位授权点数量以及招生规模迅速扩大，研究生教育实现了跨越式发展。2001 年，在校研究生规模只有 2312 人，到 2015 年，在校研究生总数达 15406 人，增长了 6.7 倍；在学科建设上，2001 年，河海大学拥有 3 个博士后流动站，10 个博士点，38 个硕士点，10 个工程硕士专业学位领域，招收 764 名研究生；到 2015 年，博士后流动站已达 15 个；一级学科博士点和二级学科博士点分别达到 12 个、66 个；一级学科硕士点和二级学科硕士点分别有 35 个、198 个；硕士专业学位类别 12 种，涉及 19 个工程领域。

近年来，为了适应国家研究生教育结构战略性调整和治水思路转变的要求，河海大学立足实践，锐意改革，探索出一条有益于提高水利研究生培养质量的新模式。一是积极实施研究生培养的"六四六"计划。即通过建立学科建设、多元招生、分类培养、质量保障、奖助学金、思想政治教育六大体系，实施特色学科引领、传统学科提升、新兴学科跨越、支撑学科突破四大工程，以及生源质量提升、学术能力提升、实践能力提升、综合素质提升、拔尖人才培育、条件保障建设六大工程，河海大学研究生教育进入一个全新的发展阶段。据统计，2000—2013 年，在全国优秀博士学位论文评选中，河海大学有 3 篇博士学位论文获评为优秀博士论文，9 篇博士学位论文获得提名。二是积极聘请包括两院院士在内的水利行业领军人才担任学校博士生导师，大力提升研究生导师队伍的整体水平。三是积极与相关流域机构、科研院所、生产企业和建设单位合作共建研究生联合培养基地，推行研究生培养的"双导师"制。在这一培养制度下，学校导师全面负责研究生的培养工作，同时聘请水利行业实践经验丰富的高水平专家担任研究生联合培养基地导师。研究生完成一年的理论课程学习后，在基地导师的指导下进行"顶岗实践"，要求研究生结合工程实际问题开展课题研究，确定学位论文选题，切实保障了研究生培养的高质量，走出了一条结合工程实际培养高质量研究生的创新之路。四是积极参与行业的科技攻关任务，依托南水北调、长江三峡、西部水电开发、长江黄河治理等国家重大工程建设中的重大课题，培养了一批能解决工程建设关键科学技术问题的拔尖创新人才❶。五是大力推进研究生教育的国际化。近年来，河海大学围绕"水利特色、世界一流"的办学目标，通过积极参加国家高水平大学公派研究生项目、吸收国外留学生攻读研究生、鼓励学生积极参加国外访学及学术交流、高水平共建研究生课程等，大力推进研究生教育的国际化，取得了令人瞩目的成绩。据统计，作为国家高水平公派研究生项目签约学校，河海大学已经与美、俄、英、法、德等国家和地区 70 多所大学建立了合作关系，2008 年至今共有 294 名研究生获得国家资助；资助博士研究生近百人次到境外参加国际学术会议和短期访学；从 2010 年开始与国外高水平学者共建 22 门研究生课程。

2002 年，经教育部批准，河海大学开始试办研究生院，2006 年，正式成立研究生院。通过 10 多年的建设，河海大学在研究生教育规模进一步扩

---

❶ 王乘. 发挥行业特色优势，大力提高培养质量 [J]. 中国高等教育，2012 (11)：12 - 14.

大的同时，学校研究生学位授权学科实力与水平进一步提高，基本建成了水利水电领域高层次人才培养和知识创新的基地，进入国家研究生教育创新工程的前列。

（二）华北水利水电大学的研究生教育

作为全国首批获得硕士学位授权的高等院校，华北水利水电大学由于学校多次搬迁且管理体制多次变更，研究生导师队伍和学科建设受到较大影响，研究生教育发展相对比较滞后。在学科建设上，2000年，学校仅有水工结构工程、水利水电工程、地质工程、水文学及水资源、水力学与河流动力学、农田水利工程6个硕士学位授权点，到2015年，学校具有3个博士一级授权学科，13个硕士一级授权学科。在招生及办学规模上，2000年，学校仅招收硕士研究生40人，在校研究生68人，到2015年，招生硕士研究生529人，博士研究生14人，在校研究生达2047人，在校研究生增长了30倍。尽管如此，与其他兄弟院校，尤其是水利高校相比，还存在不小的差距（见表7-5）。

表 7-5　　　　　　　　主要水利高校研究生教育基本情况表　　　　　　　单位：个

学校	博士后流动站	博士点		硕士点		专业学位		在校生数/人
		一级	二级	一级	二级	类别	领域	
河海大学	15	12	66	35	198	12	19	15406
华北水利水电大学		3	9	13	58	5	14	1430
三峡大学	1	2	11	20	169	6	15	3668
南昌工程学院						1	2	140
浙江水利水电学院								

注　根据各校网站"学校概况"和"研究生院（处）招生简章"统计。

进入21世纪，华北水利水电大学开始认识到研究生教育对学校提升办学内涵和办学质量的重要性，以及研究生教育发展在学校建设高水平教学研究型大学进程中的重要地位。2001年，学校设置研究生处，专门主管和谋划研究生教育发展，2015年，为了加快发展研究生教育，撤销研究生处建制，设立研究生院。2009年被确定为少数民族高层次骨干人才计划研究生招生单位，是河南省唯一一所，主要面向西部12个省、自治区、直辖市招生。2009年，学校成为博士授予立项建设单位，2013年获得国家正式批准，2014年，招收了第一届博士研究生，实现了研究生教育的重大突破。

（三）三峡大学的研究生教育

三峡大学早在1996年开始举办研究生教育，1998年，与其他高校联合培养博士研究生。目前，三峡大学学拥有1个水利工程博士后科研流动站，2个一级学科博士点，11个二级学科博士点，20个一级学科硕士点，169个二级学科硕士点。2015 年招收研究生 866 人，在校研究生达 3668 人。

为了加强研究生教育，2000 年，三峡大学正式组建后，设立了研究生处，2014 年，正式成立研究生院。2011 年，开始面向西部招收少数民族高层次骨干人才计划研究生。同华北水利水电大学一样，2013 年三峡大学正式被国家批准为博士学位授权单位，并于 2014 年招收了第一届博士研究生，三峡大学的研究生教育因而步入一个健康且快速发展的新的历史时期。

第八章 展望：新形势下水利高等教育发展趋势

经历漫长的孕育、萌芽，1915年，终于促成河海工程专门学校的正式建立，从而掀开水利高等教育发展新的一页。100年来，中国水利高等教育始终与国家需要、社会需要、时代需要同行，推动了水利高层次人才培养、水利科技创新等取得了卓越成就，走过一条从无到有、从小到大、由弱到强的发展之路。展望未来，水利高等教育一定会在中华民族伟大复兴的康庄大道上实现一个个精彩纷呈的水利梦。

一、水利高等教育百年辉煌成就与历史经验

（一）是与国家建设需要同行，致力于水利人才培养的百年

十年树木，百年树人；治水之要，唯在得人。纵览中国100年历史风云，水利高等教育肇始于国家危难之中，发展于新中国诞生之后，跨越于改革开放的时代大潮，在21世纪初开始走向新的繁荣。可以说，水利高等教育的百年发展就是与国家需要同行，致力于水利人才培养的百年。100年来，我国水利高等教育培养了数以万计的水利科技人才，他们中有以胡锦涛、张闻天、钱正英、陈雷、侯捷等为代表的党和国家领导人以及共和国的部长；有以汪胡桢、黄文熙、严恺、徐芝纶、张光斗、潘家铮、陆佑楣、王浩、王光谦、王超等60多位院士为代表的一代代水利科技大师；更有一大批矢志于献身祖国水利教育、献身水利科研、献身水利一线的水利精英。正是他们在国家需要时，积极践行"献身、负责、求实"的水利精神，才书写了国家发展和水利建设的一个个奇迹。

（二）是与水利建设同行，致力于水利科技创新的百年

20世纪初，近百年备遭西方列强蹂躏的中国，积贫积弱，水利失修，江河泛滥，当时几条主要的大河流域水患频仍，无数庶民望水兴叹，极度盼望国家能够治水兴水。但极其落后的水利技术和严重匮乏的人才，与人民的治水需求相差甚远。这一时期，在"科学救国""教育救国"的氛围中，在西学东渐的留学大潮中，以张謇、李仪祉等为代表一批水利人推动建立了中国第一个水利高等学府。此后，在一些国立大学、专门学院以及私立学校中，也纷纷开始培养专门水利人才。1935年，国立武汉大学在中国历史上第一次招收水利研

究生，开启了水利高层次人才培养的先河。

100年来，水利高等教育在致力于培养水利人才的同时，推动了我国水利科技的发展。例如，新中国成立前何之泰提出的水利起动流速与泥沙粒径和水深间的经验关系的"何氏公式"；沙玉清提出的无量纲沉速判数（沙氏数 Sa）及无量纲粒径判数；须恺主持在苏北运河规划设计时提出的"沉挂法"等，都是水利科技创新的典范。新中国成立后，汪胡桢采用连拱坝技术修建的佛子岭水库，严恺针对传统岸壁式直墙海塘的弱点设计的新型斜坡式海塘等突出了在水利工程实践中勇于创新的特点。近年来，我国水利高等教育对水利事业提供了更强大的科技支撑。据统计，1980—1915年，涉水高等院校在攻克重大水利科技难题和关键技术等方面贡献卓著，获得国家自然科学奖、国家科技进步奖、国家技术发明奖等160多项。100年来，我国水利高等教育坚持"古为今用，洋为中用"，实现了古代治水传统与西方先进水利科技的有机结合，在进一步推动水利科技创新的同时，推进了传统水利向现代水利转变的步伐。

（三）是与社会需要同行，致力于水利服务社会的百年

服务社会是高等教育的基本职能之一。从水利高等教育正式诞生之日起，服务国家、服务水利、服务社会就是它永恒的追求。河海工程专门学校从成立伊始，每学期及暑假期间都组织学生到水利工地进行实习实践，到江河湖海开展调查研究。1917年海河流域的大洪水，20世纪20年代初的陕西大旱以及30年代初的淮河水灾，都能看到河海师生的身影。汪胡桢在任北京水利水电学院院长时经常带领师生到京郊的水利工地进行实地勘测和设计。武汉水利学院在20世纪50年代建立后经常组织师生到一些大型水利工地，进行教学、生产劳动、科学研究三结合教育体制的尝试，在加强与社会联系的同时，实现了锻炼学生实践能力和为国民经济建设服务的目的。改革开放以来，我国水利高等院校在重大标志性水利工程、江河湖堤的加固维修以及民生水利等方面都贡献了巨大的才智，彰显出水利高等教育服务社会的卓越能力。

（四）是与时代潮流同行，致力于水利文化传承与创新的百年

高等教育不仅要传承文化，更肩负创新文化的重要使命。1915年，张謇拟定的《河海工程专门学校章程》不仅首次系统阐述了水利高等教育理念，更有深邃的人文情怀，成为河海精神文化脉络的源头，并深深地影响了一代代河海学子。1917年，《河海周报》《河海月报》正式创刊，1923年，《河海季刊》开始出版，学校文化育人氛围浓厚。茅以升就任河海工科大学第一任校长后，极力倡导"先习后学，既习又学，边习边学"的"求实"精神。任职华东水利学院院长长达20多年的严恺院士提出并深刻阐述的"艰苦朴素、实事求是、严格要求、勇于探索"的十六字河海校训，徐芝纶提出的"学无止境，教无止境，教书育人无止境"的教学育人箴言等，都成为河海大学与时代同行，致力

于文化传承与创新的生动写照。武汉水利学院所传承的"团结协作、锲而不舍"的办学精神，华北水利水电大学始终秉承"情系水利，自强不息"的办学精神，都是他们以水为师、服务水利过程中形成的大学精神文化。这些独具特色的办学文化深刻地蕴涵了"献身、负责、求实"的水利精神，也正是这种精神文化浸润着一代代水利科技工作者，才让他们能够自觉扎根于祖国的江河湖泊、大江南北，才使他们能够全身心投入到国家水利事业中，谱写了一曲曲献身水利发展的赞歌，建立了一座座不朽的水利丰碑。

水利高等教育百年发展历史告诉我们：水利高等教育发展必须有一个稳定的政治社会环境；水利高等教育发展必须坚持人才培养中心地位不动摇；水利高等教育发展必须汇聚一批一流的水利大师；水利高等教育发展必须坚持特色办学，建设一流水利学科；水利高等教育必须大力推进科技创新，争创一流办学业绩。

二、水利高等教育未来发展展望

（一）水利高等教育面临的机遇与挑战

从国家战略看，"十三五"时期是我国全面建成小康社会的关键时期，也是贯彻落实《国家中长期教育改革和发展规划纲要（2010—2020年)》最为关键的五年，是我国基本实现教育现代化的决定性阶段。党的十八大对深化教育领域综合改革提出了总体要求，十八届三中全会进一步明确了和部署了高等教育攻坚克难的方向和举措。随着我国经济进入新常态，国家实施创新驱动发展战略，加快转方式、调结构，要求进一步推动高等教育转型发展，增强对区域经济社会发展的服务贡献能力。这为水利高等教育未来发展创造了难得的宏观环境。

从区域发展看，不少区域经济发展战略已上升为国家发展战略，要实现区域经济发展的宏伟目标，需要大量高素质的创新人才和科学的创新体系为支撑，必将要求各级政府和企业在人才培养、学科建设和产学研合作等方面给予高校全面支持。作为一个区域内的重要一员，水利高等学校必须明确自身在推进区域发展战略中的责任，这为水利高等教育未来发展提供了宝贵的历史机遇和更大的发展空间。

从行业需求看，习近平总书记提出"节水优先、空间均衡、系统治理、两手发力"的新时期治水方针，为加快水利改革发展指明了前进的方向，进一步突显了水利在国家经济社会发展中的重要地位。随着"一带一路"建设，"海洋强国"建设"海上丝绸之路"建设、"美丽中国"建设等国家战略的实施，资源节约型、环境友好型社会建设目标的不断推进，以及《国务院关于实行最严格水资源管理制度的意见》和《水污染防治行动计划》的正式颁行，需要更多高素质的水利水电人才，需要不断推进水利科技创新，加快水利科技成果转化，这为水利高等教育未来发展赋予了重要的创新使命。

从水利高等教育基础看，经过 100 年的深厚历史积淀尤其是改革开放以来的快速发展，水利高等教育在人才培养、科学研究、社会服务和文化传承创新方面成效显著，水利高等教育综合实力得到大幅提高，极大地提升了涉水高校汇聚一流师资，建设一流特色学科，培养高素质创新型水利人才的信心，这为水利高等教育未来发展奠定了坚实的基础。

（二）水利高等教育未来发展展望

面对新的发展形势，水利高等教育必须适应国家战略发展要求、水利事业发展需要和高等教育发展趋势，坚持创新、协调、绿色、开放、共享的新理念，谋定而后动，不断深化水利高等教育的全面改革，在新的百年，实现水利高等教育的新辉煌。

1. 坚持创新发展的理念，深化水利高等教育综合改革

2013 年 11 月，习近平总书记在视察中南大学等时强调指出："要充分发挥高校人才荟萃、学科齐全、思想活跃、基础雄厚的优势，面向经济建设主战场，面向民生建设大领域，加强科学研究工作，加大科技创新力度，努力形成更多先进的创新成果。"2014 年 5 月，他在视察上海时再次指出："要牢牢把握集聚人才大措施，加强科研院所和高等院校创新条件建设，完善知识产权运用和保护机制，让各类人才的创新智慧竞相迸发。"水利高等教育的根本任务是培养水利创新人才。要实现这一根本任务，重要的一点就是坚持创新发展的理念，全面深化水利高等教育理念、水利高等教育培养模式、水利高等教育体制机制等方面的改革。一要改变传统落后的水利教育思想，不断创新水利高等教育理念，不仅要注重应用性技能的培养，也要在教育的全过程引领学生学会创新、学会做事、学会做人；二要创新水利人才培养模式，加快构建体系开放、结构科学、机制灵活、渠道互通、选择多样的水利人才培养体制机制，培养大批厚基础、宽视野、强能力的水利创新人才；三要创新水利大学生创业就业教育，引导他们在大众创业、万众创新的时代大潮中，积极投身水利建设事业，在水利实践中建功立业。

2. 坚持协调发展的理念，切实提高水利高等教育办学质量

协调发展是水利高等教育内涵发展的重要内容，也是水利高等教育健康发展的内在要求，包括水利高等院校与外部的协调发展和水利高等学校内部办学要素之间的协调发展，涉水院校必须做好内外协调发展这篇大文章。

在水利高等院校与外部的协调发展方面，一是要重视与国家发展战略的对接与协调。水利高等教育既要与国家新时期的发展战略相协调，如"一带一路""丝绸之路""美丽中国""海洋中国"等发展战略对接，又要及时研究国

家对高等教育的新要求，如一流学科建设、全面深化教育领域改革等。二是与水利建设和区域建设需要的对接与协调。水利高等院校要办出特色，必须加强与水利主管部门及各大流域机构的关系，特色是与水利部共建高等校，要推动省部共建协议真正落实到位，而不是束之高阁或仅仅停留在宣传上。同时，每一所涉水院校都生活在一定的区域中，为区域经济社会服务是应有之义，因此，涉水高校要积极研究区域发展需要，为区域经济社会发展提供必要的人才和智力支持。三是产学研的对接与协调。产学研结合是水利高等院校与相关企业、科研机构等开展科研合作、协同创新的重要形式，也是锻炼学生水利实践能力、提高办学质量的重要途径。水利高等院校必须积极建立产学研发展联盟，推进校企合作、校地合作、校校（院）合作向纵深发展。

在水利高等学校内部办学要素协调发展方面，一是规模、结构、质量、效益的协调发展，这是一个常谈常新的问题，也是水利高等教育必须科学谋划的重要问题。二是学科专业的协调发展，水利高等院校既要科学处理好水利特色学科、优势学科和基础学科、新兴学科的关系，又要根据外部因素的变化及时调整水利学科布局与发展方向，实现多学科相互促进、协调发展。三是水利教育教学与科学研究、社会服务功能的协调与相互促进。培养高层次水利人才是水利高等院校的中心任务，必须坚持水利本科教学的中心地位不动摇，同时，积极开展水利科学研究和水利科技服务，提高科学研究和社会服务的质量与水平，使水利人才培养与水利科学研究、水利科技服务协调发展、互促共进，做到既不因水利人才培养而降低水利科学研究和水利科技服务的质量，更不因开展水利科学研究和水利科技服务而弱化水利人才培养。

3. 坚持绿色发展的理念，实现水利高等教育的可持续发展

长期以来，传统观念一直认为水是取之不尽、用之不竭的自然资源，但我们在发展中涸泽而渔的做法导致水土流失严重、水环境污染加剧、水资源日渐短缺、水生态更加脆弱等危害后代生存发展的危机，这就要求水利高等教育必须高度关注绿色发展理念，在加快建设资源节约型、环境友好型社会和美丽中国的过程中做出自己的贡献。

重视绿色发展理念本质就是要求水利高等教育过程中积极体现可持续发展理念。一是积极关注水利学生的可持续发展，使他们学会学习，学会与自然、与社会、与自身和谐共处的知识与本领。二是积极培养水利人的绿色发展理念，特别是利用水利学、资源与环境、生态学等学科优势，把绿色发展的理念、知识作为教学内容，贯穿到教育的全过程，使他们学会尊重自然、爱护环境，养成良好的环保意识和行为习惯，并通过他们对生态文明建设形成积极的影响。三是水利高等教育要利用相关科研成果服务于社会绿色发展的需要，如把水资源的高效利用、河流健康用水等科技成果运用到水资源保障、水生态文

明建设中，实现水的可持续发展。四是水利高等院校要积极建设绿色校园、和谐校园、美丽校园，完善学校潜移默化的育人环境。同时，学校发展由规模扩张真正走向内涵提升、协调发展之路，在不断提高办学质量的过程中实现水利高等教育的可持续发展。

4. 坚持开放发展的理念，推进水利高等教育国际化进程

改革开放是当下以及未来国家发展的基本方略，因此高等教育不仅要走出象牙塔，更要成为推动国家经济社会建设乃至民族复兴的服务站、加油站、动力站。从第一所水利高等院校诞生之日，我国一些涉水院校从学生的招收到大量留学生师资的招聘都充分体现了开放办学的理念，培养出一大批具有中国情怀、世界视野的水利大家。在新的历史时期，水利高等教育更要积极践行开放发展的理念，不断从国内外汇聚和整合优势教育资源，进一步激发水利高等教育的办学活力，尤其要大力推进水利高等教育国际化进程。第一，要勇敢地"走出去"，鼓励和支持涉水院校中青年教师以高级访问学者、访问学者、博士后研修等方式到国外高水平大学开展水利合作研究或参加国际学术会议，不断提高水利教师的知识视野和实践能力。第二，要积极地"请进来"，制定科学合理的政策和措施，加大海外水利优秀人才的引进力度，吸引各类学有所长的外籍专家来校任教，不断提升涉水院校国际化教学水平。第三，大力推进与境外高水平院校合作办学的力度。水利高等院校要积极加强与国外、境外高水平大学的校际合作，不断拓宽合作的领域，拓展合作的层次，深化合作的内容，把境外优秀的教育资源与水利高等教育自身的优势有机结合起来，进而形成水利高等教育的新亮点、新优势。2015年，河海大学、华北水利水电大学入选"金砖国家网络大学"项目，与其他大学在水资源和污染治理等领域开展合作，提升了我国水利高等教育的国际影响力和竞争力。第四，积极开展水利留学生教育以及互派交换生。当前，涉水院校要多途径扩展留学生规模，坚持高层次、英语授课的特点开展外国留学生教育工作；多形式扩大交流互换生的人数，形成与海外高水平院校学生互换、学分互认、学位互授的新局面。

5. 坚持共享发展的理念，办国家和人民满意的水利高等教育

水利事关国计民生，教育关系千家万户，必须坚持共享发展的理念，积极建设国家满意、人民满意、师生满意的水利高等教育。

一是办国家满意的水利高等教育。我国是社会主义性质的国家，社会主义水利大学的办学要务是培养国家水利事业需要的合格建设者和可靠接班人。作为行业特色高校，水利高等学校必须紧紧扣住国家战略和水利事业的发展需求，注重培养拔尖创新型人才和复合应用型人才，努力提升水利行业队伍的整体水平；注重发展一流学科和新兴交叉学科，不断增强水利高等教育发展的核心竞争力；注重聚焦国家战略，行业需求，为构建我国水安全保障体系，发展

水科学提供强有力的学科、人才和科技的支撑。

二是办人民满意的水利高等教育。首先，要"做大蛋糕"，为人民群众提供更多接受优质水利高等教育的机会；其次，要"做好蛋糕"，提高水利高等教育质量，努力扩大优质水利教育资源的覆盖面；最后，要"分好蛋糕"，根据区域水利发展需求，科学规划不同区域水利人才的"订单培养"，着力培养区域水利发展需要的各种适用人才。

三是办师生满意的水利高等教育。水利高等院校要积极贯彻落实大学章程，推进涉水高校内部治理体系建设，实现精细化管理，全面提升水利高等教育办学质量；要以师生为本，大力营造师生发展的学习空间、生活空间、创新空间，在促进教师发展、学生发展的基础上，实现学校的全面发展，办师生满意的水利高等教育。

参 考 文 献

[1]　刘晓群. 河海大学校史（1915—1985）［M］. 南京：河海大学出版社，2005.

[2]　姜弘道，郑大俊. 河海大学校史（1986—2000）［M］. 南京：河海大学出版社，2005.

[3]　郑大俊. 百年河海发展史［M］. 南京：河海大学出版社，2015.

[4]　严大考. 华北水利水电学院校史（1951—2001）［M］. 西安：陕西人民出版社，2001.

[5]　严大考. 华北水利水电学院校史（2001—2011）［M］. 郑州：黄河水利出版社，2011.

[6]　校史编写组. 武汉水利电力大学四十年（1954—1994）［R］. 武汉：武汉水利电力大学，1994.

[7]　吴贻谷. 武汉大学校史（1893—1993）［M］. 武汉：武汉大学出版社，1993.

[8]　武汉大学水利水电学院院志（1952—2012）［R］. 武汉：武汉大学，2012.

[9]　谢红星. 武汉大学校史新编（1893—2013）［M］. 武汉：武汉大学出版社，2013.

[10]　李义丹. 天津大学（北洋大学）校史简史［M］. 天津：天津大学出版社，2010.

[11]　清华大学校史编写组. 清华大学校史稿［M］. 北京：中华书局，1981.

[12]　关联芳. 西北农业大学校史（1934—1984）［M］. 西安：陕西人民出版社，1986.

[13]　沈百先，章光彩. 中华水利史［M］. 台北：台湾商务印书馆有限股份公司，1979.

[14]　周叶中，涂上飙. 武汉大学研究生教育发展史［M］. 武汉：武汉大学出版社，2006.

[15]　水利部人事劳动教育司. 中国水利教育 50 年［M］. 北京：中国水利水电出版社，2000.

[16]　郑肇经. 中国水利史［M］. 北京：商务印书馆，1998.

[17]　姚汉源. 中国水利发展史［M］. 上海：上海人民出版社，2005.

[18]　陈学恂. 中国近代教育史教学参考资料（上、中、下）［M］. 北京：人民教育出版社，1986.

[19]　孙培青. 中国教育史［M］. 上海：华东师范大学出版社，2009.

[20]　刘海峰，史静寰. 高等教育史［M］. 北京：高等教育出版社，2010.

[21]　曲铁华，李娟，吕达. 中国近代科学教育史［M］. 北京：人民教育出版社，2010.

[22]　周魁一. 中国科学技术史（水利卷）［M］. 北京：科学出版社，2012.

[23]　王岳川美国讲演录［M］. 北京：北京大学出版社，2011.

[24]　卢嘉锡. 中国科学技术史：农学卷［M］. 北京：科学出版社，2000.

[25]　舒新城. 近代中国留学史［M］. 上海：上海书店出版社，2011.

[26]　梅汝莉，李生荣. 中国科技教育史［M］. 长沙：湖南教育出版社，1992.

[27]　李鸿章. 筹议制造轮船未可裁撤折［C］//李文忠公全集·奏稿（第 16 卷）. 北京：商务印书馆，1921.

[28]　王安石. 上仁宗皇帝言事书［C］//王安石全集. 上海：上海古籍出版社，1999.

[29]　盛宣怀. 南洋商务学堂移交商部接管折［C］//张凤来，王杰. 北洋大学——天津大学校史资料选编（第一卷）. 天津：天津大学出版社，1991.

[30]　钱锺书主编，朱维铮执行主编，李天纲编校. 万国公报文选［M］. 上海：中西书局，2012.

[31]　张之洞. 创设江南储材学堂折［C］//张之洞全集（第二册）. 石家庄：河北人民出版社，1998.

[32]　中国水利学会水利史研究会. 再续行水金鉴·永定河篇［M］. 北京：中国书店，1991.

[33]　赵尔巽. 清史稿·河渠志一［C］//周魁一. 二十五史河渠志注释. 北京：中国书店，1990.

[34]　璩鑫圭，童富勇，张守智. 中国近代教育史资料汇编·实业教育、师范教育［M］. 上海：上海教育出版社，2007.

[35]　王孙禺，刘继青. 中国工程教育：国家现代化进程中印发展史［M］. 北京：社会科学文献出版社，2013.

[36]　张廷玉. 徐光启传［C］//明史（卷251）. 北京：中华书局，1995.

[37]　曹丛坡，杨桐. 张謇全集（第1卷）（第4卷）［M］. 南京：江苏古籍出版社，1994.

[38]　张孝若. 南通张季直先生传记［M］. 上海：上海书店，1991.

[39]　张季子九录·政闻录（卷2）［M］. 北京：中华书局，1931.

[40]　中国博物馆学会. 回顾与展望：中国博物馆发展百年路街［R］. 2005.

[41]　梁启超. 变法通议论［C］//陈学恂. 中国近代教育文选. 北京：人民教育出版社，1983.

[42]　朱有献. 中国近代学制史料（第三辑）（上册）［M］. 华东师范大学出版社，1990.

[43]　翁智远. 同济大学校史［M］. 上海：同济大学出版社，1991.

[44]　朱斐. 东南大学校史［M］. 南京：东南大学出版社，1991.

[45]　中国史学会. 洋务运动（二）［M］. 上海：上海人民出版社. 1961.

[46]　姚纬明. 中国水利高等教育100年［M］. 北京：中国水利水电出版社，2015.

[47]　中央大学南京校友会，中央大学校友文选编撰委员会. 南雍骊珠——中央大学名师传略再续［M］. 南京：南京大学出版社，2010.

[48]　张晞初. 中国研究生教育史略［M］. 长沙：湖南师范大学出版社，1994.

[49]　费正清. 剑桥中华民国史：下卷［M］. 北京：中国社会科学出版社，1998.

[50]　涂上飙. 乐山时期的武汉大学1938—1946［M］. 武汉：长江文艺出版社，2009.

[51]　水利水电科学研究院《中国水利史稿》编写组. 中国水利史稿（下）［M］. 北京：水利电力出版社，1989.

[52]　张骅. 水利泰斗李仪祉［M］. 西安：三秦出版社，2004.

[53]　宋希尚. 近代两位水利导师合传［M］. 台北：商务印书馆，1977.

[54]　王英春. 情系北洋的李书田先生［C］//中国人民政治协商会议天津市委员会文史资料委员会. 天津文史选辑（总第87辑）. 天津：天津人民出版社，2000.

[55]　窦以松. 中国水利百科全书（水利科研、教育、信息出版、学术团体分册）［M］. 北京：中国水利水电出版社，2004.

[56]　张藜. 中国科学院教育发展史［M］. 北京：科学出版社，2009.

[57]　清华大学校史研究室. 清华人物志（第五辑）[M]. 北京：清华大学出版社，2003.

[58]　嘉兴市政协文史资料委员会. 一代水工汪胡桢 [M]. 北京：当代中国出版社，1997.

[59]　廖湘阳. 研究生教育发展战略研究 [M]. 北京：清华大学出版社，2006.

[60]　钱正英. 我和我的师友们 [M]. 北京：水利电力出版社，1993.

[61]　姜弘道. 一代力学宗师：纪念著名力学家、教育家徐芝纶院士诞辰 90 周年 [M]. 南京：河海大学出版社，2001.

[62]　孙文治. 东南大学校友业绩丛书（第一卷）[M]. 南京：东南大学出版社，，2002.

[63]　陆宏生. 近代水利高等教育的兴起与早期发展初探 [J]. 山西大学学报，2001 (6).

[64]　尹北直. 李仪祉与近代中国水利事业发展研究 [D]. 南京农业大学博士学位论文，2010.

[65]　刘建华. 中国近代水利教育发展初探 [J]. 华北水利水电学院学报，2012 (6).

[66]　姜弘道，周海炜. 21 世纪初中国水利高等教育的改革与发展 [J]. 中国水利，2000 (10).

[67]　王昆. 我国水利高等教育层次结构的优化研究 [D]. 河海大学，2005.

[68]　广少奎. 先秦水论：中国古代思想家教育智慧论析 [J]. 教育研究，2012 (4)：128 - 133.

[69]　宋孝忠. 我国水利高等教育百年发展史初探 [J]. 华北水利水电学院学报，2013 (4).

[70]　袁博. 近代中国水文化的历史考察 [D]. 山东师范大学，2014.

[71]　潜伟. 北洋大学在中国近代工程教育史的地位 [J]. 哈尔滨工业大学学报（社会科学版）. 2002 (1)：21.

[72]　崔薇圃. 张謇与中国教育的近代化 [J]. 齐鲁学刊，1996 (5)：103 - 108.

[73]　李书田. 创刊词 [J]. 水利，1931，1 (1)：1 - 2.

[74]　李勤. 试论民国时期水利事业从传统到现代的转变 [J]. 三峡大学学报（人文社会科学版），2005，27 (5)：22 - 26.

[75]　庞青山. 工科研究生教育发展史的启示及其改革 [J]. 煤炭高等教育，1995 (4)：31 - 33.

[76]　史贵全. 中国近代高等工程教育研究 [D]. 合肥：中国科学技术大学，2003.

[77]　李仪祉. 在武功农林专校之讲词 [J]. 陕西水利，1935 (9).

[78]　郑涵慧. 爱国育才的教育家李仪祉 [J]. 陕西师范大学学报（社科版），1984 (1)：116 - 120.

[79]　贾晓慧. 中国工程教育家李书田与北洋大学 [J]. 中国科技史杂志，2010 (3)：284 - 298.

[80]　刘凡，等. 我国研究生教育发展的现状与未来 [J]. 华中农业大学学报（社会科学版），2010 (4)：124 - 129.

[81]　唐元海. 中国连拱坝之父——汪胡桢 [J]. 治淮，1995，08：44 - 47.

[82]　陈陵. 中国近代水利事业的奠基人郑肇经 [J]. 档案建设，1924 (2)：57 - 59.

[83]　胡鹃，李远华，杨波. 培养求实创新的新世纪人才 [J]. 武汉水利电力大学学报（社科版），2000 (3)：16 - 18.

［84］ 徐芝纶. 五十年教学的回顾与体会 ［J］. 力学与实践，1989（3）：73－76，68.

［85］ 徐芝纶. 怎样提高课堂讲授的质量 ［J］. 人民教育，1979（10）：27－29.

［86］ 邹友峰. 我国高等教育发展现状与学校面临的发展机遇与对策 ［J］. 河南理工大学学报（社会科学版），2014（2）.

［87］ 李见新，饶明奇. 华北水院：省部共建迈出坚实步伐 ［J］. 河南教育，2009（10）.

［88］ 朱海风. 在办学实践中把树立科学发展观同加强党的先进性建设紧密结合起来 ［J］. 华北水利水电学院学报（社科版），2007（3）.

［89］ 朱海风. 以省部共建为契机，加快高水平教学研究型大学建设 ［J］. 华北水利水电学院学报（社科版），2009（6）.

［90］ 朱进星. 中国近代水利科学的开拓者——写在李书田诞辰110周年之际 ［N］. 中国水利报，2010－11－09.

［91］ 吕娜. 一代水利界师表 ［N］. 中国水利报，2006－05－18.

［92］ 赵建春. 教育部水利部继续共建河海大学 ［N］. 中国教育报，2005－10－28.

［93］ 顾雷鸣，陆峰，任松筠. 教育部与江苏省共建河海大学 ［N］. 2009－11－25.

［94］ 果天阔，高立兴，段连红，张长宽. 结缘河海30载 ［N］. 中国水利报，2005－06－11.

［95］ 王乘. 发挥行业特色优势，大力提高培养质量 ［N］. 中国教育报，2012－11－18.

［96］ 中国水利学之父——郑肇经 ［EB/OL］. http：//www. tongjiren. org/user _ news _ show. asp? data＝hero _ jingying＆id＝41.

［97］ 何家濂. 新疆现代水利事业的开拓者——王鹤亭 ［EB/OL］. http：//www. gmw. cn/content/2006－10/18/content _ 493018. htm.

［98］ 王志华，张建民. 汪胡桢：能教兴世看河清 ［EB/OL］. http：//news. hhu. edu. cn/ s/5/t/6/50/07/info20487. htm.

［99］ 武汉水利电力大学创业历程 ［EB/OL］. http：//www. hb. xinhuanet. com/misc/ 2003－12/23/content _ 1386994. htm.

［100］ 清华大学水利系历史沿革 ［EB/OL］. http：//www. hydr. tsinghua. edu. cn/publish/ he/6527/index. html.

［101］ 王鑫. 纪念严恺院士诞辰100周年座谈会召开 ［OB/OL］. http：//www. mwr. gov. cn/ slzx/slyw/201208/t20120815 _ 327891. html.

［102］ 2014年全国教育事业发展统计公报 http：//www. moe. edu. cn/srcsite/A03/s180/ moe _ 633/201508/t20150811 _ 199589. html.

后　　记

水利事关国计民生，教育关系千家万户。历朝历代，水利问题和教育问题都涉及国家的安危和社会的稳定。治国先治水，兴国先兴教，不仅成为治国安邦所必需，也成为历代励精图治者的基本共识和价值取向。

作为一介布衣，关注并研究水利高等教育只能用因缘际会来形容。

2001 年，从河南大学研究生毕业后，我来到了当时的华北水利水电学院高教室，时任高教室主任刘玉玲教授安排我做的第一件事就是校对为 50 周年校庆而编撰的《华北水利水电学院院史》初稿。从通读书稿中，从与刘老师的一次次深入交流中，我第一次全方位地了解了华水命运多舛的历史，也对我国水利高等教育有了初步的认知。

我所学的专业是教育学，工作在这所以水利水电为特色的高校，对水利高等教育的关注是理所当然的。2005 年，我参加了教育部本科教学工作水平评估我校自评报告的撰写工作。2011 年，建校 60 周年校庆之际，在学报编辑部具体负责社科期刊编辑工作的我，积极组织了一组学校 60 年办学历史回顾与前瞻的笔谈；同时，根据学校安排，参与了《华北水利水电学院院史》的修订工作。在建校 60 周年校庆大会上，水利部部长陈雷亲自莅临并号召学校"建一流水利高校，创一流水利业绩"，有幸在现场聆听的我此后开始自觉关注并收集水利高等教育的相关资料。

2012 年 4 月，我的工作发生变动，离开了工作近 11 年之久的学报编辑部，转到学校发展规划处这一新岗位。正是在这一年，学校再次启动了更名大学的工作，我具体负责更名大学论证报告等相关材料的撰写，对水利高等教育的重要性和国内涉水高校的发展现状又有了进一步的认识。

我清楚地记得，当年 11 月底的一个下午，当时我正在紧锣密鼓地准备教育部全国高等学校设置评议委员会专家组莅临学校考察所需的相关材料，我校时任党委书记朱海风教授给我发了一个短信，询问当前水利高等教育的研究现状，当我告诉他目前很少有人进行系统研究时，他鼓励我"可以做一做"。2013 年 1 月 5 日，受学校委派，我和一位同事专程到成都向即将在那里召开的全国高等学校设置评议委员会六届二次会议报送学校更名大学的论证报告。第二天，我接到朱书记的电话，我们再次聊到水利高等教育研究。回到学校后，我便以"我国水利高等教育发展百年回顾与前瞻"为题组织了一组笔谈，并亲自撰写了《中国水利高等教育百年发展史初探》这篇论文，形成了这部书稿内容的初步架构。接着，我用一年的时间完成了初稿的撰写。其间，朱书记一直非常关注并多次询问研究的进展，尽管书稿已初具雏形，但考虑到出版一本教育史类学术著作的严肃性，我不仅需要对相关水利教育史料进行更深入的探究和考证，也需要沉淀自己以便对书稿的框架、内容、体例等进行再审视。

　　然而，近两年评职称的不顺利，让我感到从事人文社科研究的诸多无奈以及对当下学术评价异化的无语，一时间对进一步完善这部书稿有些意兴阑珊，直到 2015 年 10 月《中国水利高等教育 100 年》正式出版。作为这部书稿编写组的众多人员之一，我感到它距离一本真正的水利教育发展史学术著作还有些许距离，特别是水利高等教育思想的缺失令人遗憾，因此希望自己的研究能够有所弥补，能够提供给关心关注水利高等教育发展的人们另一种观察的视角。

　　值得一提的是，儿子宋嘉一的鼓励更让我有了坚持完善这部书稿的决心。从 2015 年 10 月起，在三四个月逐字逐句修改初稿的过程中，正上小学的儿子每天晚上做完作业或练完小提琴后，总会过来询问正在电脑前伏案修改的我写什么？写到哪了？写了多少字？一天晚上散步时，儿子突然告诉我他也想写一本书。这让我倍感惊讶，同时也更坚定了要完善完成这部书稿的决心，期望为儿子做一个好的榜样。令人高兴的是，从 2016 年元旦开始，儿子真的拿起了笔，历经整整一年时间，利用每个周末，不到 10 周岁的孩子竟然完成了一部 40 集 7 万余字的童话作品。因此，感谢修改这部书稿，让我有机会真正认识到孩子的潜质，也对家庭教育中父母的榜样作用有了更深的感悟。

当然，尽管笔者已尽力，尽管借鉴了古今多部专著、多人的研究成果，由于资料收集与甄别的难度，再加上个人水平有限，书稿仍然有诸多不尽如人意之处，期待以后能够继续完善。

最后，衷心感谢朱海风教授多年的关心和指导，并为本书专门作序；衷心感谢中国水利水电出版社及时安排本书付梓出版；诚挚感谢本书责任编辑李忠良老师的大力帮助和无私付出。

宋孝忠
2017 年 3 月于郑州风雅颂